Wolfgang Wagner
Jürgen Schneider

I-DEAS Praktikum

Wolfgang Wagner
Jürgen Schneider

I-DEAS Praktikum

**Modellieren mit dem 3D-CAD-System
I-DEAS Master Series**

3., aktualisierte und erweiterte Auflage

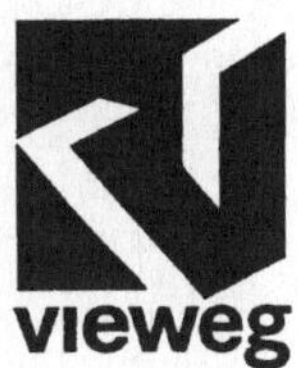

Die Deutsche Bibliothek – CIP-Einheitsaufnahme
Ein Titeldatensatz für diese Publikation ist bei
Der Deutschen Bibliothek erhältlich.

1. Auflage 1996
2., überarbeitete Auflage 1998
3., aktualisierte und erweiterte Auflage Februar 2001

www.vieweg.de

ISBN 978-3-528-26785-8   ISBN 978-3-322-89142-6 (eBook)
DOI 10.1007/978-3-322-89142-6

Vorwort zur 3. Auflage

Die vorliegenden Schulungsunterlagen wurden an der Fachhochschule Wiesbaden im Fachbereich Maschinenbau erarbeitet. Sie zeigen die Möglichkeiten moderner 3D-CAD-Systeme am Beispiel des Systems I-DEAS Master Series von SDRC auf. Es werden verschiedene Modellierungsarten vorgestellt, die in der Praxis eingesetzt werden. Deshalb ist der vorgeschlagene Weg zur Erstellung der Teile nicht immer der einfachste und schnellste.

Die Unterlagen sind so aufgebaut, dass die Handhabung neuer Funktionen zuerst sehr exakt beschrieben wird, beim zweiten mal erfolgt die Erklärung verkürzt, und danach wird der Umgang mit dieser Funktion nur noch angedeutet. Es hat sich gezeigt, dass so in kurzer Zeit die wichtigsten Möglichkeiten des Systems erlernt werden können und auch die Motivation gesteigert wird.

Die Einführung in das CAD-System erfolgt an einem durchgängigen Beispiel. Ausgehend von einfachen Drehteilen über prismatische Teile zu komplexeren Einzelteilen, werden die unterschiedlichen Modellierungsmöglichkeiten – wie Verwendung von Grundkörpern, starres und parametrisches Skizzieren und der Einsatz von Features – geübt. Schließlich werden die erstellten Teile zur Baugruppe Zylinder zusammengebaut.

Weitere wichtige Funktionen, z.B. Kinematikuntersuchungen im Skizziermodus oder die Modellierung von Blech- und Kunststoffteilen und verschiedenen Freiformflächen, werden dann an geeigneteren Beispielen wie Filmgreifergetriebe, Lenkerhörnchen für ein Fahrrad u.a. demonstriert.

Schließlich wird in der letzten Übungseinheit die Ableitung einer technischen Zeichnung aus einem 3D-Modell erklärt. Die erforderlichen Arbeitsschritte und die Menüauswahl sind beschrieben. Die generelle Handhabung des 2D-CAD-Systems ist nicht Gegenstand dieser Schulungsunterlagen.

Mittlerweile ist I-DEAS Master Series zur Version 8 weiterentwickelt worden. Die vorliegende Auflage wurde an die Änderungen der Menüführung angepasst. Ab diesem Release ist der Modul zur Erstellung einer Technischen Zeichnung als Master Drafting voll integriert. Damit entfällt der bisherige Modul Drafting Setup.

Die dreidimensionale Darstellung von Gewinden und Normteilen ist seit 1998 in DIN 32869 genormt. In dieser Auflage wurde die Standarddarstellung realisiert, die sich auch in vielen Betrieben inzwischen bewährt hat. Blatt 2 dieser Norm: „Anforderungen an Attribute" und Blatt 3: „Funktionselemente (Feature)" liegen seit Januar als Entwurf vor.

Erfolgreiche Konstruktionstätigkeit hängt nicht zuletzt auch von der richtigen Modellierungstechnik ab. Diese Problematik wird meist erst nach der Beherrschung der

Grundfunktionen in Fortgeschrittenenkursen gelehrt. In diesem Praktikum wird nun erstmals in die funktionsorientierte Modellierungstechnik parametrischer Systeme am Beispiel des etwas komplexeren Deckels eingeführt.

Es wird empfohlen, die Übungen direkt am Rechner durchzuführen. Bei intensivem ganztägigen Durcharbeiten der Übungen ist eine Bearbeitungszeit von ca. 40 Stunden einzuplanen. Bei einer wöchentlichen Übungsdauer von ca. 2-3 Stunden muss mit einem zeitlichen Mehraufwand gerechnet werden.

Mit diesen Lehrunterlagen sind natürlich noch nicht alle Modellierungsmöglichkeiten von I-DEAS Master Series angesprochen. Jedoch zeigte sich, dass die Benutzer nach Durcharbeit der Übungen die Systemphilosophie dieses modernen 3D-CAD-Systems verstanden haben und fundierte Kenntnisse besitzen, um das System produktiv einzusetzen.

Ich hoffe, dass auch die vorliegende Auflage vielen Studentinnen und Studenten aber auch Fachkräften aus der Praxis wie bisher den Einstieg in die dreidimensionale CAD-Modellierung erleichtern wird.

Ich bedanke mich bei allen, die durch konstruktive Kritik an der Verbesserung der Lehrunterlagen mitgewirkt haben. Besonderer Dank gilt Herrn cand. Ing. Boris DaRe und Frau cand. Ing. Ljuba Zürn für ihre tatkräftige Mithilfe bei der Überarbeitung dieser Auflage.

Ich wünsche viel Spaß und Erfolg bei der Durcharbeitung der Unterlagen.

Wiesbaden, im Januar 2001   *Prof. Dipl.-Ing. Wolfgang Wagner*

Inhaltsverzeichnis

1 Einführung in I-DEAS Master Series

1.1 SDRC und I-DEAS Master Series

Das Unternehmen Structural Dynamics Research Corporation (SDRC)

1967	von Professoren der Universität Cincinatti als Dienstleistungsfirma gegründet
1970	erste Modal Analyse Software erste auf Grafik basierende Software der Finiten Element Methode (FEM)
1980	erster auf NURBS basierender Volumenmodellierer, automatische Netzgenerierung für FEM
1981	Gründung der deutschen Niederlassung

1985	Vertrieb der Software I-DEAS (CAEDS) mit den Modulen:
	    Supertap (Pre- und Postprocessing für FEM)
	    Geomod (3D-Modellierer)
	    Drafting (Zeichnungserstellung)

1986	hardwareunabhängige Softwareentwicklung
1989	Festlegung auf die X-Window Oberfläche
1993	Vorstellung von I-DEAS Master Series zur integrierten Produktentwicklung
1994	Gründung des Unternehmens Metaphase Technology zusammen mit Control Data. Entwicklung der Produktdaten-Management-Software (PDM) Metaphase
1996	Übernahme des NC-Systemanbieters Camax
1999	Übernahme der Firma Imageware und Sherpa

Stand 2000:

Mitarbeiter weltweit	2600
davon in Zentraleuropa	255
Installationen in der Industrie	über 360.000
Installationen in Ausbildung und Forschung	15.000
Niederlassungen weltweit	77 in 18 Ländern
Umsatz 1999	ca. 442 Mio. US $
Umsatzwachstum gegenüber 1998	>20%

Das Softwareprodukt I-DEAS Master Series

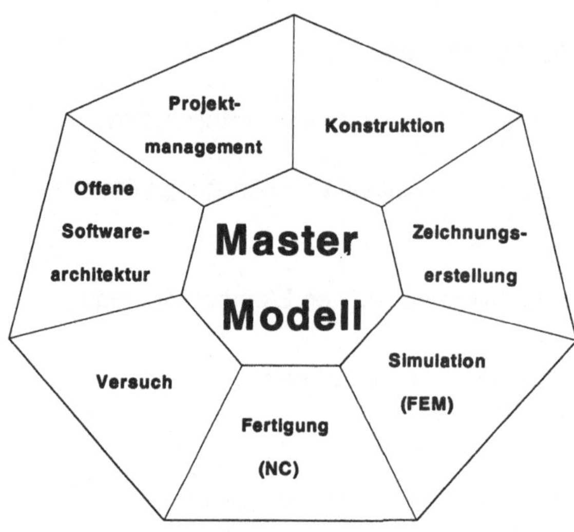

Die Abkürzung I-DEAS steht für **I**ntegrated **D**esign, **E**ngineering and **A**nalysis **S**oftware.

I-DEAS Master Series ist ein integriertes Mechanik CAD-CAE-CAM-Softwaresystem.

Als Master Modell wird die Geometrie des Produktes als Volumenmodell vollständig und redundanzfrei für alle Anwendungen gespeichert. Das System unterstützt die simultane Produkterstellung (siehe Abbildung).

In der Anwendung „**Konstruktion**" (Design) werden die folgenden Bereiche unterstützt:

- Master Modeler*   Einzelteilkonstruktion, Blechteilkonstruktion und Teile mit Freiformflächen

- Master Assembly*   Zusammenbaukonstruktion
- Master Drafting*   Zeichnungserstellung (Ableitung)
- Mechanism Design   Kinematiksimulation
- Harness Design   Drahtkabelbaumkonstruktion

* Diese Bereiche werden in den Übungen behandelt

1.2 Hardware-Voraussetzungen

I-DEAS Master Series ist hardwareunabhängig. Es läuft sowohl auf den UNIX-Betriebssystemen HP-UX von Hewlett-Packard, IRIX von SGI, SOLARIS von SUN, Digital-UNIX von DEC und AIX von IBM als auch auf dem Betriebssystem Windows NT von Microsoft mit Intel, AMD oder auch anderen Prozessoren.

Es werden mindestens 128 MB Arbeitsspeicher und ein Swapspace von mindestens 200 MB auf der lokalen Platte empfohlen.

Genauere Angaben entnehmen Sie der Installations-Anleitung von SDRC für Ihre Hardware.

1.3 Grundlagen der Handhabung des Softwaresystems

Bildschirmaufbau

Die Bedienung von I-DEAS erfolgt über Icons, Popup-Menüs und Formblätter.
Das folgende Bild zeigt den prinzipiellen Bildschirmaufbau:

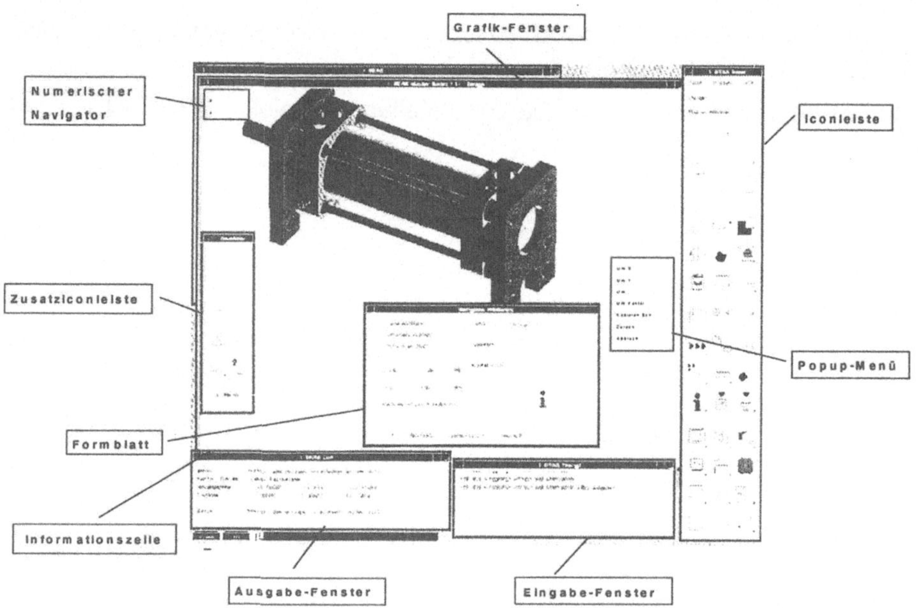

- **Grafik-Fenster** – für die interaktive Darstellung der Geometrie
- **Iconleiste** – enthält Befehle, die durch ein Feld mit einem entsprechendem Symbol (Icon) dargestellt sind
- **Eingabe-Fenster** (I-DEAS Prompt) – ist reserviert für Abfragen und Ihre Eingaben wie z.B. (Maße für Winkel, Abstände, Radien, wenn nicht anders vom System vorgeschlagen)
- **Ausgabe-Fenster** (I-DEAS List) – gibt alle Informationen in Textform aus
- **Popup-Menü** – erscheint bei einigen Befehlen automatisch oder kann durch Drücken der rechten Maustaste zur Spezialisierung der Befehle aufgerufen werden
- **Formblatt** – erscheint bei einigen Befehlen zur Eintragung von Daten in eine Maske
- **Zusatziconleiste** – wird bei einigen Befehlen zusätzlich zur normalen Iconleiste aufgerufen
- **Numerischer-Navigator** – zeigt bei manchen Befehlen die aktuelle Mausposition an, Geometriedaten oder die Anzahl der Iterationsschritte

Belegung der Maustasten

Linke Maustaste	**Mittlere** Maustaste	**Rechte** Maustaste
Wählen von Icons und/oder Aufklappen der Iconmenüs	zum Bestätigen, entspricht der Return-Taste	Aufrufen des Popup-Menüs
Selektieren von Geometrieelementen		
Treffen einer Mehrfach-wahl in Verbindung mit **SHIFT**		
Ausschalten des Navigators mit **STEUERUNG**		
durch mehrfaches Anwählen Anzeige der Historie		

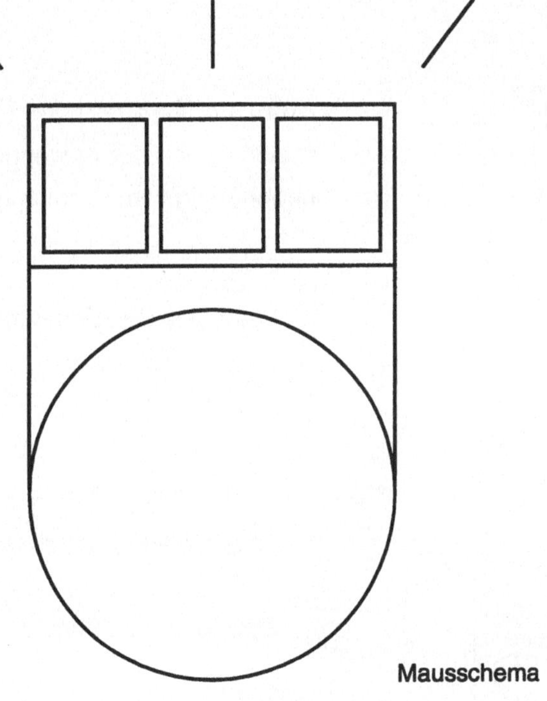

Mausschema

Organisation der Iconleiste

Die Iconleiste enthält Befehle, die durch ein Feld mit einem entsprechenden Symbol (Icon) dargestellt sind. Sie ist in mehrere Abschnitte unterteilt:

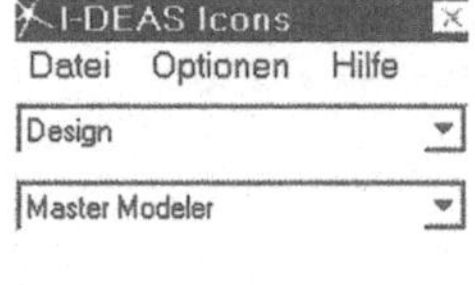

Dateihandhabung, Optionsfunktionen, Hilfefunktionen

Festlegung der Anwendung

Festlegung der Bereiche in den Anwendungen

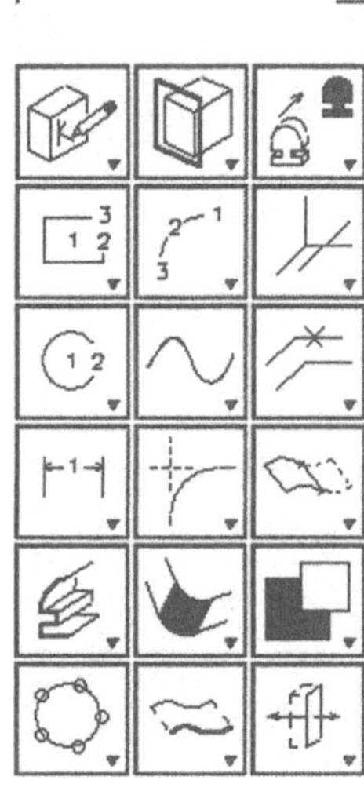

Werkzeuge zur Geometrieerzeugung

- abhängig vom Bereich (z.B. Master Modeler)

   Symbol in den Schulungsunterlagen

Werkzeuge zur Geometriemodifizierung

- abhängig von der Anwendung (z.B. Design)
- unabhängig vom Bereich (z.B. Master Modeler)

   Symbol in den Schulungsunterlagen

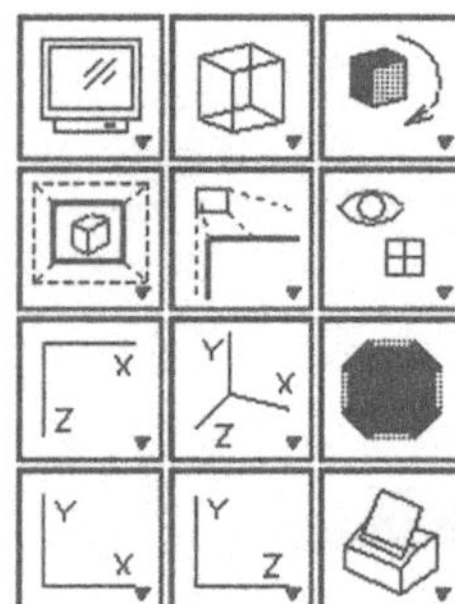

Werkzeuge zur Bildschirmdarstellung

- unabhängig von Bereich und Anwendung

   Symbol in den Schulungsunterlagen

Die komplette Iconübersicht befindet sich am Ende des Buches.

Dynamischer Navigator

Der DYNAMISCHE NAVIGATOR erleichtert Ihnen das Konstruieren und die Auswahl von Geometrieelementen.

Im folgenden Bild sehen Sie anhand der Funktion LINIENZUG die Bedeutung der einzelnen Symbole:

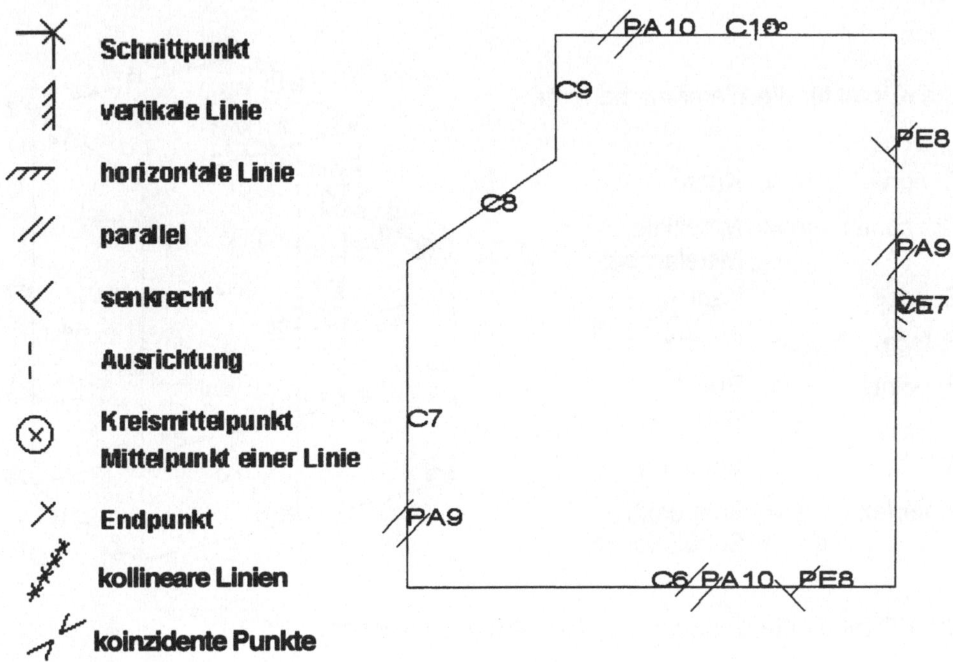

Darstellung des Cursors

X   Mausdarstellung in der X-Window Ebene

↰   Normale Mausdarstellung zum Selektieren von Icons oder Geometrie-elementen

↗   Mausdarstellung zur Selektion von Befehlen in Popup-Menüs oder zur Auswahl von Icons in herunterklappbaren Iconleisten

+   Mausdarstellung innerhalb aktivierter Befehle zur Selektion eines Grafik-elementes oder eines Bildschirmpunktes

⊐⊏   Mausdarstellung bei einer Selektion von mehreren übereinander liegen-den Elementen; gefangenes Element kann mit Übernehmen bestätigt werden

I   Cursordarstellung im Eingabefenster

Im Laufe der Übungen werden Ihnen bei der Auswahl von Linien, Ecken, Flächen und Kanten einige Kürzel (Präfixe) begegnen mit fortlaufender Nummer zur Identifizierung der Elemente. Insbesondere bei der Selektion an unübersichtlichen Geometrieelementen ist es dann nützlich, deren Bedeutung zu kennen.

Die Kürzel für die Elemente bedeuten:

C: curve   = Kurve

CL: center line = Mittellinie,
                   Mittelachse

E: edge   = Kante

F: face   = Fläche

P: point   = Punkt
                   (z.B. 3 D-Punkt,)

R   = Volumen

V: vertex   = Eckpunkt,
                   Scheitelpunkt

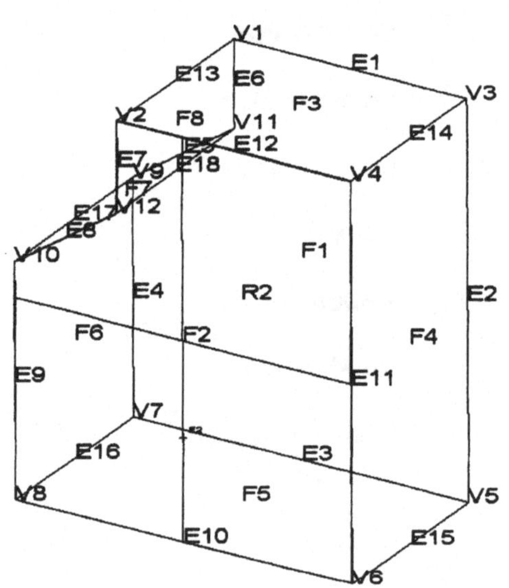

Die Kürzel für die Bedingungen (constrains) bedeuten:

CO: coincident, collinear = koinzident, kollinear (übereinstimmende Lage)

HO: horizontal ground   = horizontale Fixierung

PA: parallel   = parallel

PE: perpendicular   = senkrecht

TA: tangent   = tangential

VE: vertical ground   = vertikale Fixierung

1.4 Hinweise zur Handhabung der Schulungsunterlagen

Zur besseren Übersicht dieser Schulungsunterlage werden folgende Darstellungen in den Übungen benutzt:

Befehlseingaben:

Iconbefehle (z.B. Drehen)

Ort des Icons auf der Iconleiste   BEFEHLSNAME   dazugehörendes Icon

DREHEN

Das momentan aktivierte Icon wird in der Icon-Leiste erhellt dargestellt. Es ist nur so lange aktiv, wie es auch erhellt ist.

Bei fast allen Icons befindet sich in der rechten unteren Ecke ein Dreieck; dieses Dreieck zeigt an, dass unter dem sichtbaren Icon noch weitere verborgen sind. Diese können Sie aktivieren, indem Sie mit der linken Maustaste auf das Icon drücken, die Maustaste festhalten und bei dem nun erscheinenden Menü die Funktion mit der Maus aussuchen, die Sie benötigen.

Befehle, die <u>nur</u> im Text angesprochen werden, werden **FETT UND IN GROSSBUCHSTABEN** dargestellt.

Mausbefehle

Die Maustasten sind mit einem Symbol versehen, falls deren Betätigung nicht direkt aus dem Zusammenhang hervorgeht.

Popupmenübefehle

Befehle im Popup-Menü werden **fett und mit Rahmen** dargestellt.

OK-Befehle

Der OK-Befehl wird wie folgt beschrieben **OK**

Dateneingaben

Tastatureingaben

Über die Tastatur einzugebende Daten werden **fett** dargestellt.

Formblatt

Der Name des Formblatts sowie Befehle oder Eingabeaufforderungen in einem Formblatt werden in GROSSBUCHSTABEN geschrieben.

Systemmeldungen

Systemmeldungen[1] im I-DEAS Ausgabe-Fenster (I-DEAS List) werden in

´Anführungszeichen und kursiv´ beschrieben,

Systemmeldungen[1] im I-DEAS-Eingabe-Fenster (I-DEAS Prompt)
in kursiver Schrift und eingerückt dargestellt,

Im I-DEAS Eingabe-Fenster gibt Ihnen das System teilweise in Klammern gesetzte Voreinstellungen vor. Um diese zu übernehmen, gibt es zwei Möglichkeiten:

– Bestätigen mit der mittleren Maustaste

– Bestätigen mit der Return-Taste ⏎

Eingaben über die Tastatur werden mit der Return-Taste oder der mittleren Maustaste abgeschlossen.

---

[1] Auf die Rechtschreibung der Systemmeldungen haben die Autoren keinen Einfluss, da es sich um eine Übersetzung vom Englischen ins Deutsche handelt.

2 Modellieren von Drehteilen

Methode A: Grundkörpermodellierung

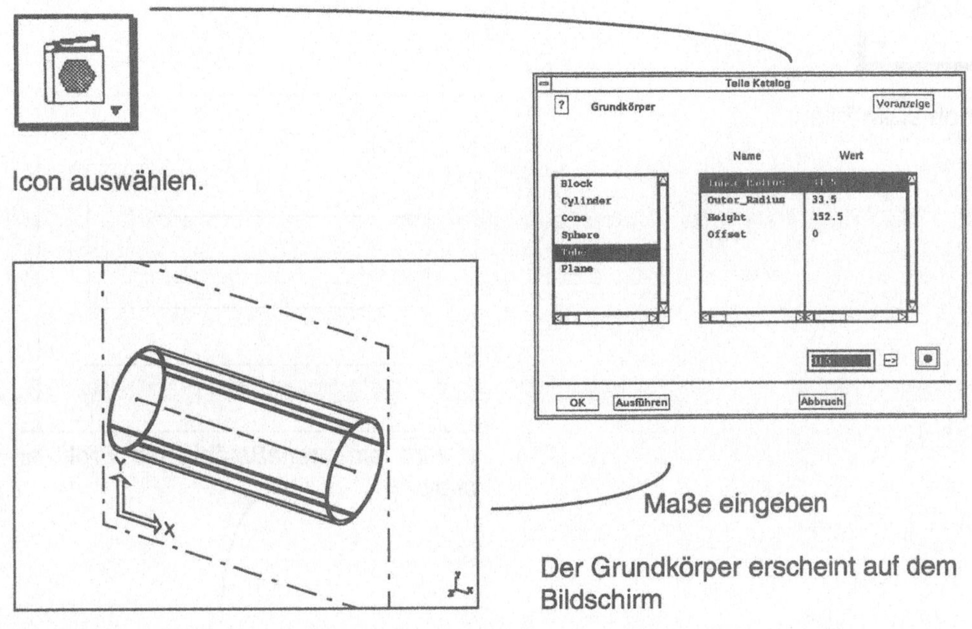

Icon auswählen.

Maße eingeben

Der Grundkörper erscheint auf dem Bildschirm

Methode B: Starres Skizzieren

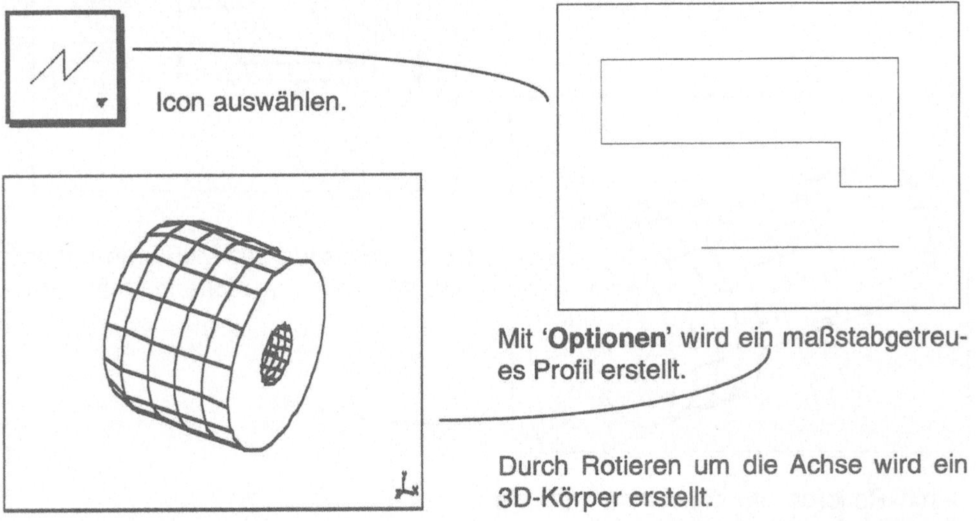

Icon auswählen.

Mit '**Optionen**' wird ein maßstabgetreues Profil erstellt.

Durch Rotieren um die Achse wird ein 3D-Körper erstellt.

Methode C: Parametrisches Skizzieren

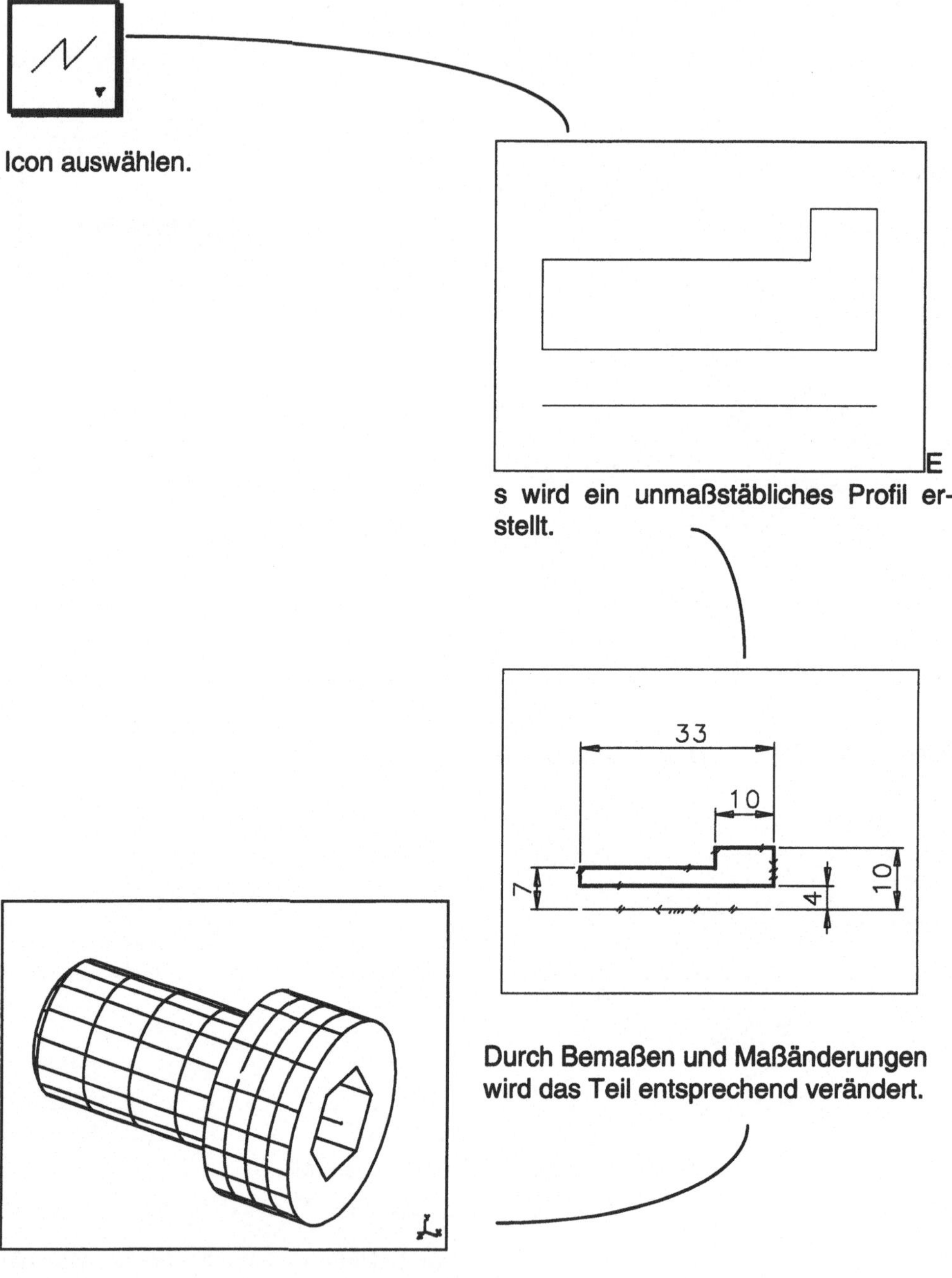

Icon auswählen.

s wird ein unmaßstäbliches Profil erstellt.

Durch Bemaßen und Maßänderungen wird das Teil entsprechend verändert.

Durch Rotieren um die Achse wird ein 3D-Körper erstellt.

Vergleich der Modellierungsarten

Modellierungsarten	Änderungsmöglichkeiten
Grundkörper-modellierung (z.B. Rohr, Zylinder)	Größe
Starres Skizzieren (maßstabgetreuer Körper)	keine Änderungsmöglichkeiten
Parametrisches Skizzieren (bemaßter Körper)	Größe Form

Ü2.1 Zylinderrohr (Grundkörpermodellierung)

In der ersten Übung werden Sie das Zylinderrohr (Teil 6) aus einem Grundkörper herstellen. Das Ergebnis zeigt die nachfolgende Abbildung:

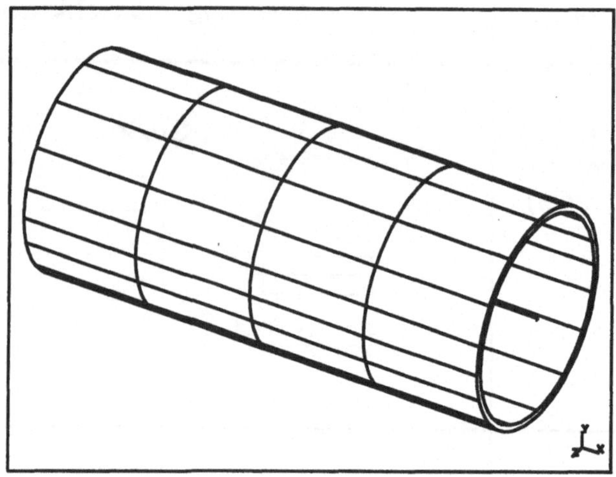

Zylinderrohr   Teil 6

Neben der Erzeugung eines Objektes aus einem 3D-Grundkörper werden Sie, um überhaupt mit dem System arbeiten zu können, folgende grundlegende Eigenschaften kennenlernen:

- Beginnen der Arbeitssitzung

- Erzeugen und Drehen eines Grundkörpers

- Verschiedene Darstellungsarten eines Objektes

- Ansichtsänderung über Funktionstasten

- Voreingestellte Ansichten

- Ein-/Ausblenden und Modifizieren von Hauptmaßen

- Korrektur fehlerhafter Eingaben

- Einfärben eines Objektes

- Wegräumen und Speichern von Objekten

- Beenden der Arbeitssitzung

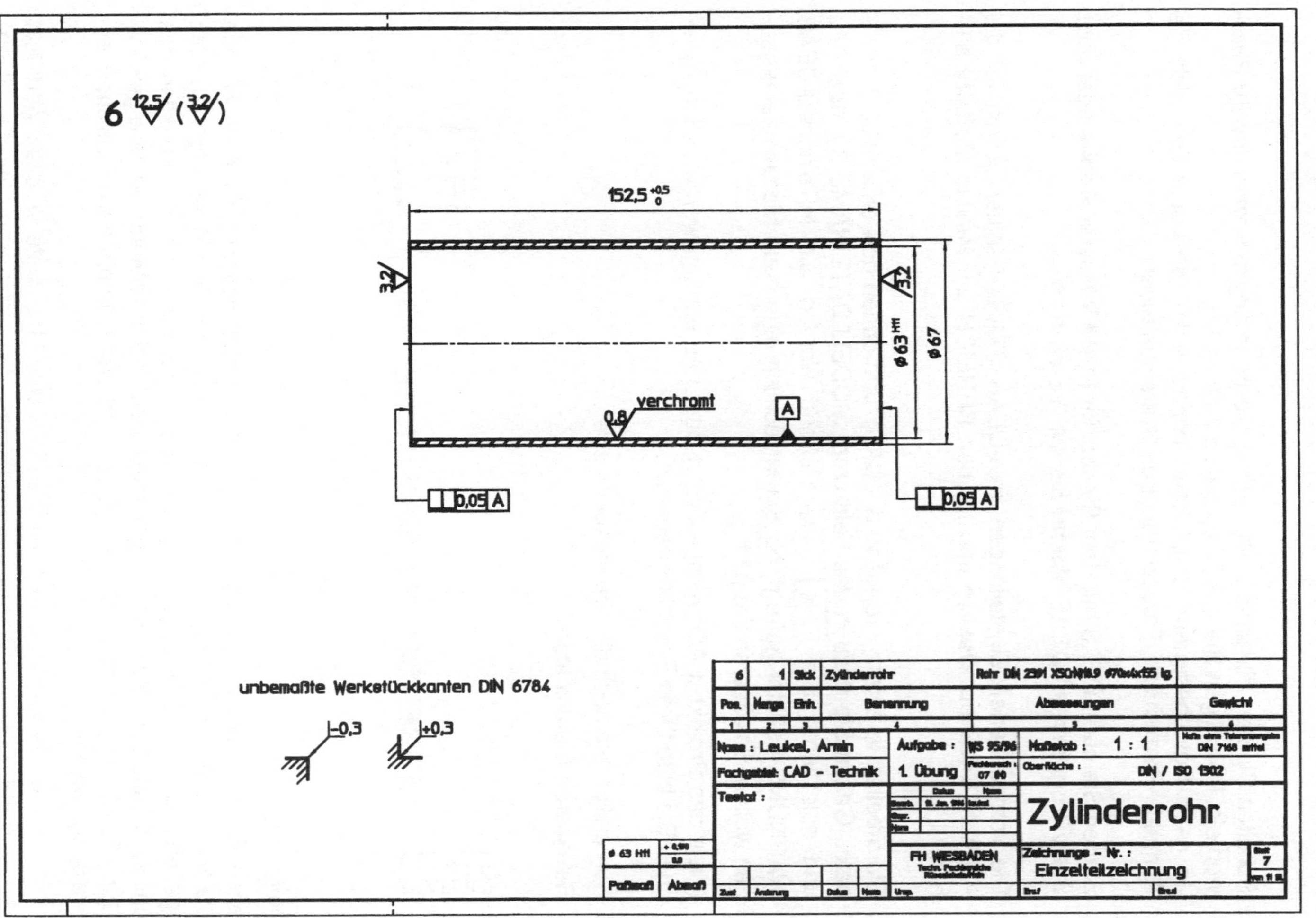
152,5 +0,5 / 0
∅ 63 H11
∅ 67
verchromt
0,8
A
0,05 A
0,05 A
unbemaßte Werkstückkanten DIN 6784
-0,3
+0,3
6   1   Stck   Zylinderrohr   Rohr DIN 2391 X5CrNi18.9 ∅70x6x155 lg.
Pos. Menge Einh.   Benennung   Abmessungen   Gewicht
Name : Leukel, Armin   Aufgabe : WS 95/96   Maßstab :   1 : 1
Fachgebiet: CAD – Technik   1. Übung   Oberfläche :   DIN / ISO 1302
Testat :
FH WIESBADEN
Zylinderrohr
Zeichnungs – Nr. :
Einzelteilzeichnung
Blatt 7
∅ 63 H11
Paßmaß   Abmaß
Zust   Änderung   Datum   Name   Urep.

Beginnen einer Arbeitssitzung

1. Schalten Sie den Bildschirm ein. Geben Sie Ihren *Login-Namen* und Ihr Passwort ein. Bestätigen Sie Ihre Eingabe mit **Return** (↵).
   Je nach Betriebssystem UNIX bzw. Windows NT unterscheiden sich die Anmelde-Prozeduren. Fragen Sie Ihren Systembetreuer.

2. Starten Sie nun I-DEAS mit dem Symbol für **I-DEAS Master Series** oder über **Start/Programme/I-DEAS Master Series (Versions Nr.)**.

3. Die vorgegebenen Einstellungen im I-DEAS START-Fenster sollten für die ANWENDUNG auf **Design** und für den BEREICH auf **Master Modeler** stehen.

4. Sie arbeiten in einem Projekt z. B. „**CAD**" und öffnen dort eine neue Modelldatei. Geben Sie dazu in das Feld unter MODELLDATEINAME **Zylinder** ein, und selektieren Sie $\boxed{\text{O K}}$. Anschließend werden Sie in einem I-DEAS WARNUNG-Fenster gefragt, ob Sie tatsächlich eine neue Modelldatei erzeugen wollen. Selektieren Sie $\boxed{\text{O K}}$.

   (Falls das Projekt „CAD" nicht existiert oder neu erzeugt werden kann, sprechen Sie bitte Ihren Systembetreuer an.)

5. Nun stellen Sie noch die Arbeitsebene ein.
   Selektieren Sie das Icon.

   **ARBEITSEBENENDARSTELLUNG**   

<u>Anmerkung:</u>

Gehen Sie mit dem Cursor an die angegebene Icon-Position. Drücken Sie die linke Maustaste und halten diese gedrückt. Ziehen Sie den Mauszeiger zu dem angegebenen Icon-Befehl und lassen dort die Maustaste los. Die Funktion des Icons steht Ihnen nur zur Verfügung, wenn dieses heller unterlegt ist. Ihre gewählte Funktion bleibt so lange aktiv, so lange auch das Icon die helle farbliche Hervorhebung aufweist.

Um Ihr Icon zu deaktvieren, müssen Sie die rechte Maustaste drücken, gedrückt halten und auf ALLES ABWÄHLEN ziehen und dann loslassen oder die mittlere Maustaste kurz drücken.

Es erscheint das ARBEITSEBENE ATTRIBUTE – Fenster. Hier sollten folgende
Werte stehen:

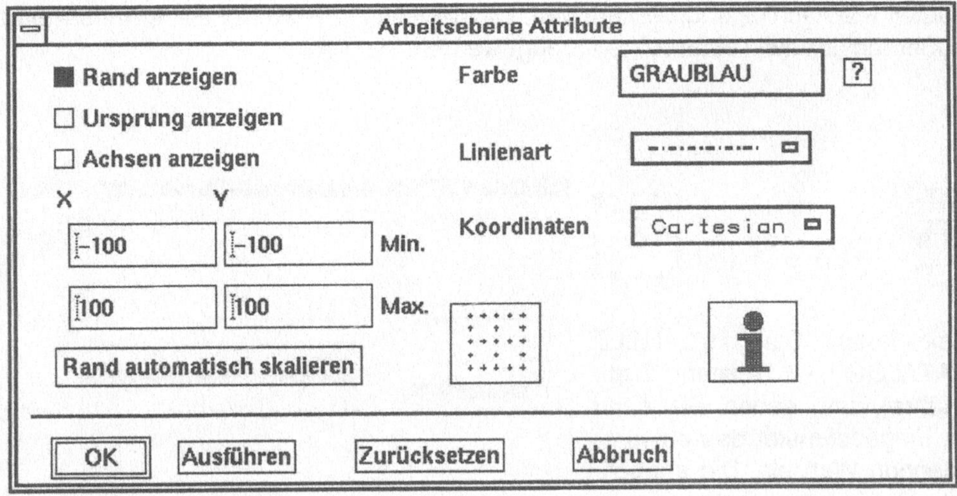

Sollten die Werte nicht übereinstimmen, ändern Sie die Werte.

Danach bestätigen Sie mit: **O K**

6. Selektieren Sie das Icon

 **ZOOM ALLES**

Das DESIGN - Fenster sollte
jetzt den abgebildeten leeren
Bildschirm zeigen.

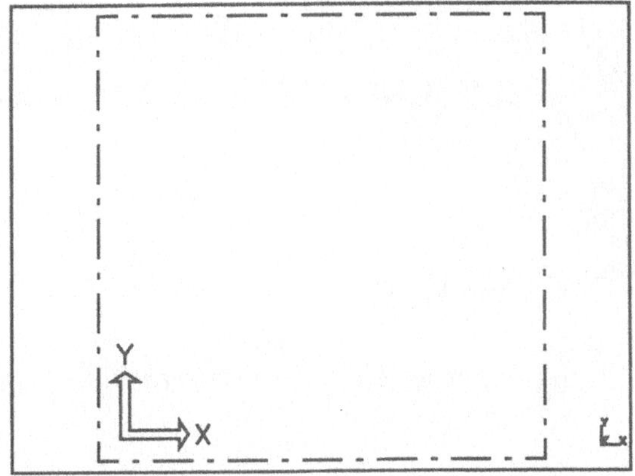

Erzeugen und Drehen eines Grundkörpers

Nehmen Sie die Zeichnung Zylinderrohr (Teil 6) zur Hand und erstellen Sie das Bauteil wie nachfolgend beschrieben. Dazu muss ein Rohr mit einem Innen- und Außenradius sowie einer Höhe erzeugt werden:

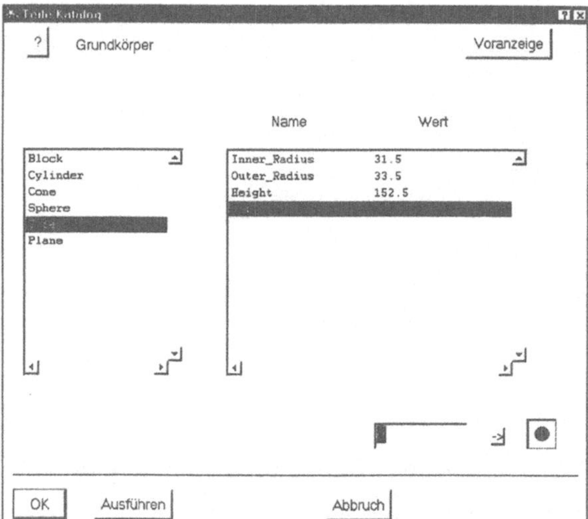

TEILE

Selektieren Sie im TEILE KATALOG - Fenster **Tube** (Röhre), und geben Sie dann im Eingabefenster den entsprechenden Wert ein. Die erleuchtete Größe kann direkt über die Tastatur geändert werden.

Bestätigen Sie mit: OK

Bevor Sie das erzeugte Bauteil drehen, schalten Sie auf die **LINIENDARSTELLUNG** um. Dies ist notwendig, um die Position des Pivopunktes (Drehpunktes) besser erkennen zu können.

LINIENDARSTELLUNG

DREHEN

zu drehendes Element selektieren

① ()

zu drehendes Element selektieren
(Bestätigung)

Mit der mittleren Maustaste bestätigen

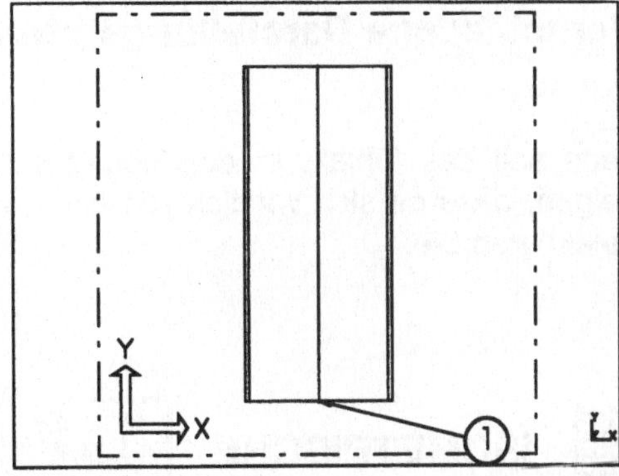

Pivotpunkt (Ursprung) selektieren

Der in Klammern genannte Wert ist die Voreinstellung (Default).

Hier bedeutet das, dass der Ursprung als Drehpunkt (Pivotpunkt) vom System vorgeschlagen wird. Wenn Sie die Voreinstellung übernehmen wollen, bestätigen Sie mit :

Drehwinkel eingeben (0.0,0.0,0.0)

Um Z

im Popupmenü selektieren

Winkel um Z eingeben (90,0)

 zur Bestätigung der 90°-Drehung

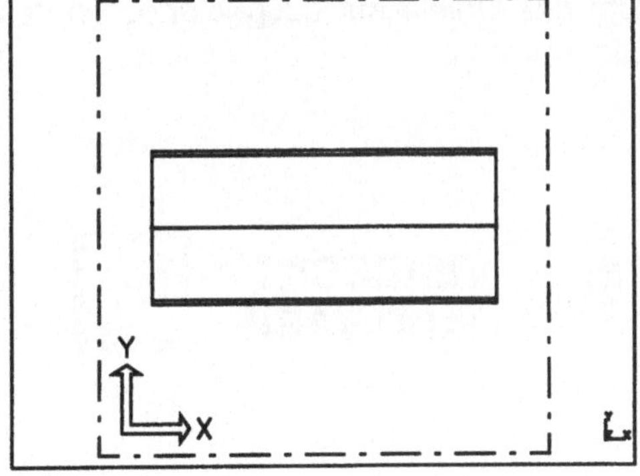

 um die Funktion **DREHEN** zu verlassen.

Verschiedene Darstellungsarten eines Objektes

Jetzt soll das Objekt in der isometrischen Ansicht dargestellt werden, um zu zeigen, dass es sich wirklich um einen dreidimensionalen Körper handelt. Dazu selektieren Sie:

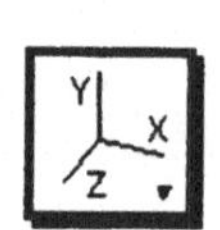
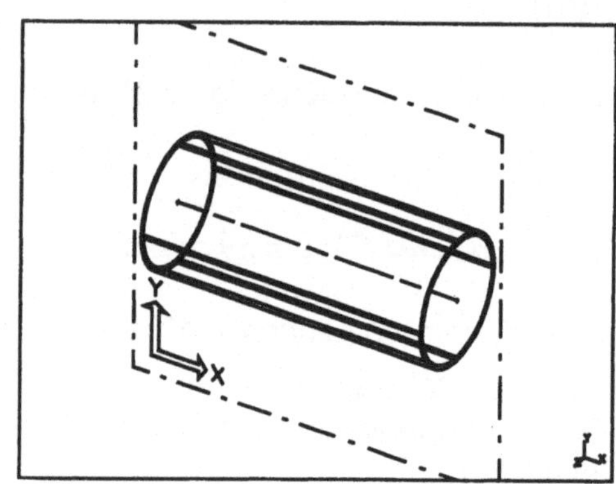

Um das Objekt mit ausgeblendeten verdeckten Kanten darzustellen, selektieren Sie das Icon,

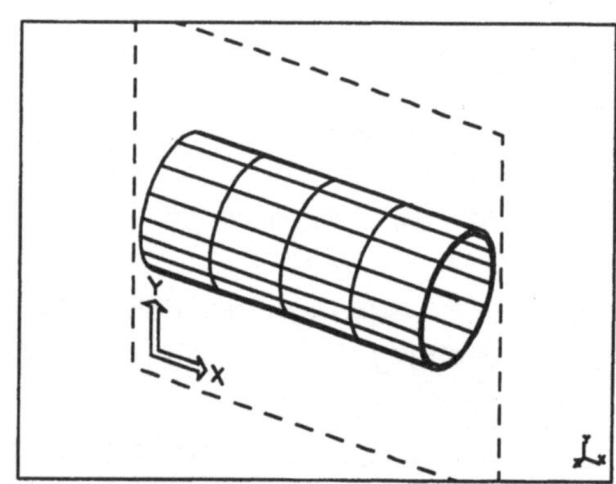

Die schattierte Darstellung des Objektes erhalten Sie durch das Anwählen von:

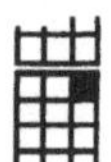

Ansichtsänderungen über Funktionstasten

Mit Hilfe der **Funktionstasten** und der Maus ist es möglich, die Ansicht dynamisch zu verändern. Hierzu werden die Tasten **F1** - **F4** gedrückt und der Mauszeiger auf dem Bildschirm bewegt, **ohne eine Maustaste** zu drücken. Die einzelnen Tasten zeigen folgende Wirkung:

F1 Translation: Bewegen des Bildschirmausschnitts

F2 Maßstabsänderung (Zoomen): Vergrößern oder Verkleinern der Darstellung; Bewegung der Maus nach oben ↑ verkleinert die Darstellung, Bewegung nach unten ↓ vergrößert die Darstellung

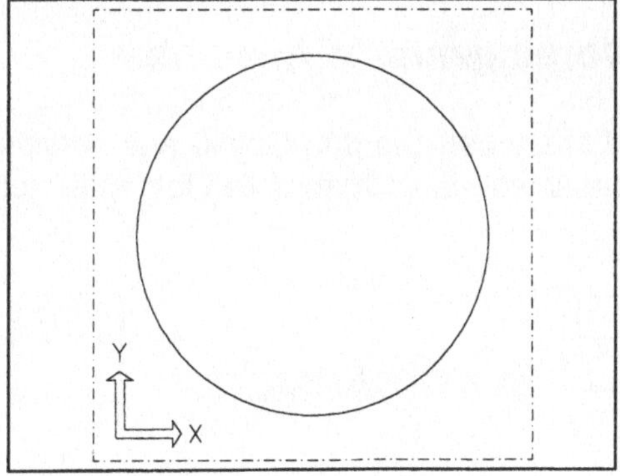

F3 Rotation: Drehen um alle drei Raumachsen. Dabei ist es entscheidend, wo der Mauszeiger beim Betätigen der **F3**-Taste im DESIGN - Fenster positioniert ist.

- Eine Platzierung innerhalb des Kreises bewirkt eine Drehung um die horizontale bzw. vertikale Bildschirmachse

- Eine Platzierung außerhalb des Kreises bewirkt eine Rotation um die auf dem Bildschirm senkrecht stehende Achse.

F4 Rotation: Drehen um alle drei Raumachsen analog **F3** ohne Darstellung. Dreht das Teil in die nächstliegende Position XY, XZ, YZ bzw. in die isometrische Darstellung XYZ. Sucht automatisch die naheliegendste Position.

F5 Wiederherstellen der zuletzt gewählten Ansicht

F6 Belegung der Funktionstasten

Dies sind die **Grundeinstellungen der Funktionstasten.**

Durch Drücken von **F6** und Bewegen der Maus im eingeblendeten Menü von oben nach unten können weitere Funktionen (z.B. [2] F2 ROTATE ABOUT Y ONLY) aufgerufen werden. Die Grundeinstellung ist für unsere Anforderungen jedoch vollkommen ausreichend.

Mit den Funktionstasten kann auch innerhalb einer Befehlsroutine die Ansicht verändert werden, um z.B. Linien einfach selektieren zu können.

Nachdem Sie die dynamischen Ansichtsänderungen ausprobiert haben, drücken Sie die **F5**-Taste, um in die isometrische Ansicht zurückzukehren, oder den Befehl **ISOMETRISCHE ANSICHT** in der Icon-Leiste.

Für die folgenden Ansichtsänderungen lassen Sie sich das Zylinderrohr in der Schattiert Hardware-Darstellung zeigen. Selektieren Sie dazu das Icon:

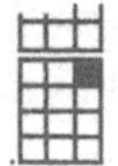 **SCHATTIERT HARDWARE** 

Voreingestellte Ansichten

Nun werden Sie das Objekt aus verschiedenen Blickrichtungen betrachten. Dies geschieht durch Auswählen folgender Icons:

SEITENANSICHT

DRAUFSICHT

VORDERANSICHT

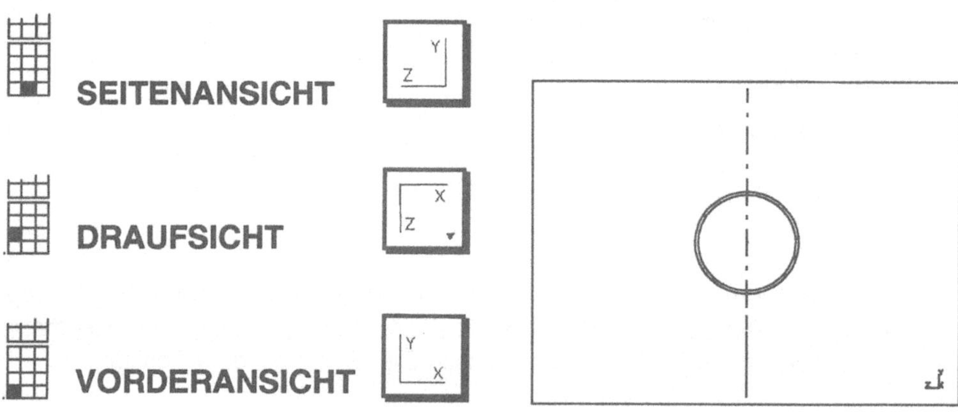

Ein-/Ausblenden und Modifizieren von Hauptmaßen

Wählen Sie die Isometrische Ansicht:

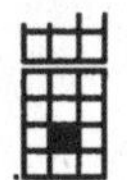 **ISOMETRISCHE ANSICHT** 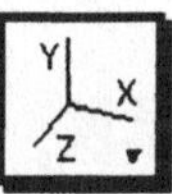

Um die Hauptmaße ein- und auszublenden, gehen Sie folgendermaßen vor:

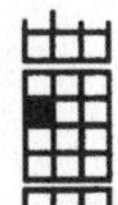 **ELEMENT VERÄNDERN** 

zu veränderndes Element selektieren

Selektieren Sie das Zylinderrohr irgendwo an der dargestellten Geometrie.

zu veränderndes Element selektieren (Übernehmen)

Änderungsoption wählen (Bemaßung anzeigen)

zu veränderndes Element selektieren (Bestätigung)

Bemaßung anzeigen

Featureparameter

Maßwerte

Feature umbenennen

Zurück

Abbruch

Popupmenü des Befehls „Element Verändern"

Selektieren Sie die Bemaßung, die Sie verändern wollen. Das BEMAßUNG ÄNDERN - Fenster erscheint. Die Maßgröße, welche blau unterlegt ist, kann über die Tastatur direkt verändert werden. Danach mit OK bestätigen.

Anmerkung: Die Maßzahl und deren Farbe wird verändert, die Geometrie jedoch noch nicht. Erst ein abschließendes Aktualisieren passt die Geometrie an. Dabei sollte jedoch das Element eindeutig bestimmt sein, d.h. der äußere Radius muss größer sein als der innere Radius, sonst ist Ihr Teil verloren. In der Default–Einstellung werden die Nachkommastellen nicht dargestellt.

zu veränderndes Element selektieren (Bestätigen)

Korrektur fehlerhafter Eingaben

Hier noch eine Übung, welche eine fehlerhafte Eingabe korrigieren kann, ohne dass Ihr Teil verloren ist.

Sichern Sie zunächst Ihre Arbeit, indem Sie in der ersten Zeile der Iconleiste wählen:

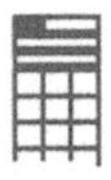

DATEI

SICHERN

Ändern Sie nun den Innenradius der Röhre von 31.5 mm auf 40 mm. Der Aktualisierung folgt nun eine Fehlermeldung!

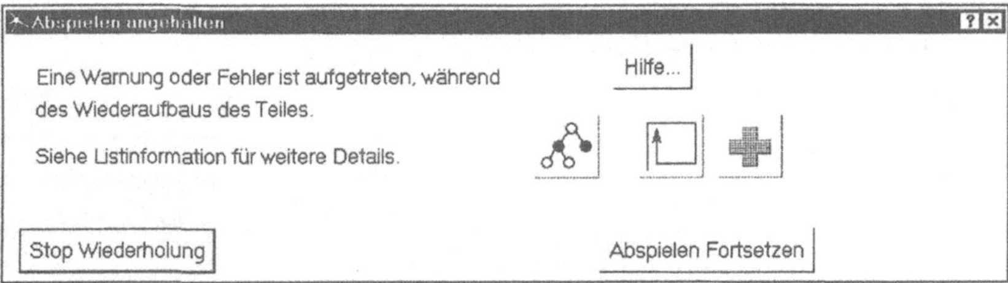

Würden Sie nun die Schaltfläche ABSPIELEN FORTSETZEN selektieren, ohne vorher zu sichern, dann wäre Ihr Teil verloren.

Wählen Sie dann

   (ELEMENT VERÄNDERN) im ABSPIELEN ANGEHALTEN – Fenster.

Maßwerte

und korrigieren Sie alle Werte wieder auf die Zeichnungsmaße.

 **O K**   im BEMAßUNGEN – Fenster und

 **AKTUALISIEREN**

Einfärben eines Objektes

Geben Sie dem Objekt die Farbe **BLAU**. Die Farbauswahl geschieht durch
Anwählen von:

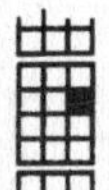 **DARSTELLUNG**

*zu veränderndes Element
selektieren*

Anmerkung:

Ein Objekt ist erst dann als Volu-
menkörper selektiert, wenn ein wei-
ßer Begrenzungsrahmen um den
Körper angezeigt wird.

Ziehen Sie einen Rahmen um die Geometrie.

zu veränderndes Element selektieren (Bestätigung)'

Selektieren Sie im FLÄCHENDARSTELLUNG-Fenster hinter Farbe **?**.
Beachten Sie dabei, dass die Schaltfläche **FARBE** ein Häkchen hat! Daraufhin
erscheint das OBJEKTFARBE-FENSTER.

Wählen Sie im OBJEKTFARBE- Fenster **BLAU** aus.

OK   im OBJEKTFARBE-Fenster.

OK   im FLÄCHENDARSTELLUNG-Fenster.

[||||]   (um die Funktion zu verlassen)

Ebenfalls können Sie selektiv auch nur eine Fläche einfärben – z. B. die Mantel-
fläche. Gehen Sie wie oben beschrieben vor, selektieren jedoch nur die Außenfläche, sodass nur diese hell markiert ist.

Wegräumen und Speichern von Objekten

Nun wird das Objekt vom Bildschirm unter dem Namen ´Zylinderrohr´ "weggeräumt". Es wird keine Kopie auf dem Bildschirm hinterlassen. Folgende Befehle sind anzuwählen:

 **WEGRÄUMEN**   

Teil, das weggelegt werden soll selektieren

Selektieren Sie die Geometrie irgendwo.

Geben Sie im WEGRÄUMEN-Fenster unter NAME: **Zylinderrohr**, TEIL: **6**, ein. Dann:

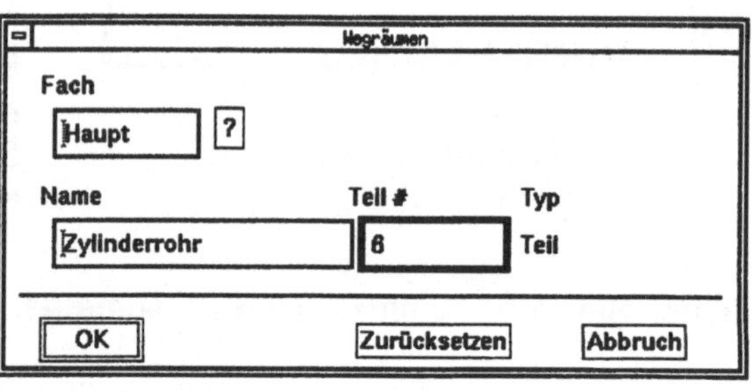

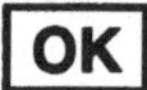 OK

Teil, das weggelegt werden soll, selektieren (Bestätigung)

Jetzt ist das Objekt im aktuellen Fach abgelegt, aber der Inhalt Ihres Faches wird erst mit dem Befehl **SICHERN** in Ihre Modelldatei ´Zylinder´ geschrieben und somit Ihre bis dahin geleistete Arbeit gesichert.

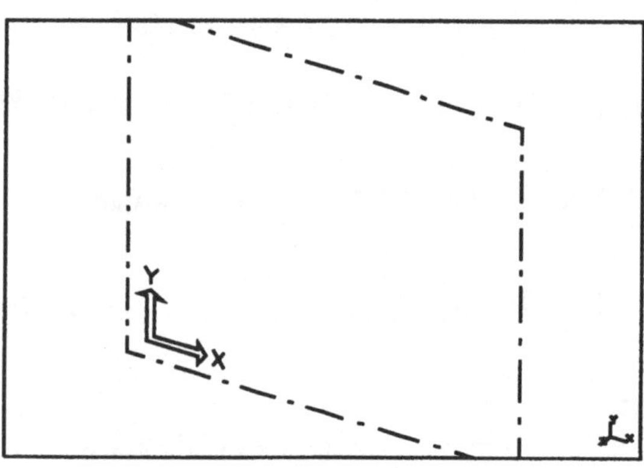

Bildschirm nach dem "Wegräumen"

In der ersten Zeile der I-DEAS Iconleiste wählen Sie:

DATEI

SICHERN

Achtung! Auf diesen gespeicherten Zustand können Sie nach dem Beenden einer Arbeitssitzung oder nach einem Systemabsturz wieder zugreifen.

Beenden einer Arbeitssitzung

Wenn Sie Ihre I-DEAS Arbeitssitzung nun abbrechen wollen, gehen Sie, wie unten beschrieben, vor, ansonsten beginnen Sie mit der nächsten Übung.

Mit Hilfe des Befehls **Ende** brechen Sie die momentane I-DEAS Arbeitssitzung ab und kehren auf die Betriebssystemebene zurück.

In der ersten Zeile der I-DEAS ICONS wählen Sie **DATEI** an und ziehen die Auswahl auf **ENDE**.

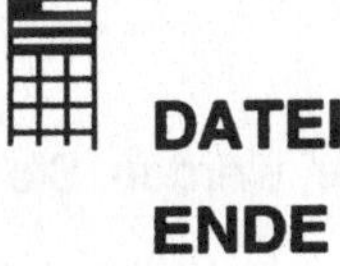

DATEI

ENDE

In einem I-DEAS-FRAGE Fenster werden Sie gefragt, ob vor Beendigung Änderungen in ihrer Modelldatei gesichert werden sollen. Wählen Sie **NEIN**, denn Sie haben ja gerade erst gesichert. Verlassen Sie nun die X-Window-Oberfläche für Unix oder die NT Oberfläche unter Windows. Wenn Sie nun die Bildschirmoberfläche, den Desktop, vor sich sehen, bewegen Sie den Mauszeiger auf das START Button und nachfolgend auf BEENDEN. Im Windows NT–Fenster selektieren Sie ANWENDUNGEN_SCHLIEßEN und UNTER ANDEREM NAMEN ANMELDEN.

Ü2.2 Zuganker (Grundkörpermodellierung)

In dieser Übung werden Sie den Zuganker (Teil 5) aus einem Grundkörper und durch Hinzufügen zweier Gewindeteile erstellen. Außerdem lernen Sie die dreidimensionale Darstellung von Außengewinde kennen. Das Ergebnis zeigt die nachfolgende Abbildung:

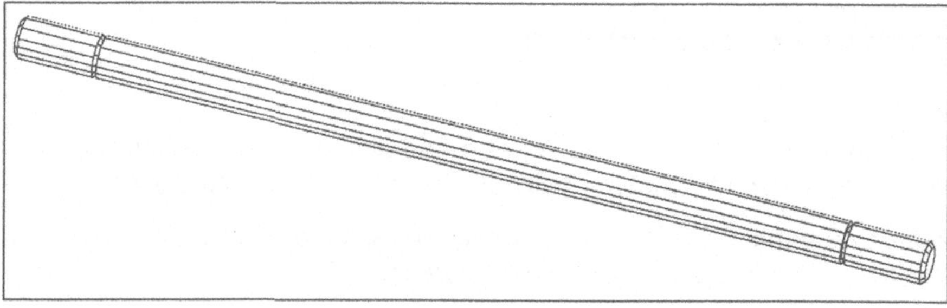

Zuganker   Teil 5

Neben der Erzeugung eines Objektes aus einem 3D-Grundkörper werden Sie folgendes lernen:

- Festigung der in Übung 2.1 erlernten Arbeitstechniken
- Aufrufen der Modelldatei Zylinder
- Dreidimensionale Darstellung von Gewinden
- Anbringen von Fasen
- Teile benennen und kopieren
- Teile vereinen
- Teile umbenennen

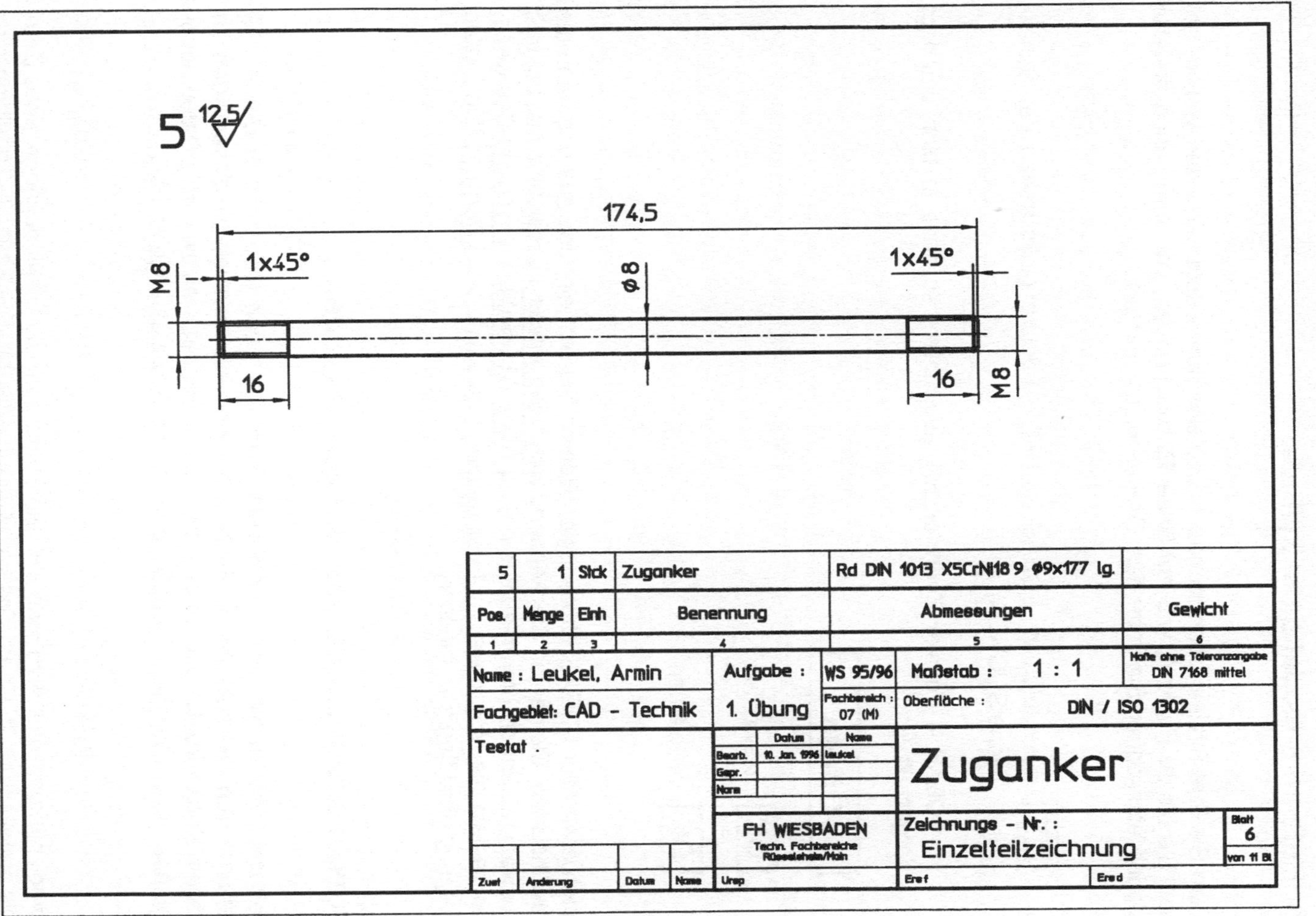

5	1	Stck	Zuganker	Rd DIN 1013 X5CrNi18 9 ⌀9x177 lg.	
Pos.	Menge	Einh	Benennung	Abmessungen	Gewicht
1	2	3	4	5	6

Name : Leukel, Armin	Aufgabe :	WS 95/96	Maßstab : 1 : 1	Maße ohne Toleranzangabe DIN 7168 mittel
Fachgebiet: CAD – Technik	1. Übung	Fachbereich : 07 (M)	Oberfläche : DIN / ISO 1302	
Testat .	Bearb. 10. Jan. 1996 Leukel		Zuganker	
	Gepr.			
	Norm			
	FH WIESBADEN Techn. Fachbereiche Rüsselsheim/Main		Zeichnungs – Nr. : Einzelteilzeichnung	Blatt 6 von 11 Bl.
Zust	Änderung	Datum	Name	Urep

Aufrufen der Modelldatei Zylinder

Falls Sie Ihre Sitzung beendet hatten und sich nun erneut anmelden wollen, gehen Sie bis zu Punkt **4**, wie auf Seite **15** beschrieben, vor. Ihre schon erstellte Modelldatei können Sie unter dem Ordner-Icon selektieren.

5. ☐ auswählen im I-DEAS START – Fenster (links neben der Schaltfläche SUCHEN)

Im I-DEAS – Fenster **Zylinder.mf1** auswählen, so dass er blau unterlegt dargestellt wird.

| **Öffnen** |

| OK | auswählen

| OK | auswählen

Noch etwas zur I-DEAS Philosophie: Wählen Sie erst ein Icon aus und dann die gewünschten Elemente. Sie können, wenn Sie etwas ausgewählt haben, Ihre Auswahl mit der rechten Maustaste und | **Alles Abwählen** | abwählen. Des weiteren besteht die Möglichkeit, mit der rechten Maustaste und | **Zurück** | den letzten Vorgang rückgängig zu machen.

Dreidimensionale Darstellung von Gewinden

Seit Juli 1998 ist die dreidimensionale Darstellung von Gewinden in DIN 32869 genormt. Auf der nächsten Seite befindet sich ein Auszug aus dieser Norm. In diesem Buch wird die Standarddarstellung verwendet, weil sie wenig Daten benötigt, aber ausreichende Informationen über die Gewindelänge enthält.

Zweckmäßigerweise wird man sich ein Feature für die Gewindegänge eines Bauteils erstellen und in einem Feature–Katalog ablegen. Die Feature–Erstellung wird in Kapitel 3 behandelt.

Gewinde-Darstellung
bei dreidimensionalen CAD-Modellen
Auszug aus DIN 32869, Juli 1998

Vereinfachte Darstellung	Standarddarstellung	Erweiterte Darstellung
Sechskantschraube 	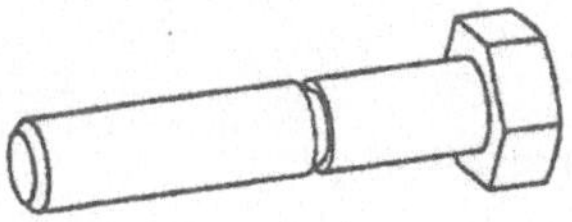	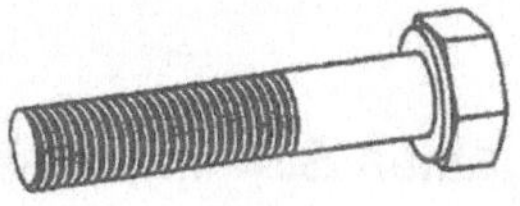
Sechskantmutter 		
Gewindebohrung 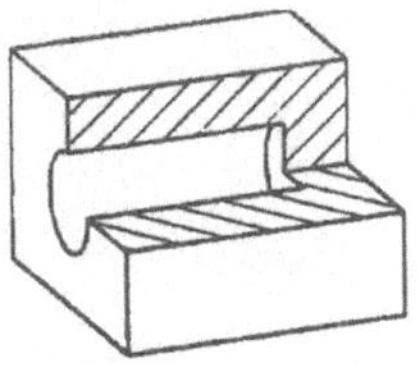	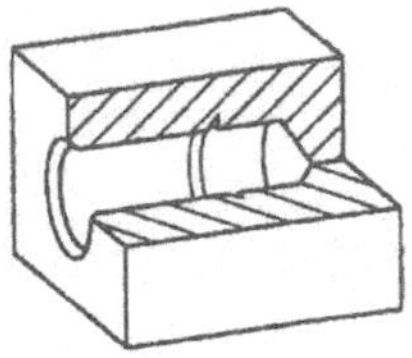	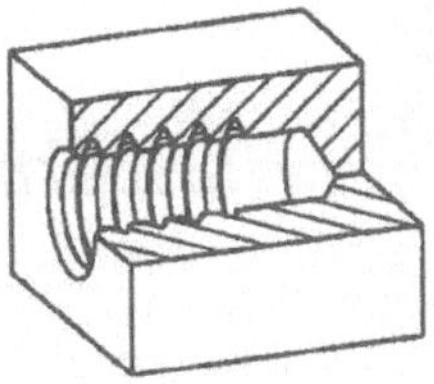

Nehmen Sie die Zeich-
nung Zuganker (Teil 5)
zur Hand und erzeugen
Sie zunächst das zylind-
rische Mittelteil mit der
Länge

174,5-(2·16)= 142,5 mm

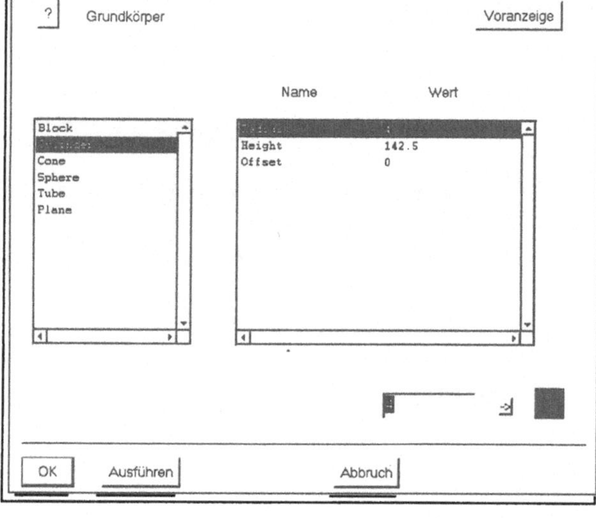

  TEILE

Wählen Sie die Linien-Darstellung

 LINIE

Erzeugen Sie auf diese Art noch einen weiteren Zylinder mit den Außenmaßen
des Gewindes: Radius 4mm, Höhe 16mm. Beim Erzeugen eines Teiles aus dem
Katalog wird dieses immer mit seinem Schwerpunkt in den Koordinatenursprung
gelegt. Deshalb liegt der kleine Zylinder genau in der Mitte des längeren Zylinders. Um den kleineren Zylinder ohne Probleme weiter bearbeiten zu können,
muss er verschoben werden.

 VERSCHIEBEN

Zu bewegendes Element selektieren

Selektieren Sie den kleinen Zylinder am besten an einer Kante, die nicht zum langen Zylinder gehört.

Zu bewegendes Element selektieren (Bestätigung)

Selektieren Sie im Popupmenü

Auf Bildschirm schieben

Maustaste 1 festhalten und Element zu neuem Standort bewegen

Nachdem Sie den kleinen Zylinder irgendwohin verschoben haben, drehen Sie beide Zylinder mit 90° um die Z-Achse und um den Ursprung als Pivotpunkt, und wählen Sie die isometrische Ansicht:

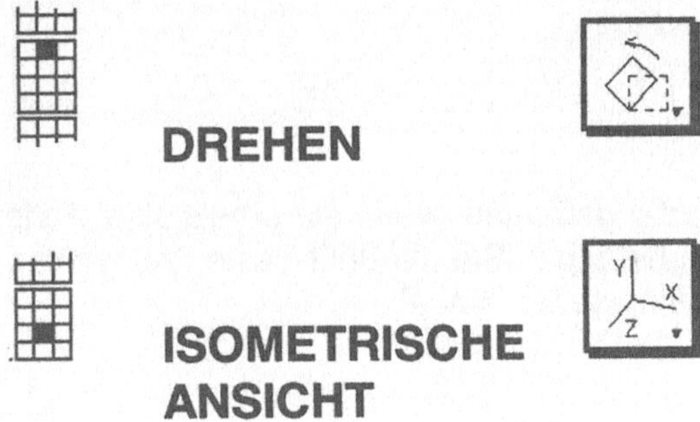

DREHEN

ISOMETRISCHE ANSICHT

Anbringen von Fasen

Die Standard-Gewindedarstellung erfordert an jeder Seite eine Fase bis zum Kerndurchmesser. Bei M8 ist $d_3 = 6{,}47$ mm.
Die Fase beträgt demnach $(8-6{,}47)/2 = 0{,}8$ mm

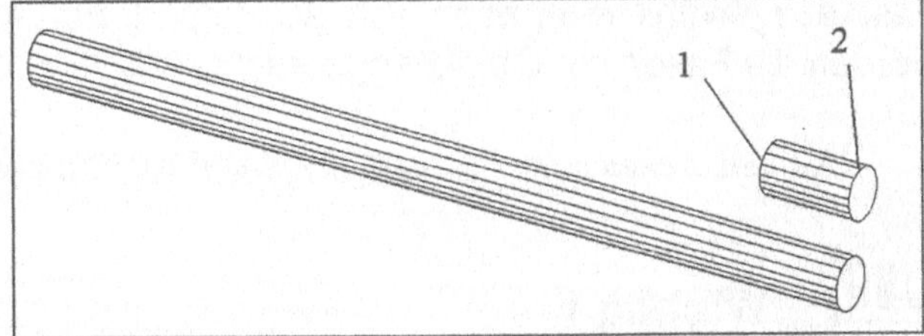

Das System bringt die Fase standardmäßig unter einem Winkel von 45° an.

Dazu selektieren Sie:

 **FASE** 

Kanten, Ecken oder Flächen, die eine Fase bekommen selektieren

Wählen Sie die Kanten 1 und 2 gleichzeitig mit Hilfe der Shift-Taste aus:

1 und

⇧-Taste + **2** selektieren

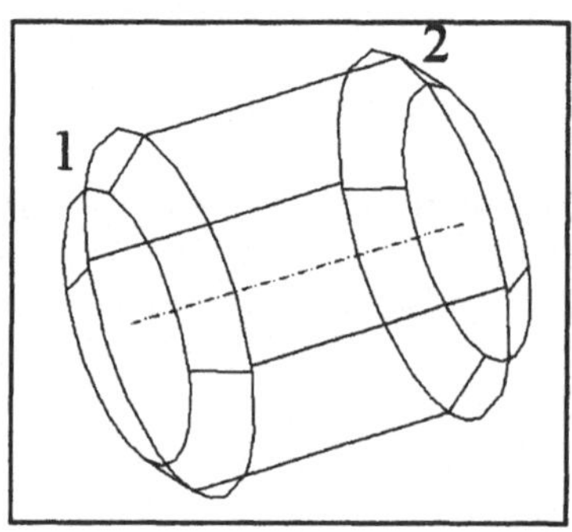

Beide Kannten sollten nun erleuchtet sein.

*Kanten, Ecken oder Flächen die eine Fase
bekommen selektieren (Bestätigung)*

Anmerkung: Die Kanten werden nur richtig gefangen, wenn sie erhellt sind. Falls
Sie eine Kante wieder abwählen wollen, betätigen Sie die Shift-Taste und wählen
die Kante erneut aus, diese erscheint dann wieder dunkel.

Offset für die gewählte Kante eingeben (0.4)

0.8↵

Anmerkung: Die Ausführung ist noch nicht sichtbar. Bis hierher ist die Funktion
Fase ausgewählt, aber noch nicht ausgeführt. Erst mit einem erneuten Bestätigen
werden die Fasen am Objekt angebracht.

Kanten, Ecken oder Flächen, die eine Fase bekommen selektieren

 **Wichtig !**

Teile benennen und kopieren

Weil der Zuganker an jedem Ende das gleiche Gewinde besitzt, muss das Gewindeteil noch kopiert werden. Dazu muss es zunächst einen Namen erhalten.

 **TEILE BENENNEN** 

Teil, das benannt werden soll selektieren

Selektieren Sie das Gewindeteil

Es erscheint das NAME - Fenster, in dem Sie für den Namen '**Gewinde**' eingeben.

| OK |

Teil, das benannt werden soll selektieren (Bestätigung)

Jetzt kann das Teil kopiert werden.

 **FÄCHER VERWALTEN** 

Im FÄCHER VERWALTEN - Fenster selektieren Sie die Zeile '**Gewinde**' und wählen an der rechten Seite die Funktion **KOPIEREN** aus. 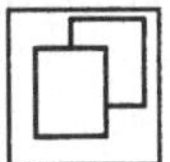

Im KOPIEREN - Fenster geben Sie für den Namen '**Gewinde1**' ein und bestätigen Sie mit

| OK |

Schließen sie das FÄCHER VERWALTEN - Fenster durch **BEENDEN**. Das kopierte `**Gewinde 1**´ liegt genau über `**Gewinde**´ und muss noch auf dem Bildschirm verschoben werden, wie Sie es vor 2 Seiten gelernt haben.

Jetzt haben Sie 3 Teile auf Ihrem Bildschirm, die Sie nur noch zu einem Teil vereinen müssen.

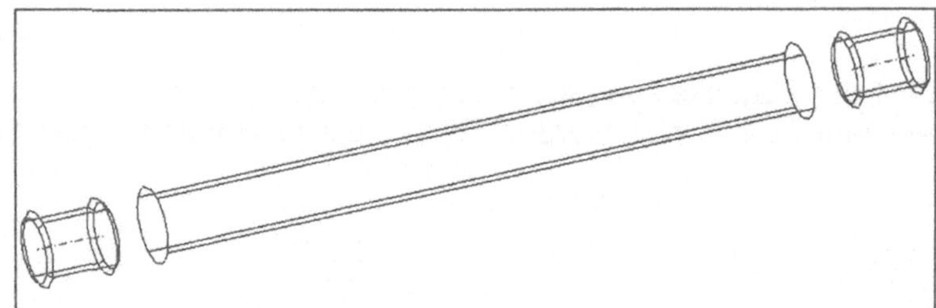

Teile vereinen

 **VEREINEN** 

Planare Fläche vom bewegbarem Teil selektieren

Selektieren Sie eine Stirnfläche eines der Gewindeteile.

Planare Fläche vom zu verbindenden Teil selektieren

Selektieren Sie jetzt eine Stirnfläche des großen Zylinders.

Positionierungsbefehl wählen

Wählen Sie

Bestätigung

Wiederholen Sie den Schritt auch für den zweiten kleinen Zylinder.

Geben Sie dem Objekt die Farbe **ZYAN**

DARSTELLUNG

WEGRÄUMEN

Räumen Sie nun – wie in Übung 2.1 gelernt – das Objekt unter dem Namen **Zug-anker** weg. Bei der Teilenummer geben Sie zunächst **6** ein und nicht wie in der Zeichnung angegeben **5**.

Teile umbenennen

Korrigieren Sie den Fehler, der beim Wegräumen gemacht wurde. Gehen Sie wie folgt vor:

HOLEN

Holen Sie Ihr Teil, das verändert werden soll, auf den Bildschirm, indem Sie Ihr gewünschtes Bauteil im HOLE-Fenster auswählen.

Bestätigen Sie nun mit $\boxed{\text{OK}}$

TEILE BENENNEN

Teil das benannt werden soll selektieren

Selektieren Sie ihr Bauteil (ziehen Sie einen Rahmen um das Bauteil).
Es erscheint das UMBENNEN/NEU NUMMERIEREN - Fenster, hier können Sie die Veränderungen vornehmen

Da Sie das Objekt unter dem Namen **'Zuganker'** Teil **'6'** weggeräumt haben, müssen Sie die Teilenummer in **'5 '** ändern, damit diese mit der technischen Zeichnung übereinstimmt.

Bestätigen Sie mit $\boxed{\textbf{OK}}$.

Zum Schluss Ihrer Arbeitssitzung sichern Sie die Modelldatei mit dem Befehl **SICHERN** .

 **DATEI**

SICHERN

Räumen Sie den `Zuganker` in Ihr Fach.

Wenn Sie Ihre Arbeitssitzung nun abbrechen wollen, gehen Sie wie in Übung 2.1 vor; sonst beginnen Sie mit der nächsten Übung.

Ü2.3 Stangenmutter (Grundkörpermodellierung)

In dieser Übung werden Sie die Stangenmutter (Teil 9) durch Addition bzw. Subtraktion verschiedener Grundkörper erstellen.

Das Ergebnis zeigt die nachfolgende Abbildung:

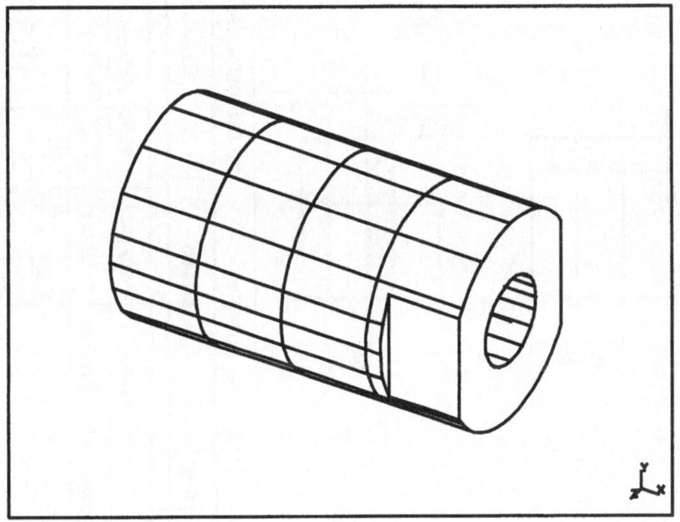

Stangenmutter   Teil 9

Neben der Erzeugung eines Objektes aus mehreren 3D-Grundkörpern werden Sie folgendes lernen:

- Festigung der in den vorhergehenden Übungen erlernten Arbeitstechniken

- Löschen von Elementen

- Erzeugen von Schnittwerkzeugen

- Verschieben von Objekten

- Erstellen eines Schnittwerkzeuges zur Herstellung von Schlüsselflächen

- Erstellen eines Schnittwerkzeuges zur Herstellung von Innengewinde

- Löschen eines Features

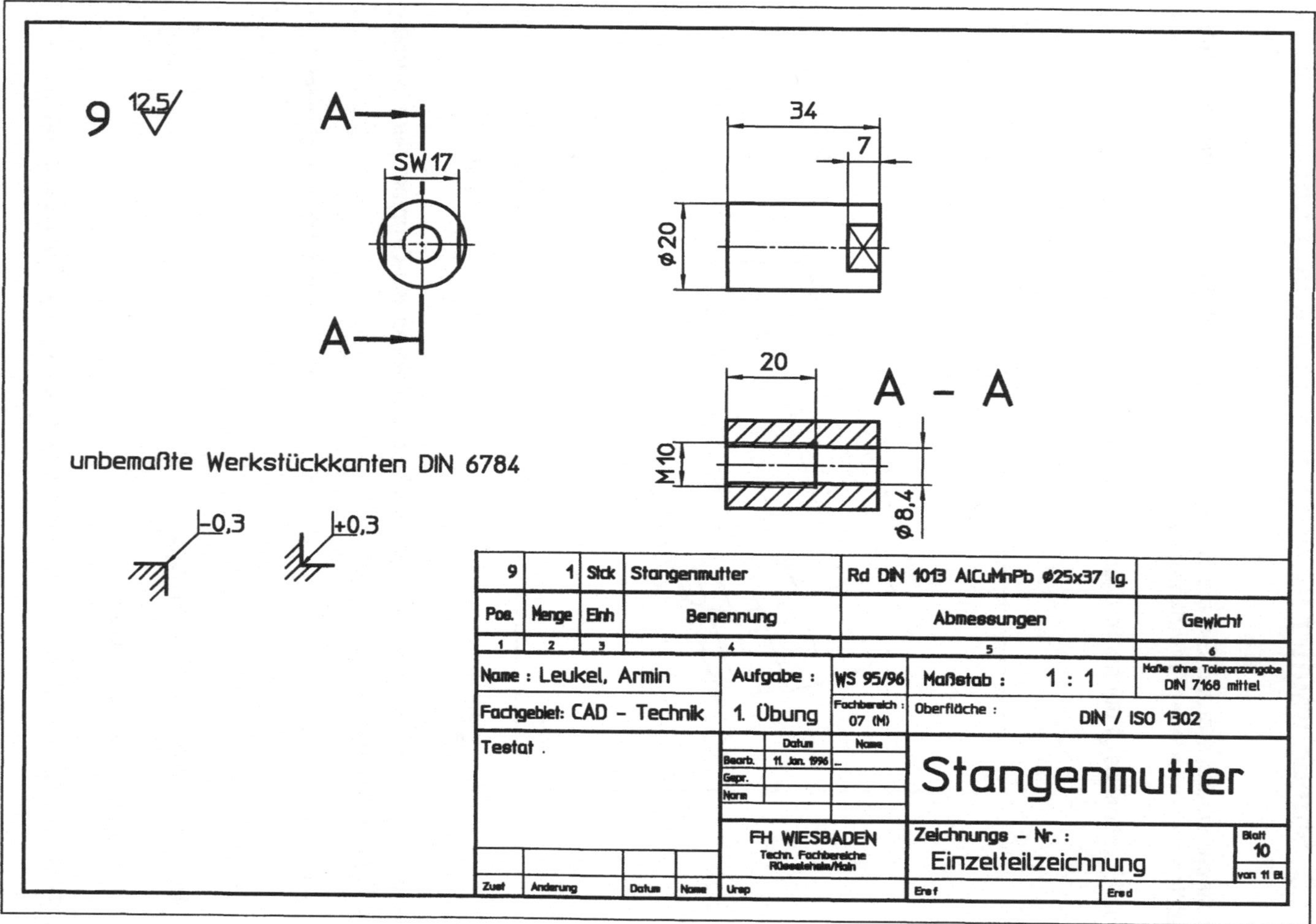

9	1	Stck	Stangenmutter	Rd DIN 1013 AlCuMnPb Ø25x37 lg.	
Pos.	Menge	Einh	Benennung	Abmessungen	Gewicht
1	2	3	4	5	6

Nehmen Sie die Zeichnung Stangenmutter (Teil 9) zur Hand und erzeugen Sie, wie in der ersten Übung gelernt, ein Rohr.

  **TEILE**

$r_i = 4.2$ mm $r_a = 10$ mm $h = 34$ mm.

Drehen Sie das Rohr mit **90°** um die **Z**-Achse und um den Ursprung als Pivotpunkt.

 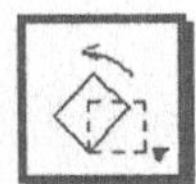 **DREHEN**

Nach diesen Schritten sollte das Objekt in der **ISO METRISCHEN ANSICHT** wie folgt auf dem Bildschirm zu sehen sein:

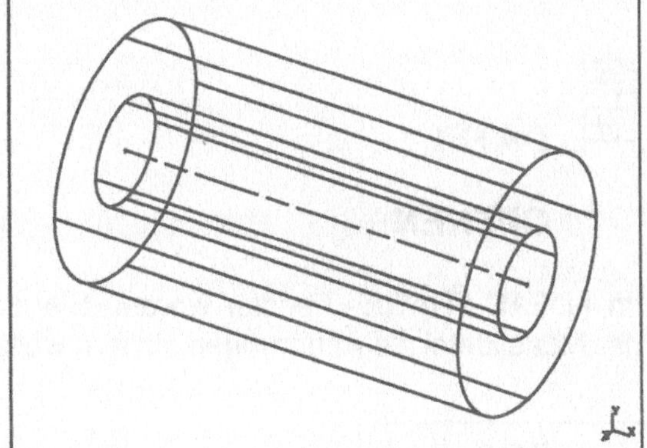

Löschen von Elementen

Im Folgenden wird das Löschen von Teilen behandelt. Dazu gehen Sie wie folgt vor:

SICHERN Sie die Datei, wie Sie es in den bisherigen Übung gelernt haben, damit Sie später auf diesen Stand zurückgreifen können.

Selektieren Sie nun das Icon

 **LÖSCHEN** 

zu löschenedes Element selektieren

Selektieren Sie Ihr Objekt so lange, bis es eingerahmt erscheint oder ziehen Sie mit der linken Maustaste einen Rahmen um ihr Objekt.

Zu löschendes Element selektieren (Bestätigung)

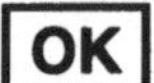 OK   im I-DEAS WARNUNG - Fenster

Nun ist das Element gelöscht.

Um ihr Element wieder auf den Bildschirm zu bekommen, wie Sie es zuletzt gesichert haben, müssen Sie folgende Schritte ausführen.

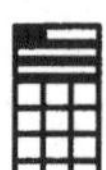 **DATEI**

ÖFFNEN

Im I-DEAS FRAGE - Fenster werden Sie nun gefragt, ob Sie vor dem Wechsel der Modelldatei die Änderungen sichern wollen. Hier:

Nein

MODELLDATEI - ÖFFNEN - Fenster wird geöffnet. Hier:

OK

Ihr zuletzt gespeicherter Stand des Rohres erscheint wieder auf dem Bildschirm.

Erzeugen von Schnittwerkzeugen

Um die Schlüsselflächen herzustellen, müssen Sie ein Werkzeug erstellen. Diese Werkzeugerstellung geht in drei Schritten vonstatten:

1. Erzeugen eines Quaders mit den Maßen: x = **7** mm, y = **50** mm, z = **50** mm

2. Erzeugen eines zweiten Quaders – dieser stellt nachher den Ausbruch im ersten Quader her – mit den Maßen: x = **7** mm, y = **40** mm, z = **17** mm

3. Verschneiden des zweiten Quaders mit dem ersten Quader.

Bei der Erzeugung der beiden
Quader gehen Sie wie folgt vor:

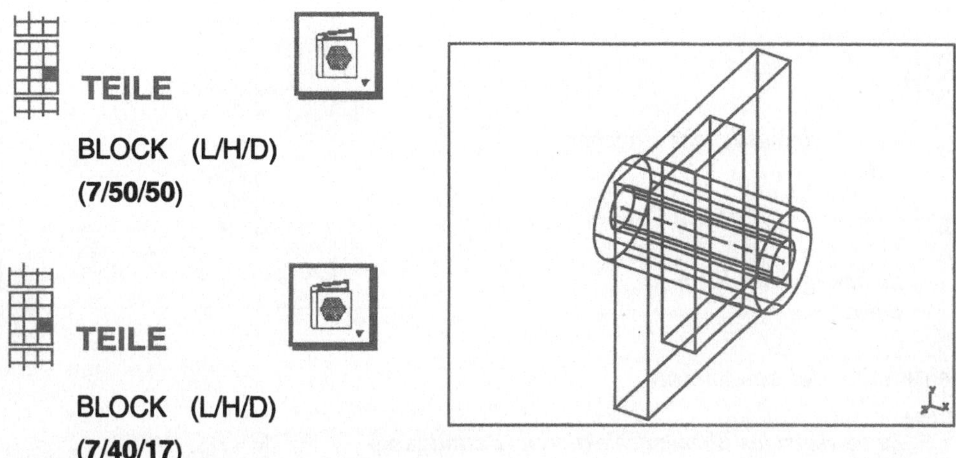

TEILE

BLOCK   (L/H/D)
(7/50/50)

TEILE

BLOCK   (L/H/D)
(7/40/17)

Das System legt alle Teile mit ihrem Schwerpunkt in den Koordinaten - Ursprung
Der Bildschirm sollte deshalb danach obiges Aussehen haben:

Verschieben von Objekten

Zur besseren Übersicht sollen nun die beiden Quader im Raum verschoben
werden:

VERSCHIEBEN

Zu bewegendes Element selektieren

Zuerst nur den großen Quader selektieren

Zu bewegendes Element selektieren (Bestätigung)

Verschiebung X,Y,Z eingeben (0.0,0.0,0.0)

Bewegen entlang

Vektor, dem entlang verschoben werden soll selektieren

①   selektieren

Ist die Richtung OK? (Ja)

Verschiebungsdistanz eingeben
(0.0)

80.⏎

Zu bewegendes Element
selektieren

Kleinen Quader selektieren

Zu bewegendes Element selektieren (Bestätigung)

Verschiebung X,Y,Z eingeben (0.0,0.0,0.0)

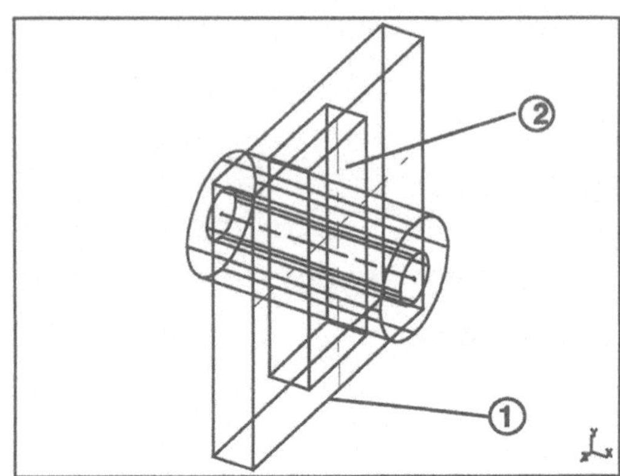

Auf Bildschirm schieben

Maustaste 1 festhalten und Element zum neuen Standort bewegen

②   selektieren, linke Maustaste gedrückt halten und auf einen freien Platz im Raum bewegen.

Erstellen eines Schnittwerkzeuges zur Herstellung von Schlüsselflächen

Das im dritten Schritt erwähnte Verschneiden des zweiten mit dem ersten Quader geschieht folgendermaßen:

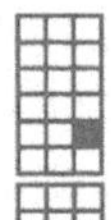 SCHNEIDEN   

Jetzt muss zunächst kontrolliert werden, ob im richtigen Abhängigkeits - Modus gearbeitet wird:

Wenn im EINGABE - Fenster

Schneidteil selektieren

erscheint, ist folgendermaßen zu verfahren:

Beziehungen AN stellen

Im I-DEAS AUSGABE - Fenster sollte die Meldung stehen:

planare Fläche vom bewegbarem Teil selektieren

① (das Flächenkreuz der in X-Richtung zeigenden Fläche des kleineren Quaders muss erscheinen)

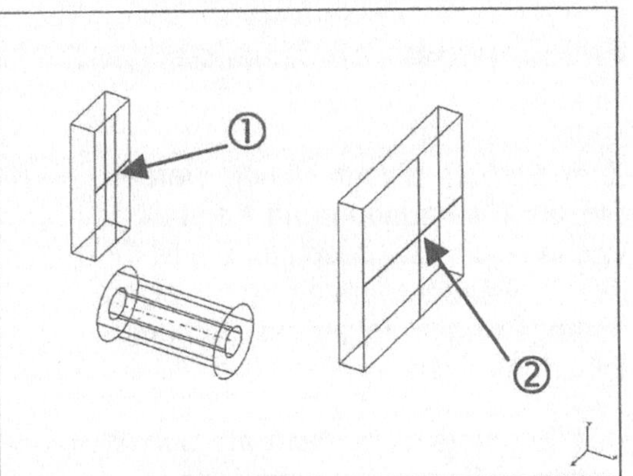

planare Fläche vom auszuschneidendem Teil selektieren

② (das Flächenkreuz der in X-Richtung zeigenden Fläche des größeren Quaders muss erscheinen)

Wählen Sie im Pop Up Menü den Positionierungsbefehl:

Bestätigung

Zur Erstellung der Schlüsselflächen – was eine weitere Schnittoperation bedeutet – gehen Sie, wie eben beschrieben, vor:

Anmerkung:

Mit 'Beziehungen An' werden vor der Schnittoperation die beiden zu schneidenden Teile erst ausgerichtet und dann verschnitten. Die Schnittoperation wird dabei über Beziehungen gesteuert.

Mit 'Beziehungen Aus' werden beide so, wie sie platziert sind, verschnitten. Hier wird nur nach dem Schneidteil und dem zu schneidenden Teil gefragt.

Anmerkung: Das Schneidwerkzeug kann, wenn es richtig positioniert ist, sofort verschnitten werden. Andernfalls muss noch eine geeignete **FLÄCHENOPERATION** durchgeführt werden. **OBERFLÄCHEN UMKEHREN** klappt das gewählte Objekt mit 180° um seine ausgerichtete Flächenachse. Die Flächen bleiben aufeinander ausgerichtet.

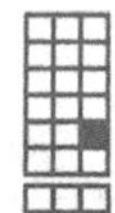 **SCHNEIDEN** 

Da Sie das Verschneiden in dieser Übung bereits kennengelernt haben, sehen Sie hier nur das Ergebnis.

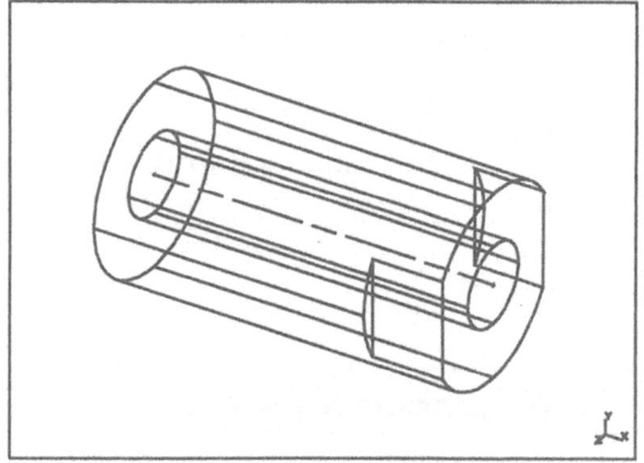

Erstellen eines Schnittwerkzeuges zur Herstellung von Innengewinde

Zum Schluss dieser Übung werden Sie die Gewindebohrung herstellen. Wie in Übung 2.2 beschrieben, ist für die Standarddarstellung eines Innengewindes folgendes Schneidteil erforderlich:

Das Ergebnis dient dann als Schnittwerkzeug für das Innengewinde.

Eine Modellierungsmöglichkeit wird im Folgenden beschrieben.

Erzeugen Sie ein Rohr mit den Abmessungen: r_i = 4.2, r_a = 10 und L = 20 mm. Verschieben Sie das Rohr auf dem Bildschirm zu einem freien Platz.

Bringen Sie am Innendurchmesser auf beiden Seiten eine Fase an mit der Abmessung:

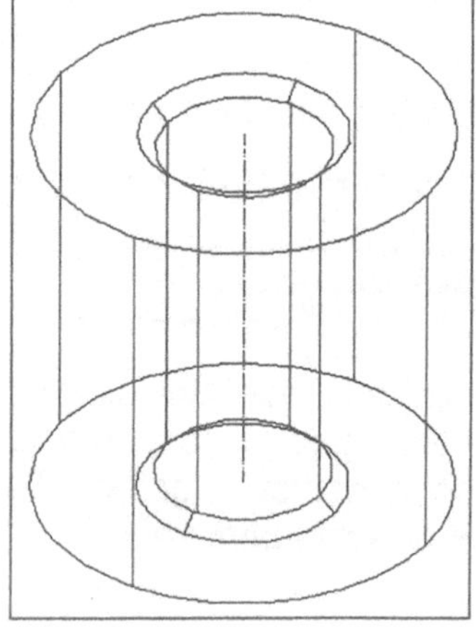

$$(10\text{-}8,4) / 2 = 0,8 \text{ mm},$$
$$\Rightarrow 0,8 * 45°$$

Erzeugen Sie einen Zylinder mit den Abmessungen: r = 10 und L = 20mm. Verschieben Sie den Zylinder auf einen freien Platz am Bildschirm und verschneiden Sie das Rohr mit dem Zylinder (Reihenfolge beachten).

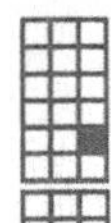 **SCHNEIDEN** 

planare Fläche von bewegbaren Teil selektieren

Selektieren Sie eine Stirnfläche des Rohres

planare Fläche vom auszuschneidendem Teil selektieren

Selektieren Sie eine Stirnfläche des Zylinders.

Wenn die beide Teile <u>nicht</u> ineinander liegen,

| **Flächenoperationen** |

im Pop-Up-Menü wählen und dann die

| **Flächen umkehren** |

Sonst gleich

| **Bestätigen** |

Das Ergebnis dient jetzt als Schnittwerkzeug für das Innengewinde.

Auch hier ist mit **BEZIEHUNGEN AN** zu arbeiten (siehe 2 Seiten zuvor!)

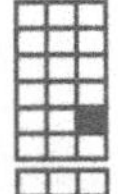 **SCHNEIDEN** 

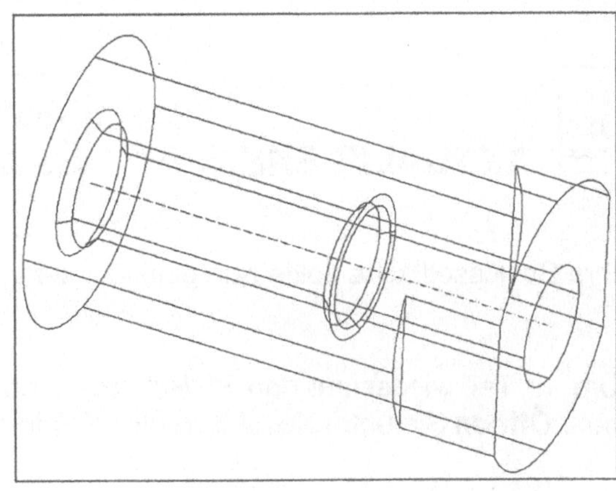

Das Ergebnis sollte wie nebenan aussehen:

Löschen eines Features

In diesem Abschnitt werden Sie noch das Löschen eines **Features** erlernen.

Sichern sie dazu zuerst ihre Datei.

Dann:

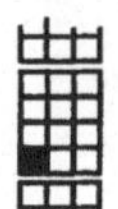 **LÖSCHEN**   

Selektieren Sie so lange eine Schlüsselfläche, bis um diese ein gelber Begrenzungsrahmen gezogen wird. (3-fach-Selektion)

 Bestätigen Sie nur, wenn der gelbe Rahmen um die Schlüsselfläche und das Schneidwerkzeug erscheint.

zu löschendes Element selektieren (Bestätigung)

OK zum Löschen von 1 Feature? (Ja)

OK zum Fortfahren (NEIN)

 **AKTUALISIEREN**   

Ihre Schlüsselfläche sollte nun gelöscht sein.

Um Ihr Teil wieder auf den Bildschirm zu holen, wie Sie es zuletzt gesichert haben, **Öffnen** Sie unter **Datei** Ihre Modelldatei **ohne** zu **sichern**.

Nachdem Sie diese Schritte ausgeführt haben, müsste Ihre Bohrung wieder vorhanden sein.

Geben Sie dem Objekt die Farbe **GRÜN** .

DARSTELLUNG

Räumen Sie nun – wie in den vorhergehenden Übungen gelernt – das Objekt unter dem Namen ´**Stangenmutter**´ Teil **9** weg.

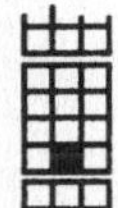 

WEGRÄUMEN

Lassen Sie sich den Bildschirm für die folgende Übung mit Zurücksetzen zeigen.

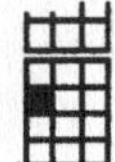 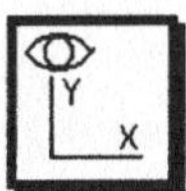

ZURÜCKSETZEN

Zum Schluss Ihrer Arbeitssitzung sichern Sie Ihre Modelldatei mit dem Befehl **SICHERN**.

DATEI

SICHERN

Wenn Sie Ihre Arbeitssitzung nun abbrechen wollen, gehen Sie, wie in Übung 2.1 erklärt, vor, ansonsten beginnen Sie mit der nächsten Übung.

Ü2.4 Hülse (Starres Skizzieren)

In dieser Übung werden Sie die Hülse (Teil 8) erstellen. Das Ergebnis zeigt die folgende Abbildung:

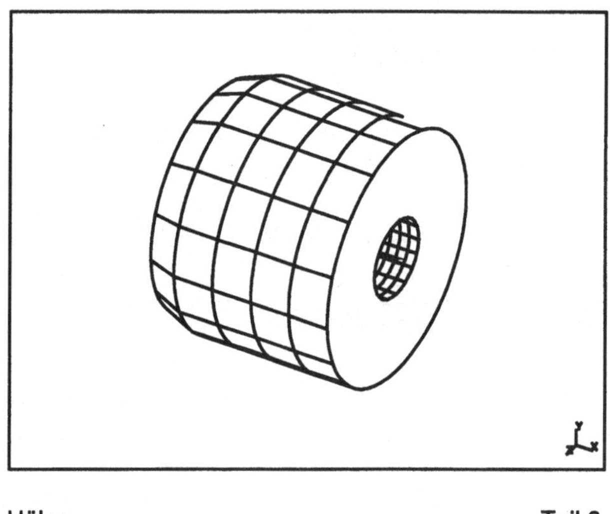

Hülse   Teil 8

Neben der Erzeugung eines Objektes aus einem Profil werden Sie folgendes lernen:

- Festigung der in den vorhergehenden Übungen erlernten Arbeitstechniken

- Maßstabgetreues Skizzieren eines Profils

- Rotation eines Profils zu einem Volumenmodell

- Anbringen verschiedener Fasen

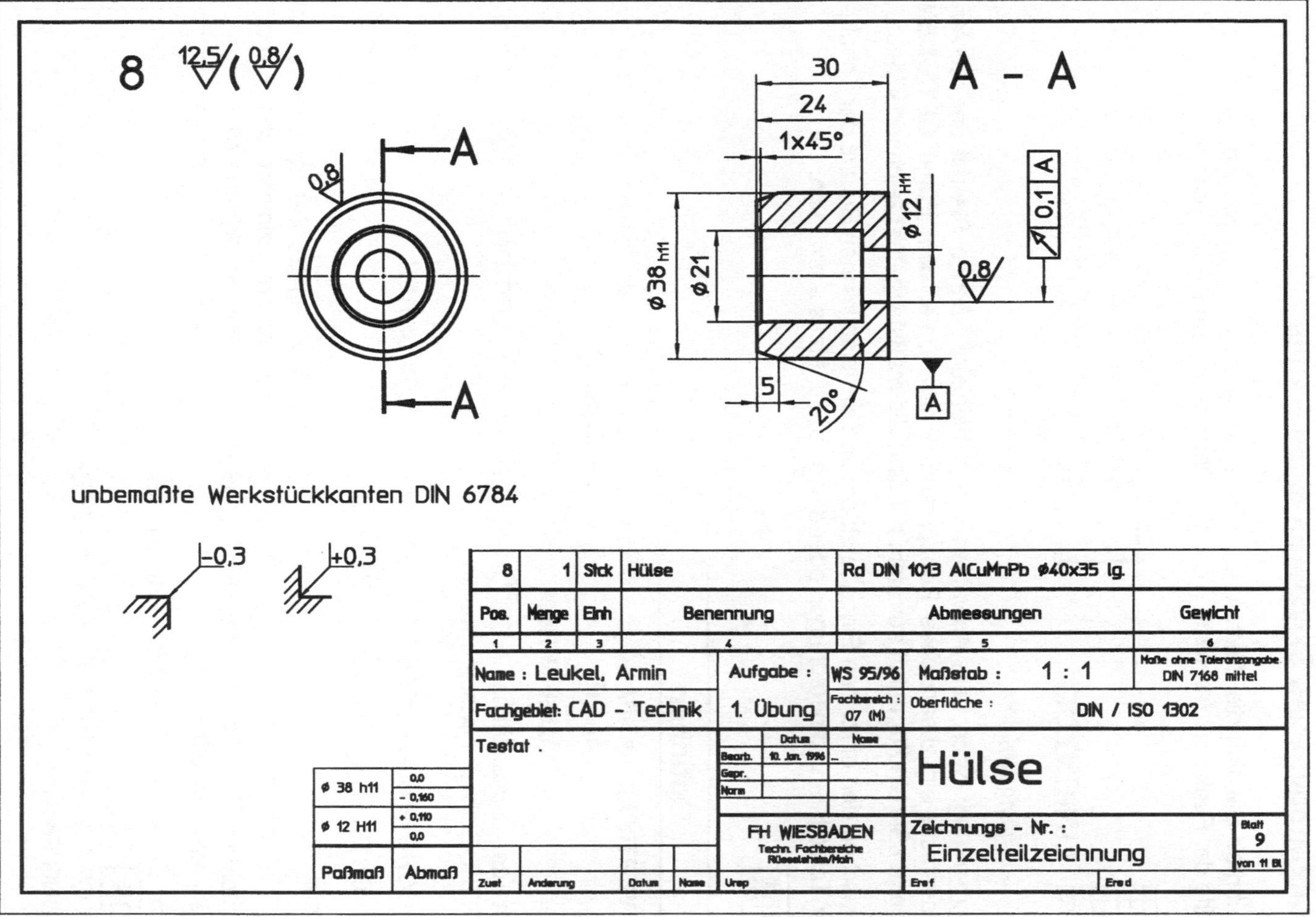

8 12,5/ (0,8)
0,8
A – A
30
24
1x45°
∅ 38 h11
∅ 21
∅ 12 H11
0,1 A
0,8
5
20°
A
unbemaßte Werkstückkanten DIN 6784
-0,3
+0,3
8 1 Stck Hülse Rd DIN 1013 AlCuMnPb ∅40x35 lg.
Pos. Menge Einh Benennung Abmessungen Gewicht
1 2 3 4 5 6
Name : Leukel, Armin Aufgabe : WS 95/96 Maßstab : 1 : 1 Maße ohne Toleranzangabe: DIN 7168 mittel
Fachgebiet: CAD – Technik 1. Übung Fachbereich : 07 (M) Oberfläche : DIN / ISO 1302
Testat .
Datum Name
Bearb. 10. Jan. 1996 ...
Gepr.
Norm
Hülse
FH WIESBADEN
Techn. Fachbereiche
Rüsselsheim/Main
Zeichnungs – Nr. :
Einzelteilzeichnung
Blatt 9
von 11 Bl.
∅ 38 h11 0,0 / – 0,160
∅ 12 H11 + 0,110 / 0,0
Paßmaß Abmaß
Zust. Änderung Datum Name Ursp. Ers f Ers d

Maßstabgetreues Skizzieren eines Profils

Nehmen Sie sich die Zeichnung Hülse (Teil 8) zur Hand. Erzeugen Sie nun mit Hilfe der Funktion **Linienzug** die Rohgeometrie auf Ihrer Arbeitsebene.

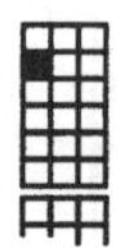 **LINIENZUG** 

Anfang festlegen

<u>Anmerkung</u>: Nach dem Anwählen von "Linienzug" können Sie mit der rechten Maustaste ein zusätzliches Popupmenü öffnen. Unter dem Punkt **OPTIONEN** können Sie ein Formblatt aufrufen, mit dem Sie maßstabgetreu zeichnen können.

Zwischen den einzelnen Eingabefeldern im Formblatt können Sie mit der Tabulator-Taste hin- und herspringen oder diese mit der Maus auswählen.

Optionen

- **VERTIKAL,   ANFANG, x = 0 mm, y = 6 mm**
                      ENDE,   y = 19 mm,

      AUSFÜHREN

Mit der Schaltfläche **AUSFÜHREN** bleibt das OPTIONEN FÜR LINIEN-ERZEUGUNG - Fenster erhalten.

- **HORIZONTAL, ENDE, x = − 30 mm,**   **AUSFÜHREN,**

- **VERTIKAL,   ENDE, y = 10.5 mm**

u.s.w.

Beachten Sie bitte, daß das Profil maßstabgetreu erstellt wird.!

Am Ende der Operation drücken Sie

OK

im OPTIONEN FÜR DIE LINIENERZEUGUNG-Fenster

(um die Funktion zu verlassen)

<u>Anmerkung</u>:
Erst **Horizontal** anwählen, da sonst der Endwert von **x** nicht eingegeben werden kann.

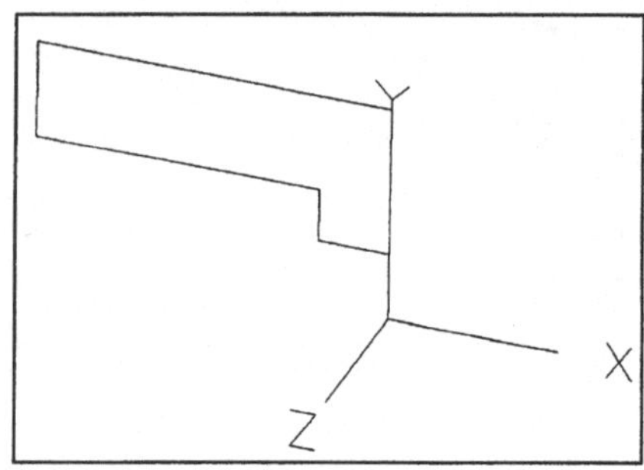

Legen Sie sich nun die Drehachse für ihr Teil fest, dazu gehen Sie wie folgt vor:

  **LINIE**

Optionen

ANFANG x = **0** mm, y = **0** mm

■ HORIZONTAL

ENDE x = **-20** mm

OK

<u>Anmerkung</u>: Die Länge der Linie ist nicht von Bedeutung.

Ihr Bild sollte nun so aussehen:

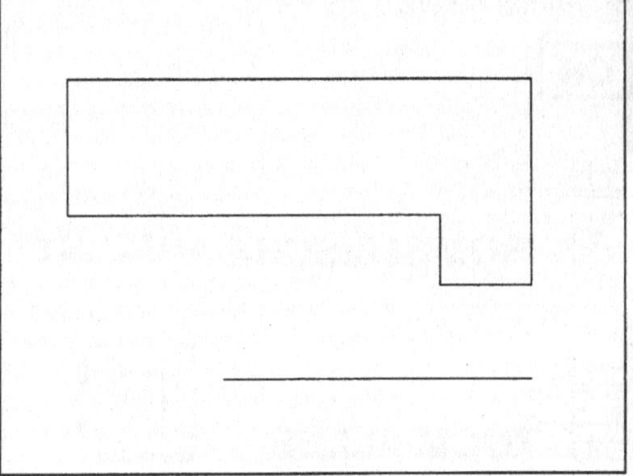

Rotation eines Profils zu einem Volumenmodell

Lassen Sie sich zuerst mit **ZOOM ALLES** das erstellte Profil zeigen.

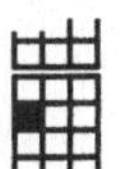 **ZOOM ALLES** 

Mit Hilfe von **DREHEN** können Sie jetzt aus dem erstellten Profil ein Volumenmodell erzeugen:

 **DREHEN** 

Kurve oder Kontur selektieren

Ziehen Sie einen Rahmen um die Geometrie (ohne die Drehachse).

Kurve, die hinzuzufügen oder abzuwählen ist, selektieren (Bestätigung)

Drehachse selektieren

Selektieren Sie die Drehachse.
Wählen Sie im KONTUR DREHEN – Fenster den Winkel von 360° sowie die Schaltfläche **NEUES TEIL**

OK

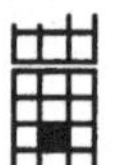 **ISOMETRISCHE ANSICHT** 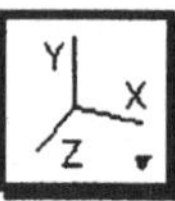

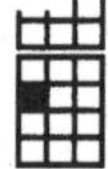 **ZOOM ALLES** 

Anbringen verschiedener Fasen

Erstellen Sie die **Fase** 1x45°. Gehen Sie, wie in Ü2.2 beschrieben, vor.

Die Erzeugung der 20°-Fase ist mit dem selben Befehl möglich.

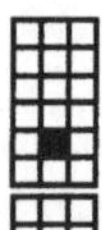 **FASE** 

Kanten, Ecken oder Flächen, die eine Fase bekommen selektieren

Kante selektieren.

Kanten, Ecken oder Flächen, die eine Fase bekommen selektieren (Bestätigung)

Offset für die Gewählten Kanten eingeben (1,5)

Winkel und Offset

*Winkel von hervorgehobener
Oberfläche eingeben (45,0)*

Falls die Zylindermantelfläche erleuchtet ist, **20°** eingeben, sonst:

Anliegende Fläche

*Winkel von hervorgehobener
Oberfläche eingeben (45,0)*

20 ↵

*Offset entlang der
hervorgehobenen Fläche
eingeben (1,5)*

5 ↵

*Kanten, Ecken oder Flächen,
die eine Fase bekommen
selektieren(Bestätigung)*

<u>Anmerkung:</u>
Wenn die Zylindermantelfläche erleuchtet ist, wird der Winkel von dieser
Fläche aus gemessen. Sollte die Stirnfläche erleuchtet sein, so wird der Winkel von dort aus gemessen.

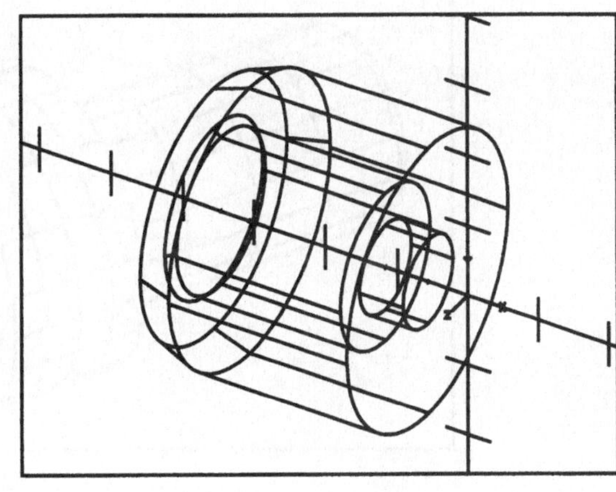

Geben Sie dem Objekt die Farbe **ORANGE** .

Räumen Sie nun das Objekt unter dem Namen ´**Hülse**´ Teil **8** weg.

Zum Schluss Ihrer Arbeitssitzung sichern Sie Ihre Modelldatei mit dem Befehl
SICHERN.

Wenn Sie Ihre Arbeitssitzung nun abbrechen wollen, gehen Sie wie in Übung 2.1
vor, sonst beginnen Sie mit der nächsten Übung.

Ü2.5 Zugankermutter (Parametrisches Skizzieren)

In dieser Übung werden Sie die Zugankermutter (Teil 7) durch parametrisches Skizzieren und anschließendes Rotieren erstellen. Alle weiteren Arbeitstechniken, wie z.B. das Anbringen der Fase, sind Ihnen bekannt.

Das Ergebnis zeigt die nachfolgende Abbildung:

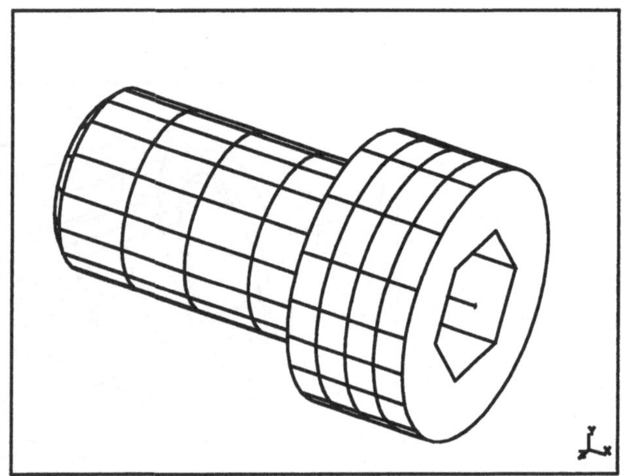

Zugankermutter   Teil 7

Sie werden folgendes lernen:

- Parametrisches Skizzieren eines Profils

- Anbringen und Ändern von Maßen

- Rotation eines Profils zu einem Volumenmodell

- Arbeiten mit geometrischen Bedingungen am Beispiel der Konstruktion eines Sechskants

- Anpassen der Maße und Maßpfeile an die aktuelle Darstellung (Zoom)

- Erstellen eines Innensechskants

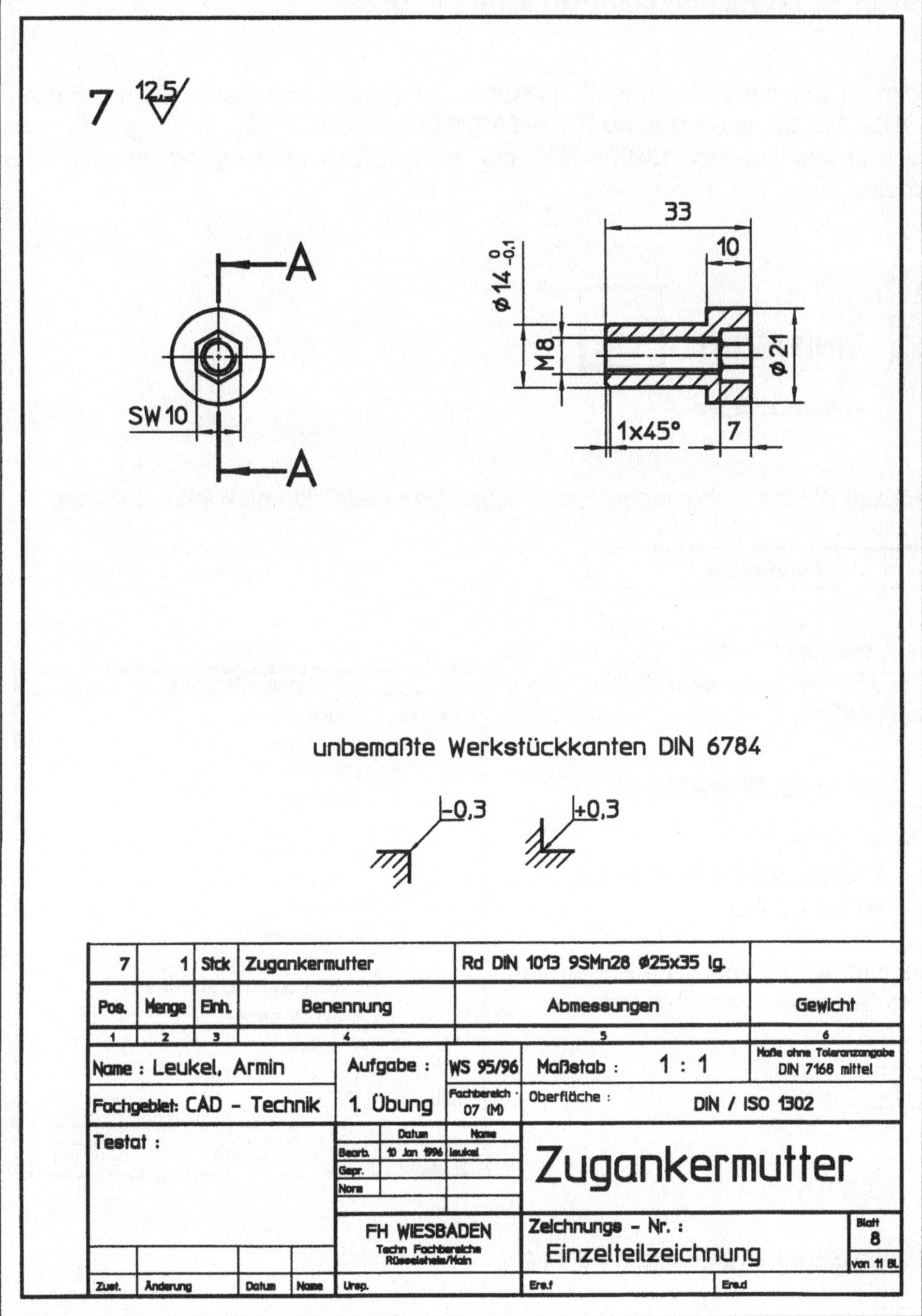
7 12.5
A
SW 10
A
33
10
Ø 14 0 -0,1
M8
Ø 21
1x45°
7
unbemaßte Werkstückkanten DIN 6784
-0,3
+0,3
7 1 Stck Zugankermutter   Rd DIN 1013 9SMn28 Ø25x35 lg.
Pos. Menge Einh.   Benennung   Abmessungen   Gewicht
1 2 3 4 5 6
Name : Leukel, Armin   Aufgabe : WS 95/96 Maßstab : 1 : 1   Maße ohne Toleranzangabe DIN 7168 mittel
Fachgebiet: CAD - Technik   1. Übung Fachbereich 07 (M) Oberfläche :   DIN / ISO 1302
Testat :   Datum Name
Bearb. 10 Jan 1996 Leukel   Zugankermutter
Gepr.
Norm
FH WIESBADEN Zeichnungs - Nr. :   Blatt 8
Techn Fachbereiche Rüsselsheim/Main Einzelteilzeichnung   von 11 Bl.
Zust. Änderung Datum Name Urep.   Ers.f   Ers.d

Parametrisches Skizzieren eines Profils

Nehmen Sie die Zeichnung Zugankermutter (Teil 7) zur Hand. Gehen Sie auf **ZOOM ALLES** und schalten Sie auf **VORDERANSICHT** um. Erzeugen Sie nun mit Hilfe der Funktion **LINIENZUG** die unmaßstäbliche Rohgeometrie auf Ihrer Arbeitsebene.

 **LINIENZUG**

Anfang festlegen

Drücken Sie die rechte Maustaste, halten diese gedrückt und wählen Sie aus:

Navigator

Es erscheint das NAVIGATOR STEUERUNG - Fenster. Schalten Sie die Funktionen

LINEARE BEMAßUNG

und

RADIAL/DURCHMESSER- BEMAßUNG

aus, um die automatische Bemaßung beim Skizzieren zu verhindern.

 **OK**

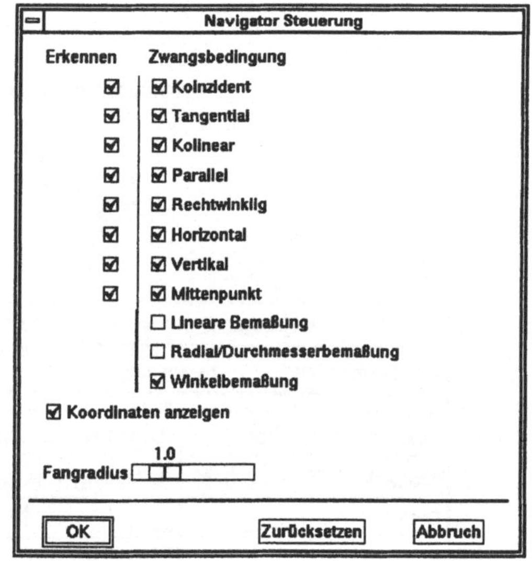

Wählen Sie einen beliebigen Punkt auf der Arbeitsebene.

Lassen Sie die Maustaste wieder los, ziehen Sie zum zweiten Punkt des Linienzuges und drücken wieder die linke Maustaste. Dann zum dritten Punkt ziehen usw. . Nachdem Sie den letzten Punkt gesetzt haben, der in diesem Fall gleich dem Anfangspunkt sein muss, bestätigen Sie mit der mittleren Maustaste. Achten Sie bitte darauf, daß die Linien parallel bzw. senkrecht zueinander stehen (geometrische Bedingungen).

Anmerkung:

Die etwas längere Linie wird über die Funktion **LINIE** erzeugt und stellt die Symmetrieachse dar, um welche die Kontur später rotiert wird.

Ihr Bildschirm sollte nun folgendes Bild zeigen:

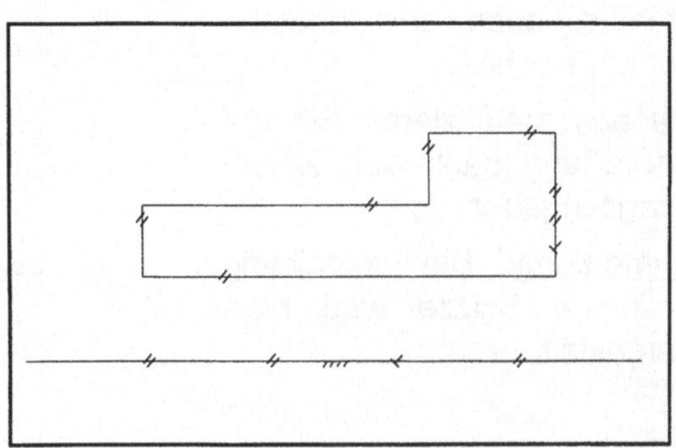

Anbringen und Ändern von Maßen

 **MAß**

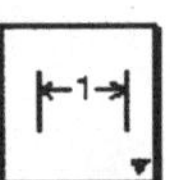

Das erste zu bermaßende Element selektieren

Anmerkung: Bevorzugt von Linie zu Linie bemaßen, nicht von Punkt zu Punkt.

①  

Das zweite zu bermaßende Element selektieren

②  

Textposition selektieren

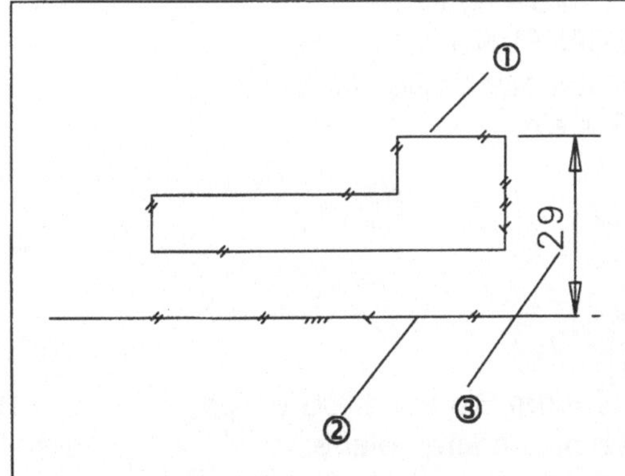

③

<u>Anmerkung</u>: Ziehen Sie die Maßzahl mit der Maus an die richtige Position, also zwischen die Maßhilfslinien.

Bemaßen Sie die Kontur vollständig, auch den Abstand zur Mittelachse.

Danach modifizieren Sie die Bemaßung nach den Zeichnungsangaben.

<u>Anmerkung</u>: Die vollständig definierte Skizze wird blau dargestellt.

 **ELEMENT VERÄNDERN**

zu veränderndes Element selektieren

Selektieren Sie ein Maß. Beginnen Sie mit den kleinsten Maßen, damit sich die Geometrie nicht unüberschaubar verzerrt.

Geben Sie nun im
BEMASSUNG ÄNDERN -
Fenster das richtige Maß
z.B. 4 ein:

4 ↵

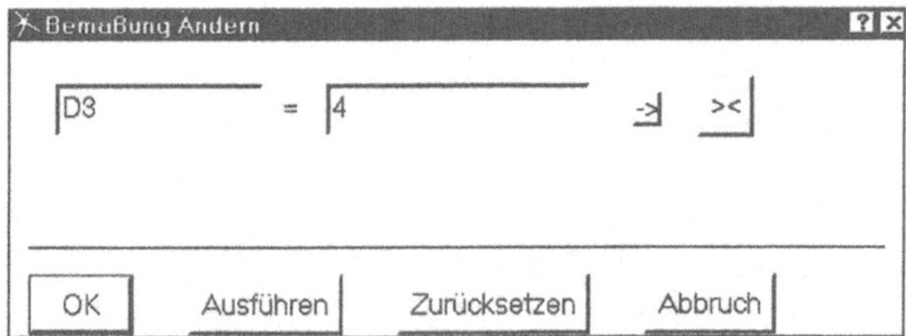

Verändern Sie auf diese Weise auch die anderen Maße.

<u>Anmerkung:</u>

Die Bemaßung muß für die Geometrieerstellung nicht normgerecht sein.

Jetzt müssten die Maße Ihrer Zugankermutter korrekt sein, Ihr Bild sollte wie nebenstehend aussehen:

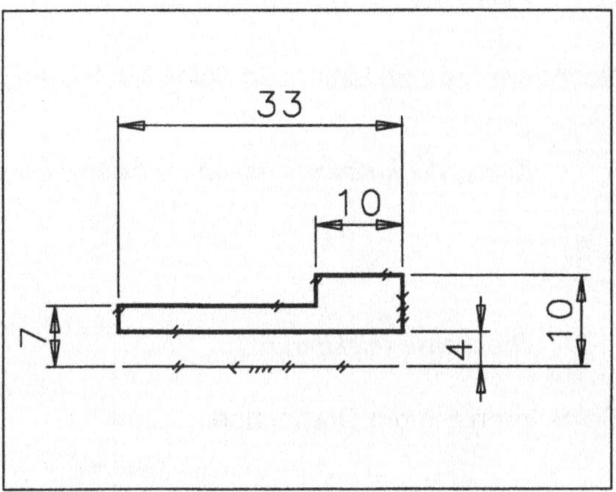

Anmerkung:

Im Regelfall können Sie die Geometrieänderungen gleich auf dem Bildschirm sehen. Falls sich jedoch nur die Maßzahlen rot färben, müssen Sie die Funktion **AKTUALISIEREN** verwenden.

  **AKTUALISIEREN**

An dieser Stelle **SICHERN** Sie die erzeugte Geometrie, damit Sie an späterer Stelle nicht alles neu eingeben müssen, falls Ihnen beim Rotieren ein Fehler unterläuft.

Rotation eines Profils zu einem Volumenmodell

Lassen Sie sich zuerst mit **ZOOM ALLES** das erstellte Profil zeigen.

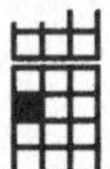  **ZOOM ALLES**

Mit Hilfe von **DREHEN** können Sie jetzt aus dem erstellten Profil ein 3D-Objekt erzeugen, wie Sie es bereits in der Übung 2.4 gelernt haben:

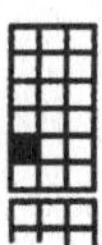  **DREHEN**

Kurve oder Kontur selektieren

Nachdem Sie den Linienzug selektiert haben, wechselt er die Farbe.

Kurve, die hinzuzufügen oder abzuwählen ist, selektieren (Bestätigung)

Drehachse selektieren

Selektieren Sie die Drehachse.

Im KONTUR DREHEN -
Fenster

OK

Ihr Bildschirm sollte jetzt in der
isometrischen Ansicht so aussehen:

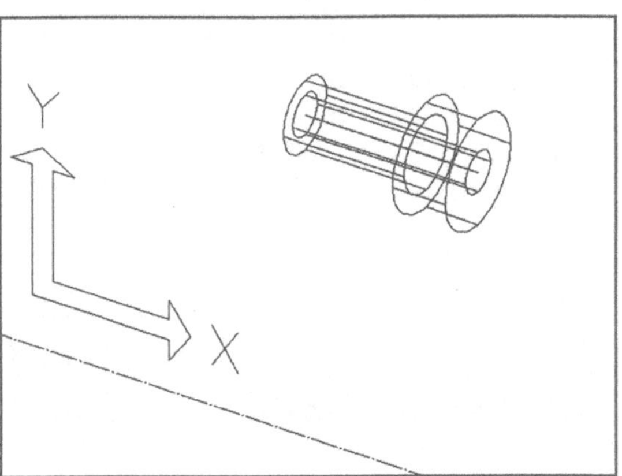

Arbeiten mit geometrischen Bedingungen am Beispiel der Konstruktion eines Sechskants

Nachfolgend werden zwei Methoden beschrieben, welche jeweils zu dem gewünschten Ergebnis führen. Mit der ersten lernen Sie, eine parametrische Skizze
mit Hilfe von Bedingungen und Maße zu erstellen. Die zweite nutzt die neue
Funktion **VIELECK** der Master Series Version 8.0, die die zuvor erarbeiteten
Festlegungen bereits enthält und deshalb schneller zum Ziel führt.

Erzeugen Sie auf der Stirnfläche der Zugankermutter einen Linienzug.

Skizzierebene selektieren

Stirnfläche der Mutter selektieren.

Schalten Sie auf **SEITENANSICHT** um und skizzieren Sie den Sechskant zu-
nächst frei. Schalten Sie für diesen Vorgang den dynamischen Navigator durch
Drücken der „Steuerungs- Taste" aus, halten Sie die Taste gedrückt und lassen
Sie sie nur zum Fangen des Anfangspunktes wieder los:

 **ZOOM ALLES**

 **LINIENZUG** 

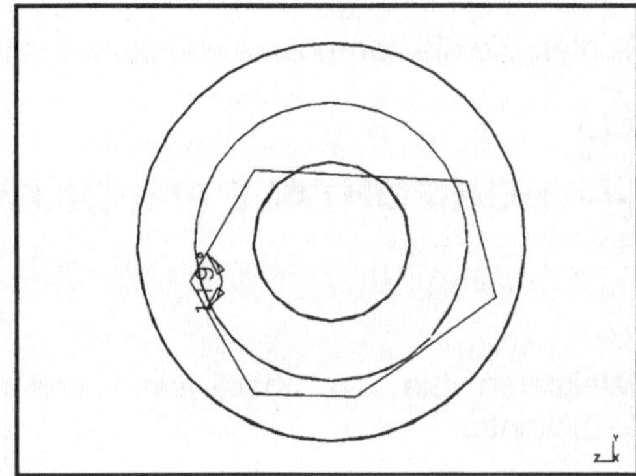

Skizzieren Sie einen Kreis um den Mittelpunkt der Zugankermutter, der nicht mit
den vorhandenen Kreisen übereinstimmt:

 **MITTE UMFANGSPUNKT** 

 **BEDINGUNGEN & MABE ANBRINGEN** 

Es erscheint das ZWANGSBEDINGUNGEN – Fenster.

 **PARALLEL** 

Selektieren Sie nacheinander jeweils gegenüberliegende Seiten.

Alle Linien müssen mit einem zyanfarbenen Parallel-Zeichen markiert sein.

 **TANGENTIAL** 

Selektieren Sie nacheinander eine Linie und den Kreis, bis alle Linien tangential zum Kreis sind.

Richten Sie die obere Linie waagerecht aus:

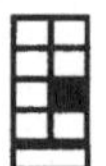 **HORIZONTALE FIXIERUNG** 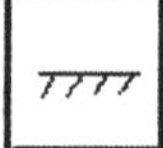

Selektieren Sie die obere Linie des Sechskants.

Bemaßen Sie die beiden Winkel und den einbeschriebenen Kreis entsprechend dem gewünschten Sechskant. Entweder mit **Maß** oder mit **WINKEL-BEMAßUNG** unter **ZWANGSBEDING-UNGEN.**

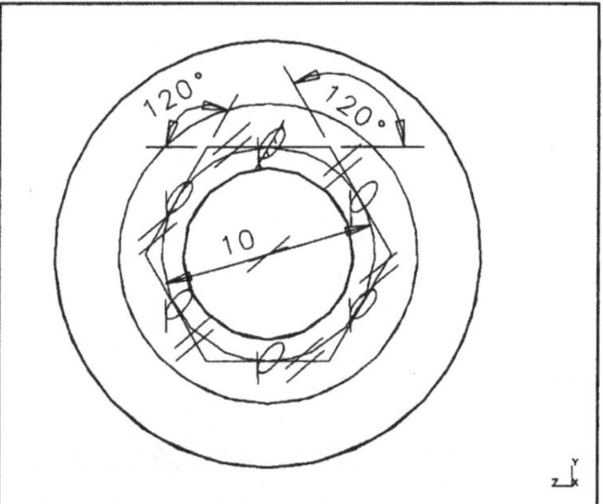

Anpassen der Maße und Maßpfeile an die aktuellen Darstellung (Zoom)

Wenn die Maße und Maßpfeile zu groß sind, können Sie diese im aktuellen Zoom verkleinern.

Alle Funktionen mit der mittleren Maustaste abwählen. Irgendein Maß selektieren und rechte Maustaste auf **ALLE** ziehen. (Sie haben jetzt alle Maße angewählt).

 **DARSTELLUNG** 

Im PRODUKT&FERTIGUNGSINFORMATIONS - Fenster rechts unten **AUTO-MATISCH SKALIEREN** einschalten.

| OK |

 **NEUANZEIGE** 

Erstellen eines Innensechskants

Stellen Sie die Zugankermutter isometrisch dar.

Erzeugen Sie jetzt durch Translation des Profils den Innensechskant.

 **EXTRUDIEREN** 

Kurve oder Kontur selektieren

Den Sechskant jeweils an den Ecken selektieren. Der Linienzug ist richtig ausge-wählt, wenn nur der Sechskant hell erleuchtet ist. Ist dies nicht der Fall, mit und **ZURÜCK** den Befehl erneut ausführen.

Aktivieren Sie im KONTUR EXTRUDIEREN – Fenster das Feld vor

◆ **AUSSCHNEIDEN** und geben Sie die

TIEFE „7" ein.

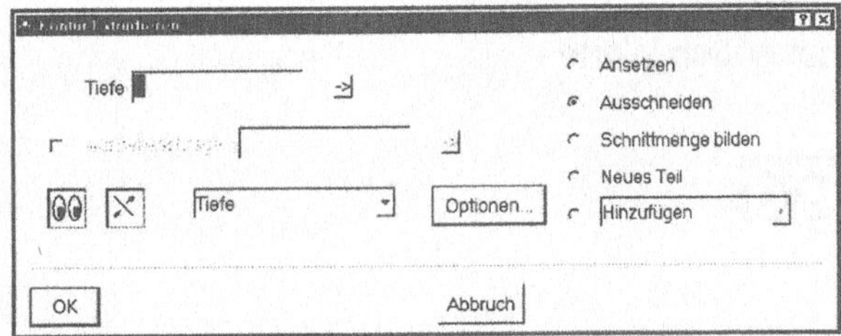

Zweite Methode zur Sechskant-Erzeugung

SICHERN Sie zunächst Ihre Arbeit.

Selektieren Sie dann das Feature Innensechskant durch dreimaliges Anwählen einer Sechskantfläche, wie Sie es in der Übung 2.3 gelernt haben, bis der gesamte Innensechskant mit einem gelben Begrenzungsrahmen umrandet ist. **LÖSCHEN** Sie das Feature und aktualisieren Sie die Zugankermutter.

Bei der zweiten Methode verwenden Sie eine vorgefertigte Sechskantskizze. Aktivieren Sie die Stirnseite der Zugankermutter mit der Funktion AUF FLÄCHE SKIZZIEREN.

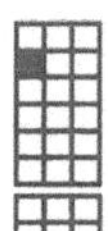   **VIELECK**   

Mitte festlegen

Selektieren Sie den Mittelpunkt und wählen Sie:

Optionen

Es erscheint dann das REGELMÄßIGES VIELECK - Fenster.

Das VIELECK kann über verschiedene Parameter gesteuert werden.

Wählen Sie im Eingabefenster die nebenstehenden Werte.

OK

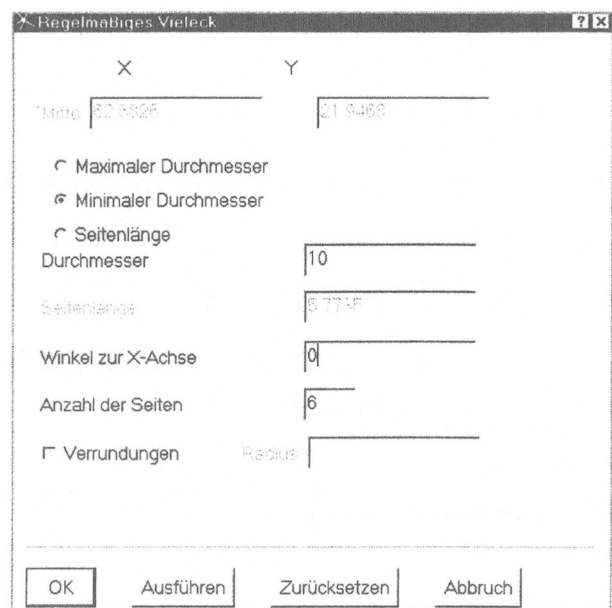

Bevor Sie nun die Kontur des Vielkants extrudieren, sollten Sie sich nicht davon irritieren lassen, dass sich zwei Kreise um die Kontur des Sechskants legen. Diese Geometrie taucht immer auf und dient dem System zur Beschreibung des Vielecks! Nach dem Extrudieren stellen Sie fest, dass die Kreise verschwunden sind, wenn Sie den Sechskant als zu extrudierende Kontur gewählt haben.

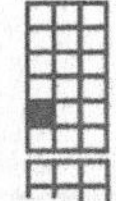 **EXTRUDIEREN**   

Kurve, die hinzuzufügen oder wegzunehmen ist, selektieren (Bestätigung)

Fahren Sie fort wie zuvor gelernt.

Danach bringen Sie noch die **FASE** 1x45° an.

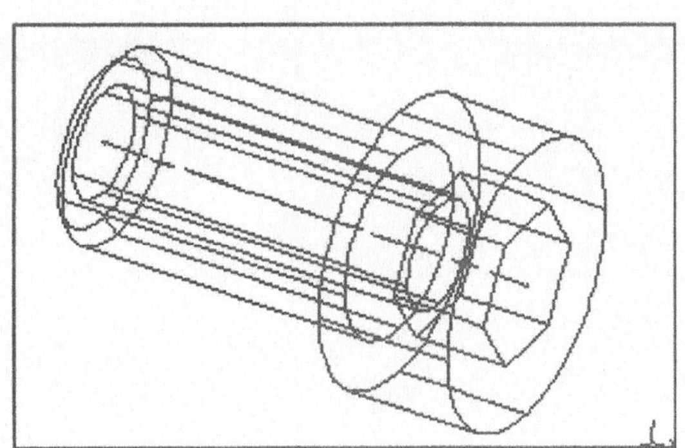

Nach **ZOOM ALLES** sollte Ihr Bildschirm jetzt so aussehen:

Geben Sie dem Objekt die Farbe **WEISS**

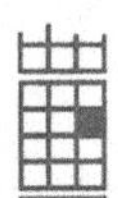 *Darstellung*   

Räumen Sie nun, wie in den vorhergehenden Übungen gelernt, das Objekt unter dem Namen ´**Zugankermutter**´ Teil **7** weg.

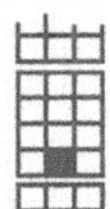 **WEGRÄUMEN**   

Zum Schluß Ihrer Arbeitssitzung sichern Sie Ihre Modelldatei mit dem Befehl **SICHERN**.

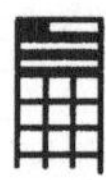 **DATEI**

SICHERN

Wenn Sie Ihre Arbeitssitzung nun abbrechen wollen, gehen Sie wie in Übung 2.1 erklärt vor, sonst beginnen Sie mit der nächsten Übung.

3 Modellieren von prismatischen Teilen

Ablaufplan:

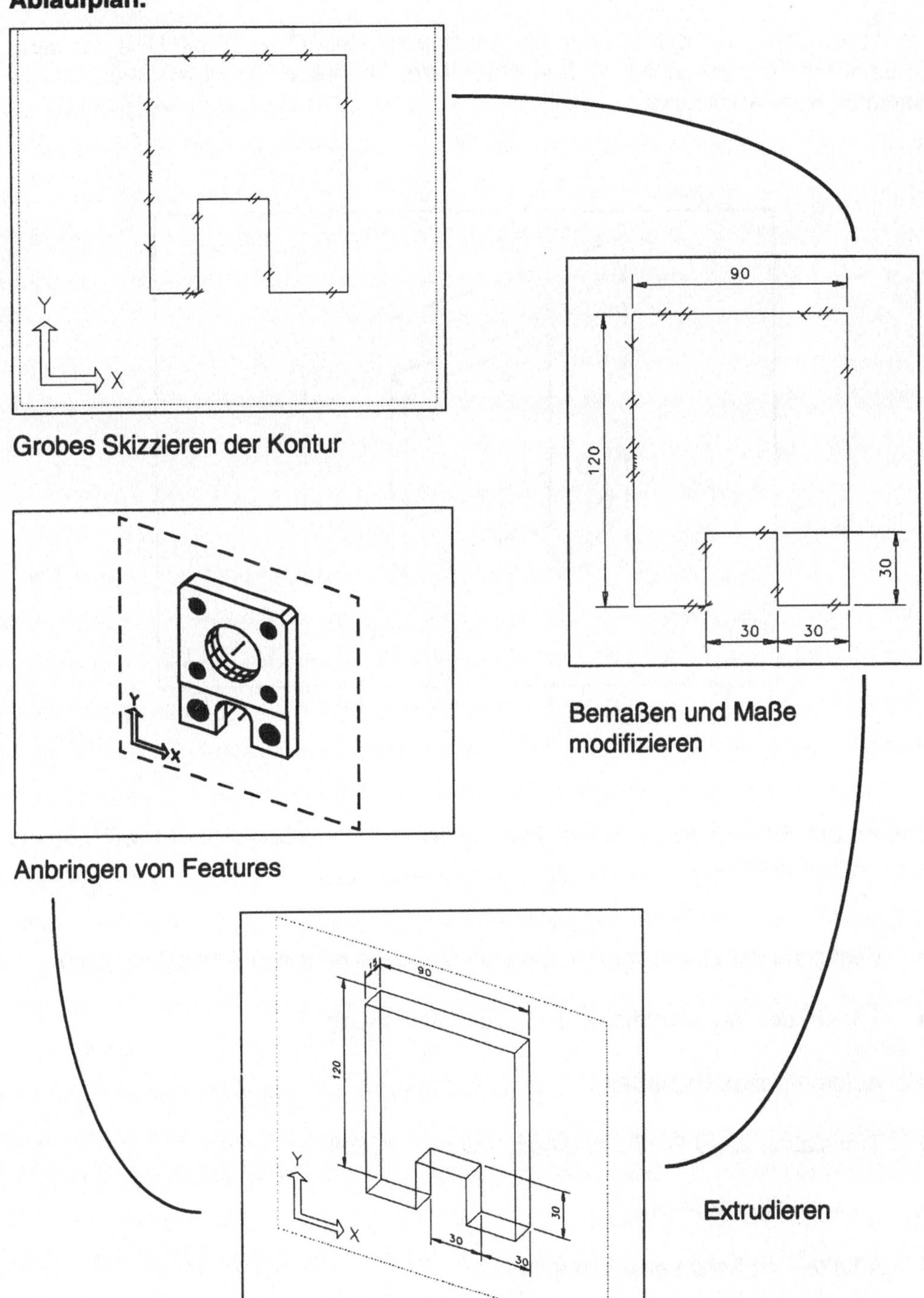

Grobes Skizzieren der Kontur

Bemaßen und Maße
modifizieren

Anbringen von Features

Extrudieren

Ü3.1 Anschlußkonsole

In dieser Übung werden Sie nun die Anschlußkonsole (Teil 22) mit Hilfe der parametrischen Skizziertechnik in ihrer Grundform herstellen. Das Ergebnis zeigt die nachfolgende Abbildung:

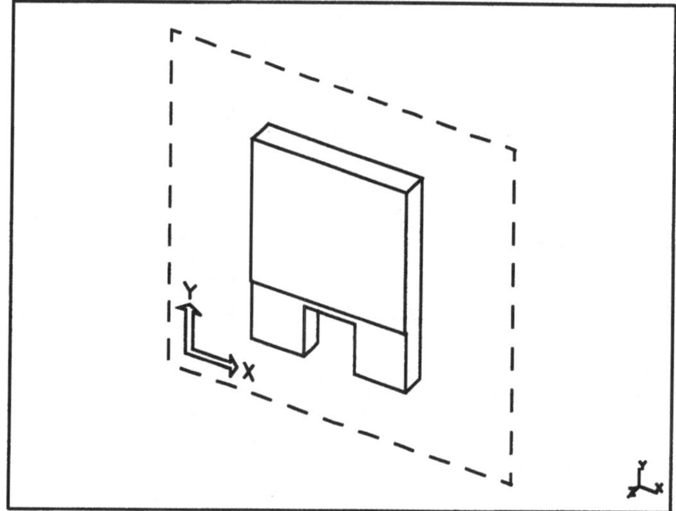

Neben der Erzeugung eines Objektes aus einem unmaßstäblichen Profil werden Sie folgendes lernen:

- Festigung der in den vorhergehenden Übungen erlernten Arbeitstechniken

- Ändern der Nachkommastellen bei der Bemaßung

- Automatisches Bemaßen

- Translation eines Profils zu einem Volumenmodell

- Variantenkonstruktion

- Arbeiten mit Schneidwerkzeugen

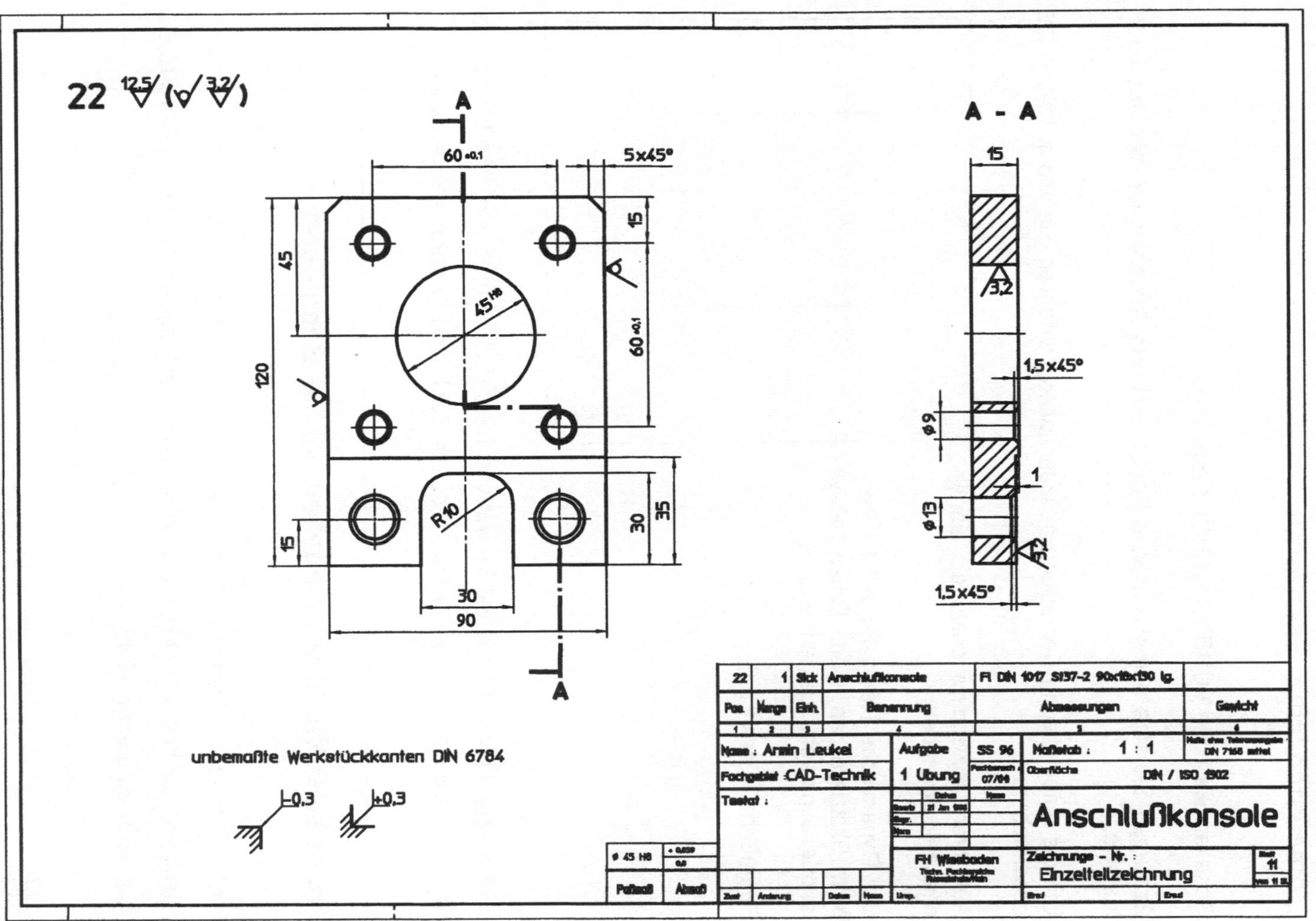
22 12,5 (∇ 3,2)
A
60 ±0,1
5x45°
15
45
120
45 H8
60 ±0,1
R10
30
35
15
30
90
A
A - A
15
3,2
1,5x45°
Ø9
1
Ø13
3,2
1,5x45°
unbemaßte Werkstückkanten DIN 6784
-0,3
±0,3
22   1 Stck Anschlußkonsole   Fl DIN 1017 St37-2 90x18x130 lg.
Pos. Menge Einh. Benennung Abmessungen Gewicht
Name : Armin Leukel   Aufgabe SS 96   Maßstab : 1 : 1
Fachgebiet CAD-Technik   1 Übung   Oberfläche   DIN / ISO 1302
Testat :
Ø 45 H8
FH Wiesbaden
Anschlußkonsole
Zeichnungs - Nr. :
Einzelteilzeichnung
Paßmaß   Absatz

Unmaßstäbliches Skizzieren

Schalten Sie in die **VORDERANSICHT** um.

Erzeugen Sie eine unmaßstäbliche Kontur von den Außenkanten der Anschluß-konsole.

Um die automatische Bemaßung auszuschalten, verfahren Sie wie in Übung 2.5 beschrieben.

Auf Ihrem Bildschirm sollte ein ähnliches Bild entstehen:

Der Dynamische Navigator zeigt Ihnen beim Skizzieren an, wenn Linien parallel oder senkrecht zueinander sind.

Bemaßen Sie das Profil.

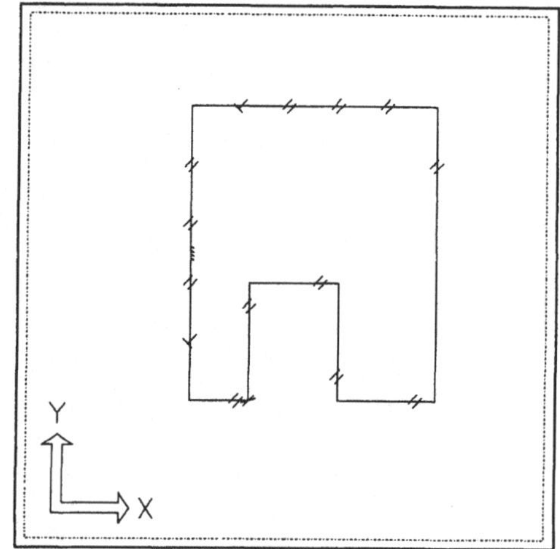

<u>Anmerkung</u>: Gestalten Sie die Bemaßung möglichst normgerecht. Sie können so für eine spätere Ableitung einer technischen Zeichnung Änderungen vermeiden.

Ändern der Nachkommastellen bei der Bemaßung

Achten Sie darauf, dass keine Funktion aktiv ist. Um alle Bemaßungen zu ändern, selektieren Sie irgendein Maß, und wählen dann mit der rechten Maustaste **ALLE**. (Alle Maße sind angewählt).

 **DARSTELLUNG**   

Es erscheint das PRODUKT- & FERTIGUNGSINFORMATION - Fenster.

Wählen Sie darin **EINHEITEN/ DEZIMAL STELLEN** aus. Im nun erscheinenden Fenster geben Sie hinter **DEZIMALSTEL-LEN 1** ein.

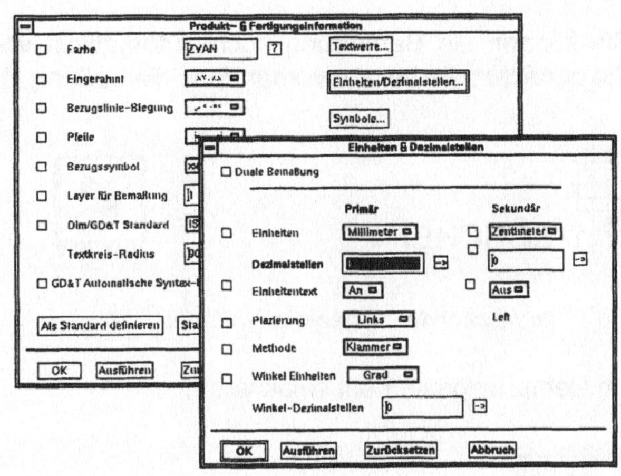

| **OK** |, im EINHEITEN & DEZIMALSTELLEN - Fenster.

| **OK** |, im PRODUKT & FERTIGUNGS-INFORMATION-Fenster.

Falls Sie die Nachkommastelle stört, können Sie diese, wie oben beschrieben, auch wieder rückgängig machen.

Modifizieren Sie die Bemaßung auf die Werte der Zeichnung.

<u>Anmerkung</u>:

Im Regelfall können Sie die Geometrieänderungen gleich auf dem Bildschirm sehen. Falls sich jedoch nur die Maßzahlen rot färben, müssen Sie die Funktion AKTUALISIEREN verwenden. Sie können Maße auch noch verschieben, wenn Sie schon angebracht sind. Benutzen Sie dazu die Funktion **VERSCHIEBEN**.

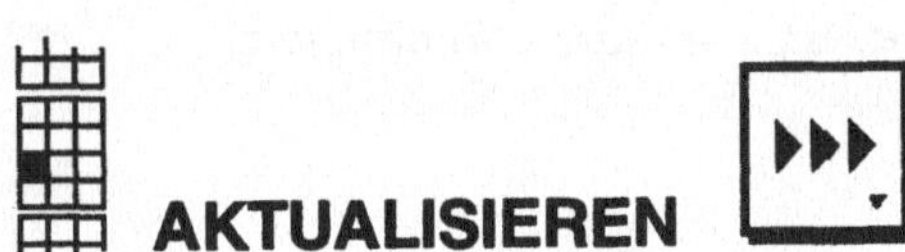

AKTUALISIEREN

An dieser Stelle **SICHERN** Sie die erzeugte Geometrie, damit Sie später darauf zurückgreifen können. (Ab jetzt bitte <u>nicht mehr zwischensichern</u> bis zum Ende dieser Übung!.)

Automatisches Bemaßen

Sie können die Bemaßung auch automatisch vornehmen lassen. Dazu müssen Sie zunächst die bereits vorhandene Bemaßung löschen:

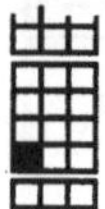 **LÖSCHEN**   

zu löschendes Element selektieren

ein Bemaßungselement selektieren,

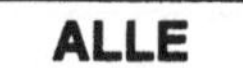

zu löschendes Element selektieren (Bestätigung)

JA

Jetzt gehen Sie wie folgt vor:

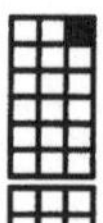 **KONTUR ERZEUGEN**   

Kurve oder Kontur selektieren

Ziehen Sie einen Rahmen um die Kontur, diese sollte dann hell erleuchtet sein.

Kurve, die hinzuzufügen oder wegzunehmen ist, selektieren (Bestätigung)

 **BEDINGUNGEN & MASSE ANBRINGEN**   

Im ZWANGSBEDINGUNGEN - Fenster:

 **AUTOMATISCHE BEDINGUNGEN** 

Kontur für automatische Zwangsbedingungen selektieren (Bestätigung)

Ziehen Sie einen Rahmen um die Kontur. 

Jetzt haben Sie Ihre Anschlußkonsole automatisch bemaßt, die Kontur erscheint in einer anderen Farbe. Bestätigen Sie dann noch um die Funktion freizuschalten.

Fahren Sie fort im ZWANGSBEDINGUNGEN - Fenster:

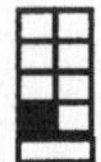 **FREIHEITSGRADE ANZEIGEN** 

Elemente selektieren

Selektieren Sie die Kontur.

Elemente selektieren (Bestätigen)

Bei unvollständiger Bemaßung zeigen gelbe Pfeile an, in welcher Richtung die entsprechenden Linien noch nicht festgelegt sind.

Die Farben haben folgende Bedeutung:

BLAU   Punkt bzw. Linie **vollständig** durch geometrische und maßliche Bedingungen festgelegt.

GELB   Punkt bzw. Linie **teilweise** durch geometrische und maßliche Bedingungen festgelegt.

GRÜN   Punkt bzw. Linie **nicht** durch Bedingungen festgelegt.

Versuchen Sie nun, ein Maß zu löschen, und lassen Sie sich die **FREIHEITSGRADE** wieder anzeigen. Die Software ist so eingestellt, dass beim Bemaßen automatisch die Freiheitsgrade der Konturelemente (blau, gelb oder grün) angezeigt werden.

Neben den FREIHEITSGRADEN können Sie auch noch im ZWANGS-BEDINGUNGEN – Fenster folgende Funktionen ansehen: **FÄLLE ANZEIGEN, AUSWIRKUNGEN ANZEIGEN, BEDINGUNGEN ANZEIGEN** sowie **ANIMIEREN**. Die Funktion **AUSWIRKUNGEN ANZEIGEN** eignet sich besonders bei zwei ‚unbestimmt' zueinender positionierten Bauteilen. Probieren Sie die Funktionen aus.

Um die richtige Bemaßung wieder herzustellen, müssen Sie links oben in der Iconleiste die Schaltfläche **DATEI** selektieren und das Untermenü **ÖFFNEN** auswählen.

Es erscheint das I-DEAS Frage – Fenster.

„Vor dem Wechsel der Modelldateien Änderungen sichern"

Nein

| **OK** | im MODELLDATEI ÖFFNEN - Fenster.

Translation eines Profils zu einem Volumenmodell

Jetzt wird ein Körper durch Bewegen des Profils entlang der z-Achse erzeugt. Die vollständige Bemaßung darf nicht gelöscht werden, wenn das Teil später geändert werden soll. Gehen Sie folgendermaßen vor:

Schalten Sie um auf **ISOMETRISCHE ANSICHT.**

 **EXTRUDIEREN**

Kurve oder Kontur selektieren

Selektieren Sie die Kontur.

Kurve, die hinzuzufügen oder abzuwählen ist, selektieren (Übernehmen)

Im **KONTUR EXTRUDIEREN** –Fenster eingeben:

Abstand: **15** ↵

Achten Sie auf den Richtungspfeil sowie auf die Schaltfläche **NEUES TEIL**!

Variantenkonstruktion

Ähnlich wie das zweidimensionale Profil können Sie nun auch die Geometrie des Körpers durch Änderung der Maßzahlen verändern.

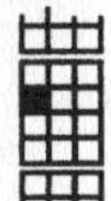 **ELEMENT VERÄNDERN**   

zu veränderndes Element selektieren

Selektieren Sie die Kontur an einer beliebigen Stelle.

zu veränderndes Element selektieren (Übernehmen)

Änderungsoption wählen (Bemaßung anzeigen)

Selektieren Sie das Maß 15.

Im BEMAßUNG ÄNDERN – Fenster für

EXTRUDE DISTANCE   30 eingeben ↵

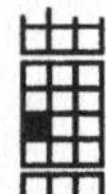 **AKTUALISIEREN**   

Nachdem jetzt die Bemaßung vom Bildschirm verschwunden ist, wählen Sie:

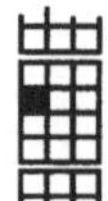 **ELEMENT VERÄNDERN** 

zu veränderndes Element selektieren

Die Kontur anwählen

zu veränderndes Element selektieren (Übernehmen)

Im BEMAßUNGEN - Fenster wählen Sie **EXTRUDE DISTANCE**. Geben Sie im entsprechenden Fenster anstelle von Extrude Distance „**Dicke**" ein und für die Zahl anstelle von 30 „**15**" ein.

OK

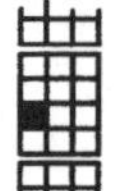 **AKTUALISIEREN** 

Sie haben jetzt dem Maß für die Extrude Distance einen neuen Namen gegeben. So können Sie nach Belieben alle Namen für Maße ändern. Geben Sie bei dem Maß 90 mm „**Breite**" und bei dem Maß 120 mm „**Hoehe**" ein. Das erleichtert späteres Ändern sowie Variantenkonstruktionen.

Die Werte können auch durch Gleichungen beschrieben werden, eine gegenseitige Abhängigkeit ist dann möglich.

Lassen Sie sich die Bemaßung anzeigen mit:

 **ELEMENT VERÄNDERN** 

zu veränderndes Element selektieren

Wählen Sie die zu verändernde Geometrie an.

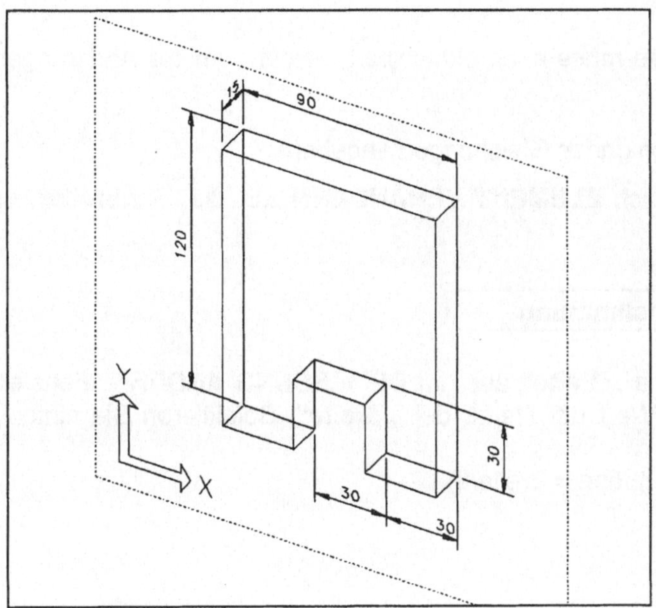

Sie sollten nun eine Maßzahl auswählen, deren Wert noch einmal vorkommt, z.B. die Höhe der Nut, da die Breite den gleichen Wert hat.

ELEMENT VERÄNDERN

Selektieren Sie die Maßzahl 30 der „**Nuthöhe**"

Es erscheint das BEMAßUNG ÄNDERN -Fenster. Rechts neben der Maßzahl befindet sich ein Pfeil: ⎢ —> ⎢ . Dort wählen Sie:

| **Übereinstimmung** |

eine Bemaßung selektieren

Wählen Sie die Maßzahl 30 der „**Nutbreite**".

Wenn Sie nun das zweite Maß (als steuerndes Maß) ändern, ändert sich gleichzeitig das erste (als gesteuertes Maß).

Gegebenenfalls muss noch aktualisiert werden, um die Änderungen sichtbar zu-machen.

Man kann auch ganze Gleichungen angeben:

Wählen Sie nach **ELEMENT VERÄNDERN** z.B. die **„Nutbreite"**, und gehen Sie wieder auf:

Übereinstimmung

Wählen Sie die **„Breite"** aus. Im BEMASSUNG ÄNDERN -Fenster erscheint im Feld für den Wert der Name der **„Breite"**. Selektieren Sie hinter **„Breite"** und geben
„ / 3 " ein. (Nuthöhe = Breite/3)

OK

Damit haben Sie die Nuthöhe als ein Drittel der Breite definiert. Ändern Sie die Breite, wird die Nuthöhe automatisch angepasst.

Arbeiten mit Schneidwerkzeugen

Stellen Sie nun den Absatz in der Anschlußkonsole her.

Dazu erzeugen Sie ein Rechteck auf der Fläche, das als Schneideteil extrudiert wird.

Gehen Sie zunächst in die isometrische Ansicht und wählen **ZOOM ALLES.**

 **AUF FLÄCHE SKIZZIEREN**   

Skizzierebene selektieren

Vordere Fläche selektieren,

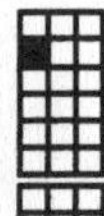

RECHTECK 3 ECKEN

Erste Ecke festlegen

Wählen Sie:

①   (vordere linke Ecke der Konsole)

②   (vordere rechte Ecke der Konsole)

③   (beliebiger Punkt auf der oberen Linie des Absatzes)

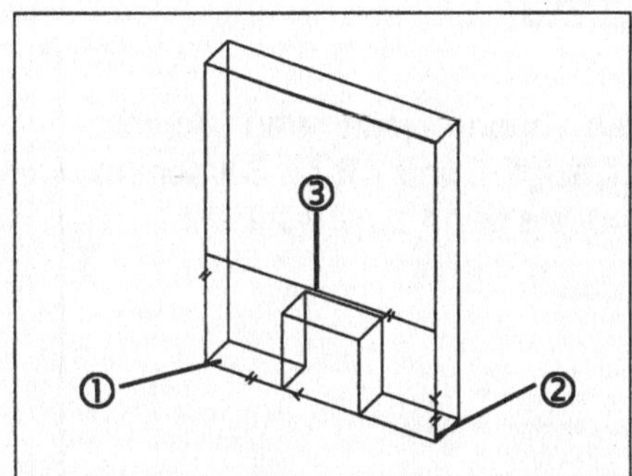

Bemaßen Sie die Höhe des Rechtecks durch Linie-zu-Linie-Bemaßung und selektieren Sie die Rechtecklinien an den Stellen, an denen sie nicht identisch sind mit der Kontur, und ändern Sie das Maß auf 35 mm.

Nun wird das gezeichnete Rechteck in die Anschlußkonsole hinein extrudiert, also ausgeschnitten. Um die Einstellungen richtig verfolgen zu können, müssen Sie in die **ISOMETRISCHE ANSICHT** umschalten.

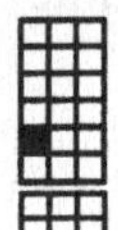

EXTRUDIEREN

Kontur oder Kurve selektieren

Selektieren Sie das Rechteck.

Kurve, mit der fortgefahren werden soll, selektieren

Wählen Sie die nächste Linie des Rechtecks an, bis die ganze Kontur erleuchtet ist.

Kurve, die hinzugefügt oder abzuwählen ist, selektieren (Bestätigen)

Im erscheinenden KONTUR EXTRUDIEREN - Fenster schalten Sie als erstes

- **Ausschneiden** ein.

Dann geben Sie den Abstand „**1**" mm ein.

Achten Sie auf den roten Pfeil, der die Richtung des Schneidefeatures angibt!

OK

Sie haben jetzt den Absatz erzeugt, und Ihr Bildschirm müsste dann so aussehen:

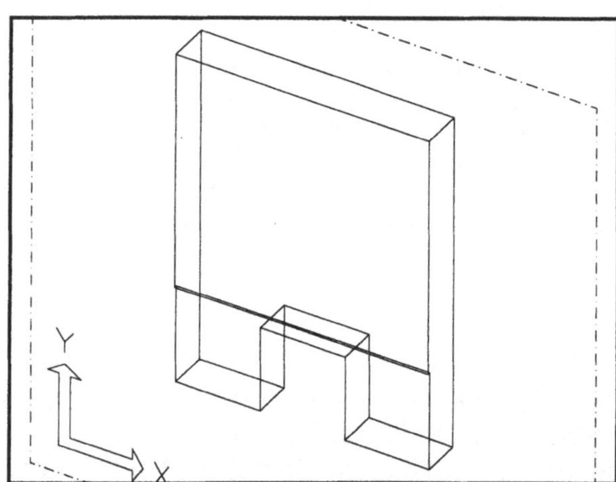

Räumen Sie nun, wie in den vorhergehenden Übungen gelernt, das Objekt unter dem Namen ´**Anschlußkonsole**´ Teil **22** weg.

Zum Schluss Ihrer Arbeitssitzung sichern Sie Ihren Modelfile mit dem Befehl **SICHERN**.

Wenn Sie Ihre Arbeitssitzung nun abbrechen wollen, gehen Sie wie in Übung 2.1 vor, ansonsten beginnen Sie mit der nächsten Übung.

Ü3.2 **Anschlußkonsole** (Formelemente)

In dieser Übung werden Sie nun die Anschlußkonsole (Teil 22) vervollständigen.
Das Ergebnis zeigt die nachfolgende Abbildung:

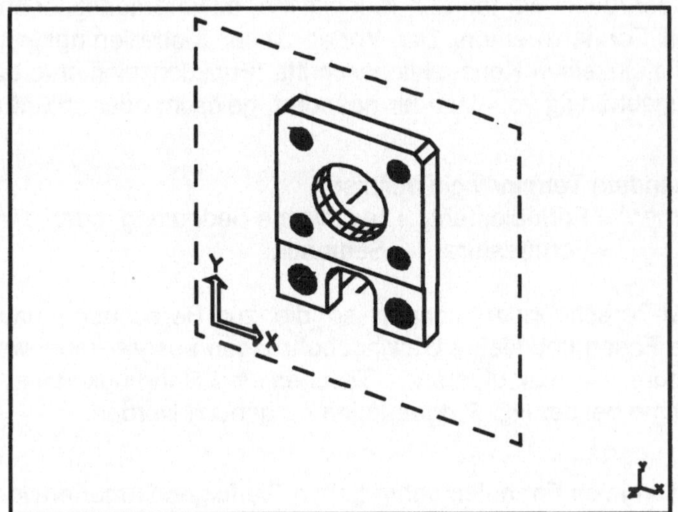

Sie werden folgendes lernen:

- Erstellen von Formelementen (Formfeatures)

- Definieren von Featureparametern

- Eintragen von Features in den Feature-Katalog

- Handhabung von Features

- Arbeiten mit dem Musterbefehl

- Bestimmung von Gewicht, Schwerpunkt und Massenträgheitsmomenten

- Darstellung des Konstruktionsablaufs im Historienbaum

Erstellen von Formelementen (Formfeatures)

Sie werden jetzt lernen, ein Formelement, engl. formfeature, zu erstellen und im **Feature-Katalog** abzulegen. Damit werden Sie dann die Bohrungen in der Anschlußkonsole erzeugen.

Mit Hilfe von Formelementen ist es möglich, eine sehr effektive Modellierungstechnik einzusetzen, wie sie in der Übung 4.5 näher beschrieben wird. Dabei generiert man die Bauteilgeometrie aus einfachen Grundkörpern (Rohteile, Basisfeature) und bearbeitet sie mit den in funktions- bzw. fertigungsorientiert zusammengefassten Formelementen. Der Vorteil dieser Modellierungstechnik besteht darin, dass die einzelnen Konstruktionsschritte (Funktionselemente bzw. Feature) schnell und unabhängig voneinander geändert, gelöscht oder unterdrückt werden können.

Die hier verwendete Terminologie definiert:
Funktionselement = Formelement + technische Bedeutung, oder
Feature   = Formfeature   + Semantik

Bei der FEM-Berechnungen können so die zur Berechnung unwesentlichen Elemente wie Fasen und kleine Gewindebohrungen ausgeblendet werden. Bearbeitungs-Feature wie auszuführende Taschen und Bohrungsmuster können als Unterprogramme bei der NC-Programmierung genutzt werden.

Bei der Erstellung von Formelementen gehen Sie folgendermaßen vor:

Skizzieren Sie zunächst eine Hälfte des Bohrungsquerschnitts, und bemaßen Sie die Kontur. Für den Fasenwinkel wählen Sie Funktion **MAß** und selektieren nacheinander die beiden Schenkel des Winkels. Vergeben Sie für die einzelnen Maße neue Bezeichnungen, die Ihnen ein späteres Wiedererkennen erleichtern (z.B. Bohrungsradius, Bohrungstiefe, Fasenwinkel und Fasenhöhe.

Um mit einem Parameter, den Bohrungsdurchmesser angeben zu können, skizzieren Sie bitte eine parallele Zusatzlinie links von der Mittellinie ①. Bringen Sie das zusätzliche Maß **Bohrungsdurchmesser** an (in der rechten Skizze zufällig 44) und stellen Sie die Beziehung zwischen dem **Bohrungsradius** (in der rechten Skizze zufällig 22) = **Bohrungsdurchmesser/2** her.

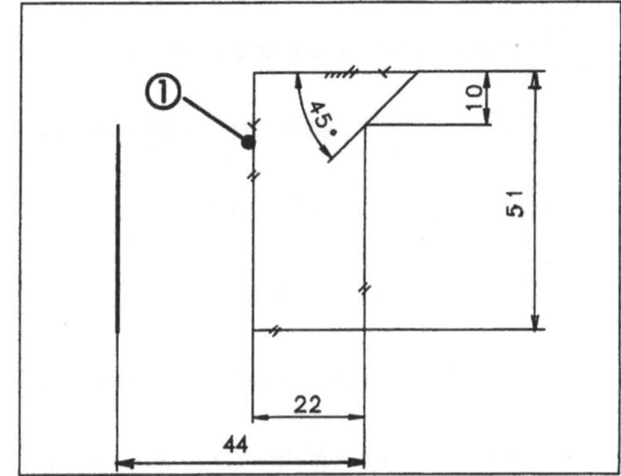

Sie werden jetzt die Maße so korrigieren, daß sie denen der Bohrung Ø 13 mm in der Zeichnung der Anschlußkonsole entsprechen.

Nun **DREHEN** Sie die Kontur der Hälfte des Bohrungsquerschnitts um die Mittelachse (um ①, nicht um die Zusatzlinie!) und erzeugen so die Bohrung zunächst als 3D-Teil.

Jetzt haben Sie die Bohrung Ø 13 mit den korrekten Maßen auf dem Bildschirm. Verändern Sie mit Hilfe der Funktionstasten den Bildschirm so, dass Sie etwa dieses Bild vor sich haben:

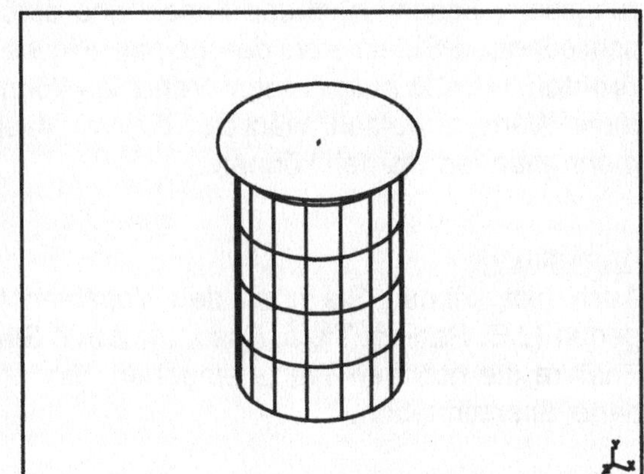

Definieren von Featureparametern

 **KATALOG ÄNDERN** 

Im KATALOG - Fenster:

 **PARAMETER** 

Teil zum Parametrisieren selektieren

Selektieren Sie die Bohrung.

Das jetzt erscheinende PARAMETER - Fenster eröffnet Ihnen eine Reihe von Möglichkeiten.

In der linken Tabelle sind alle Variablen des Objektes aufgeführt. Zum einen sind es die fünf Parameter, die Sie vorher bei der Bemaßung der Skizze festgelegt haben, zum anderen sehen Sie drei weitere, die als Bohrungsvariablen nicht benötigt werden.

Bringen Sie zunächst die vier Bemaßungsparameter Bohrungsdurchmesser, Bohrungstiefe, Fasenwinkel und Fasenhöhe durch Auswählen mit der Maus und anschließendes Selektieren des gelben Pfeiles in die **rechte** Tabelle. Allen in der **rechten Tabelle** aufgelisteten Variablen können Sie bei einem Aufrufen des Features Werte zuweisen, während die Variablen in der linken Tabelle später nicht mehr geändert werden können.

<u>Anmerkung</u>:
Auch hier können Sie noch den Variablen leicht verständliche Bezeichnungen geben (z.B. Radius, Tiefe, Fase,...), damit Sie bei einem späteren Zugriff auf das Feature die richtigen Werte eingeben können. Die alten Bezeichnungen werden dabei überschrieben.

Wenn Sie alles zu Ihrer Zufriedenheit eingegeben und festgelegt haben, wählen Sie $\boxed{\text{OK}}$.

Eintragen von Features in den Feature-Katalog

Im KATALOG-Fenster:

 **EINTRAGEN** 

Teil, das eingetragen werden soll, selektieren

Wählen Sie die Geometrie aus.
Im NAME - Fenster:

Geben Sie den Namen DBO (für Durchgangsbohrung) mit Ihrem Namen als Ergänzung an z.B. **'DBOschneider'**.

Falls Sie einen eigenen Katalog benutzen, können Sie die Ergänzung weglassen.

| OK |

Elementtyp wählen (Katalogteil)

| **KATALOGFEATURE** |

Konstruktionsoperation wählen (Schneiden)

<u>Anmerkung</u>: **SCHNEIDEN** wählen, weil das Feature ein Schneidwerkzeug
werden soll.

| **SCHNEIDEN** |

Im EINTRAGEN - Fenster:

EINTRAGEN, NICHT BEHALTEN wählen, damit Ihre Durchgangsbohrung vom
Bildschirm gelöscht wird.

| OK |

Schließen Sie das KATALOG-Fenster.

Die Katalog-Erzeugung wird in einem I-DEAS Warnung – Fenster angezeigt und
mit | **OK** | bestätigt.

Jetzt haben Sie die Durchgangsbohrung im Feature-Katalog abgelegt und
können jederzeit beliebige Durchgangsbohrungen dieser Form erzeugen.

Handhabung von Features

HOLEN Sie jetzt die Anschlußkonsole wieder auf den Bildschirm in der Liniendarstellung.

Rufen Sie Ihr Feature Durchgangsbohrung auf:

 **FEATURES**

Wählen Sie Ihre Durchgangsbohrung.

| OK |

Sie haben nun beide Teile auf dem Bildschirm.

*planare Fläche von bewegbarem
Teil selektieren*

① Selektieren Sie das Feature an
der größten Durchmesserfläche.

*planare Fläche vom
auszuschneidendem Teil selektieren*

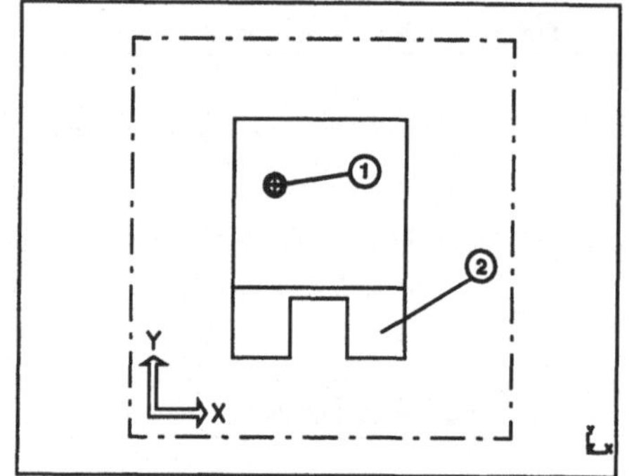

② Wählen Sie die Fläche, die um 1mm zurückgesetzt ist.

Positionierungsbefehl wählen

| **VON&ENTLANG KANTE** |

*Punkt von einem der beiden Teile
selektieren*

③ Mittelpunkt des Kreises von der
größten Durchmesserfläche wählen

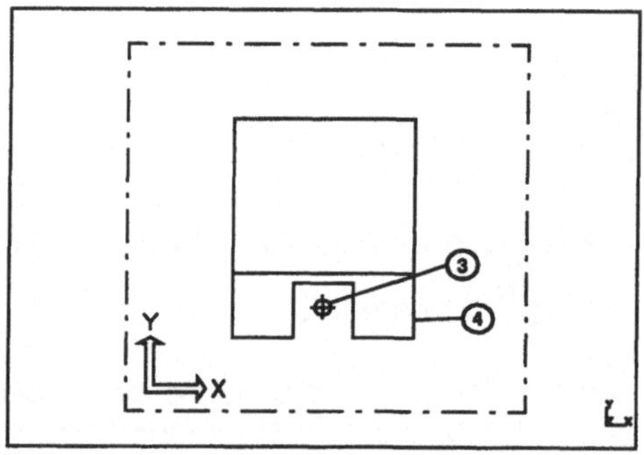

Kante von auszuschneidendem Teil selektieren

④ Kante wählen

Abstand von Kante eingeben (45.0)

15 ⏎

Abstand entlang der Kante eingeben (17.5)

Hier müssen Sie eventuell die Option **ANDERES ENDE** wählen, damit die
Bemaßung wie in der Zeichnung auf die gewünschte Kante bezogen wird.

15 ↵

Positionierungsbefehl wählen

| BESTÄTIGUNG |

Nach dem **BESTÄTIGEN** wird das System automatisch die Bohrung mit der Anschlußkonsole verschneiden. Genauso verfahren Sie auch mit der anderen 13 mm - Bohrung.

Arbeiten mit Musterbefehlen

Die vier 9 mm Bohrungen sollen nun mit Hilfe des Musterbefehls erzeugt werden. Holen Sie dazu als erstes mit der Funktion **FEATURE** Ihre Durchgangsbohrung mit den geänderten Werten für die Höhe und den Bohrungsdurchmesser:

Markieren Sie im Feature Katalog den Wert 14 (Bohrungstiefe) und geben Sie **15** ein – ebenso ändern Sie den Durchmesser von 13 auf **9**.

Selektieren Sie die Schaltfläche rechts neben SCHNEIDEN und wählen Sie **NEUES EINZELTEIL** im unteren Auswahlfeld.

| OK |

Positionieren Sie die Bohrung in der linken oberen Ecke:

 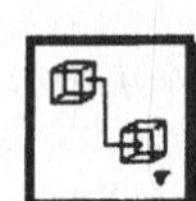

AUSRICHTEN

auszurichtendes Element selektieren

Wählen Sie nun die Bohrung
① 

*planare Fläche von dem
stationären Teil selektieren*

Selektieren Sie jetzt die Fläche
②

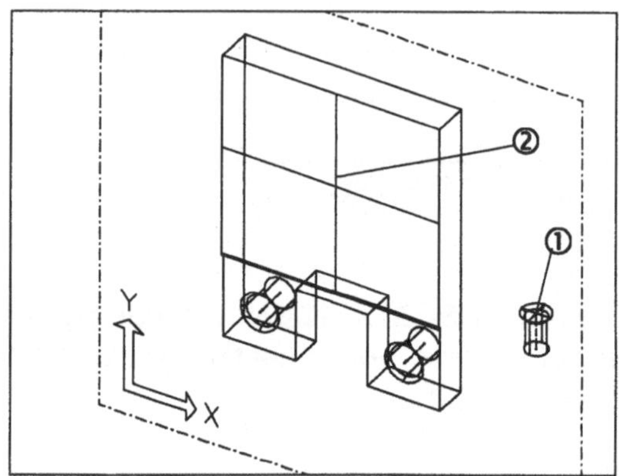

<u>Anmerkung</u>: Es kann vorkommen, daß Sie mit **FLÄCHENOPERATION** die aufeinanderliegenden **FLÄCHEN UMKEHREN** müssen, damit die Bohrung richtig angeordnet ist (zur Kontrolle drehen Sie die Konsole mit F3!).

Auch diese Bohrung wird mit dem Befehl **VON & ENTLANG KANTE** in der linken oberen Ecke der Anschlußkonsole ausgerichtet (siehe Zeichnung!).

Bestätigung

Zur Erzeugung der restlichen drei Bohrungen:

RECHTECKIGES MUSTER 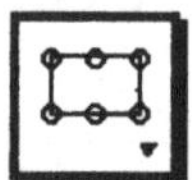

Bauteil oder Feature für das Muster selektieren

Selektieren Sie die Bohrung

Bauteil oder Feature für das Muster selektieren (Bestätigung)

Danach selektieren Sie den großen Durchmesser der Bohrung

Es erscheint ein x-y-Koordinatensystem mit Ursprung in der Bohrungsachse, sowie das RECTANGULAR PATTERN - Fenster.

Falls die X- oder Y Achsen nicht in die gewünschte Richtung zeigen, können diese im RECTANGULAR PATTERN – Fenster mit der Schaltfläche **AUSRICHTEN** geändert werden. Liegen die Achsen in der gewünschten Richtung, geben Sie folgende Werte ein:

Anzahl entlang x   :   2
Abstand zwischen : 60
Anzahl entlang y   :   2
Abstand zwischen : 60

Mit der Funktion MUSTER sind die Bohrungen zu einem Feature geworden und können bei der folgenden Schneidoperation auf einmal ausgeschnitten werden.

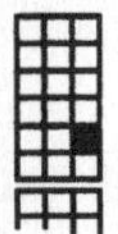 **SCHNEIDEN** 

planare Fläche vom bewegbaren Teil selektieren

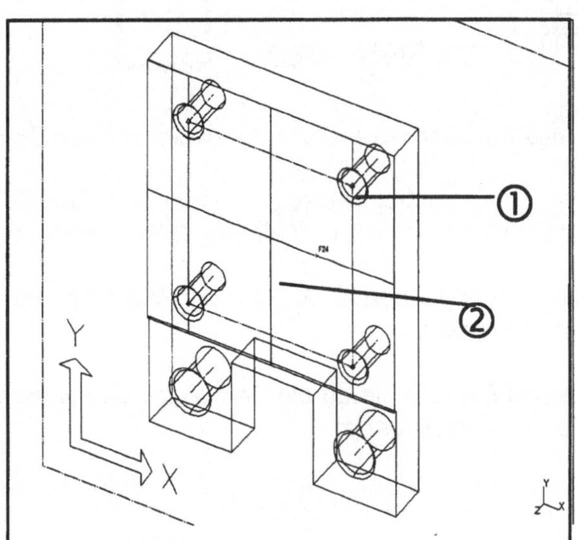

Wählen Sie mit der rechen Maustaste **BEZIEHUNGEN AUS STELLEN.**

Schneidteil selektieren

① Muster irgendwo selektieren.

zu schneidendes Teil selektieren

② Wählen Sie irgendwo die vordere Fläche der Anschlusskonsole.

Die Teile werden miteinander verschnitten.

Zur Fertigstellung der Anschiußkonsole müssen noch

- die **Bohrung** Ø 45H8
- die **Fasen**   5x45° und
- die **Rundungen** R10 hergestellt werden.

Die Bohrung Ø 45 H8 erzeugen Sie am einfachsten durch Skizzieren auf der Fläche, Extrudieren, Ausschneiden, Tiefe **15** oder **DURCH ALLES**. Das Anbringen von **FASEN** haben Sie in den vorhergehenden Übungen schon gelernt. Denken Sie an das zweimalige Bestätigen.

Beachten Sie an dieser Stelle den Unterschied zwischen den Funktionen VERRUNDEN. Die eine Schaltfläche bezieht sich auf 3 D Teil – die andere auf eine Drahtgeometrie. Zur Übersicht sind die beiden zu unterscheidenden Funktionen noch einmal dargestellt.

 **VERRUNDEN** 

Diese Funktion bearbeitet ein 3 D Teil.

 **VERRUNDEN** 

Diese Funktion verändert eine zweidimensionale Skizze (Drahtmodell).

Da die Vorgehensweise der Funktion **RUNDUNGEN** fast mit der Funktion **FASEN** identisch ist, wird sie hier nicht gesondert beschrieben.

Die Passungsangabe der Ø 45H8-Bohrung, soll auch in dem 3D-Modell eingebracht werden.

Lassen Sie sich hierzu die Bemaßung anzeigen, und selektieren Sie das Maß für die Passungsangabe:

 **DARSTELLUNG** 

zu veränderndes Element selektieren

Gehen sie im PRODUKT & FERTIGUNGSINFORMATION - Fenster auf **TEXTWERTE** ⇒

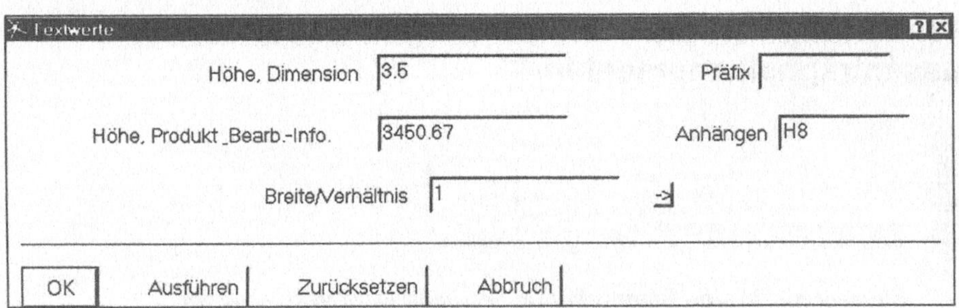

Schreiben Sie im TEXTWERTE - Fenster bei **ANHÄNGEN** ‚H8'.

OK , im TEXTWERTE - Fenster

OK , im PRODUKT & FERTGUNGINFORMATION -Fenster.

Gehen Sie in die isometrische Ansicht.

Nach **AKTUALISIEREN** und **ZOOM ALLES** müsste Ihr Bildschirm so aussehen:

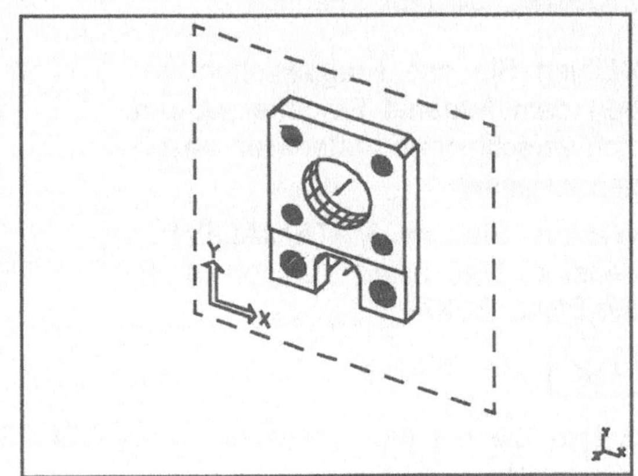

Geben Sie dem Objekt die Farbe **GOLDORANGE**.

Speichern Sie bitte Ihren Modelfile mit dem Befehl **SICHERN**.

Bestimmung von Gewicht, Schwerpunkt und Massenträgheitsmomenten

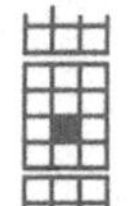 

EIGENSCHAFTEN

Element für das die Eigenschaften bestimmt werden selektieren

Selektieren Sie die fertige Anschlußkonsole.

Element für das die Eigenschaften bestimmt werden selektieren (Bestätigen)

Es erscheint das PHYSIK. EIGENSCHAFTEN - Fenster.

Wählen Sie das Fragezeichen neben dem Material Eingabefeld, um sich verschiedene Materialien anzeigen zu lassen.

Wählen Sie im MATERIALIEN - Fenster **TMG-Steel** (entspricht in der Dichte St 37).

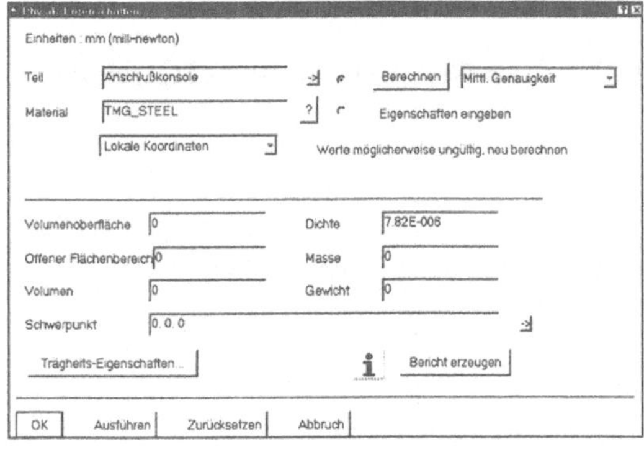

| OK |

Gehen Sie mit dem Mauszeiger auf **BERECHNEN** und drücken Sie die linke Maustaste.

Sie können die Volumenoberfläche, das Volumen, die Dichte, die Masse, das Gewicht und die Lage des Schwerpunktes ablesen.

Im TRÄGHEITS-EIGENSCHAFTEN – Fenster können die Massenträgheitsmomente um den Schwerpunkt (Hauptachsen) und um andere Achsen berechnet werden.

Beide Fenster schließen mit

2 x | OK | .

Es wird ein Koordinatensystem im Schwerpunkt dargestellt.

Darstellung des Konstruktionsablaufs im Historienbaum

Falls Sie z.B. ein Teil von Ihrem Kollegen übernehmen wollen, können Sie sich die Entstehungsgeschichte in Form des Historienbaums anzeigen lassen.

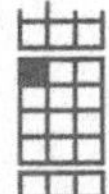 **ZUGRIFF HISTORIE** 

Bauteil, Feature oder Bezugsgeometrie- Elemente selektieren

Nachdem Sie die Anschlußkonsole selektiert und bestätigt haben, erscheint das ZUGRIFF HISTORIE - Fenster:

Wie in einem Film lässt sich durch Betätigen der **VORLAUF-, RÜCKLAUFTASTEN** die Entstehung des Teils nachverfolgen. Mit der **LUPE-Funktion** kann der Baum vergrößert oder verkleinert werden. Durch Aktivieren des **SCHRITTE-ZEIGEN-SCHALTERS** kann der jeweilige Zustand bis zum angewählten Element betrachtet werden. In späteren Kapiteln werden Sie den Historienbaum noch näher kennenlernen.

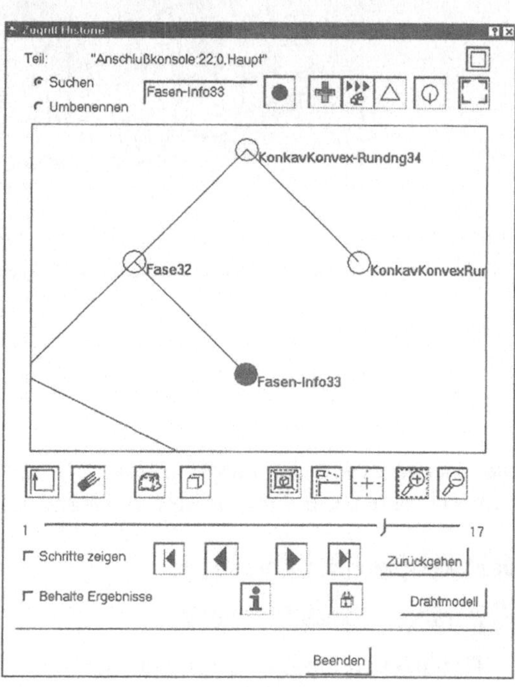

Räumen Sie nun, wie in den vorhergehenden Übungen gelernt, das Objekt unter dem Namen *´Anschlußkonsole´* weg.

Wenn Sie Ihre Arbeitssitzung nun abbrechen wollen, gehen Sie wie in Übung 2.1 vor, sonst beginnen Sie mit der nächsten Übung.

4 Freies Modellieren von Einzelteilen

Ü4.1 Drossel

In dieser Übung werden Sie die Drossel (Teil 10) erzeugen. Das Ergebnis zeigt die folgende Abbildung:

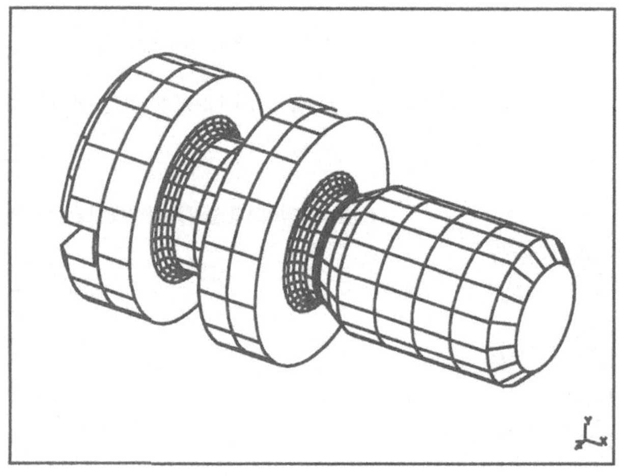

Drossel   Teil 10

Die Modellierung ist Ihnen freigestellt, es ist jedoch zu beachten, dass parametrisch skizzierte Teile später einfacher verändert werden können.

Deshalb folgender Vorschlag:

- parametrisches Skizzieren
- Rotieren zu einem 3D-Objekt

Hinweis:

Berücksichtigen Sie in der Skizze den Winkel (60°) des Gewindefreistichs, bevor Sie die Kontur rotieren. Der Freistich-Durchmesser beträgt für M6 = 4,4 mm.

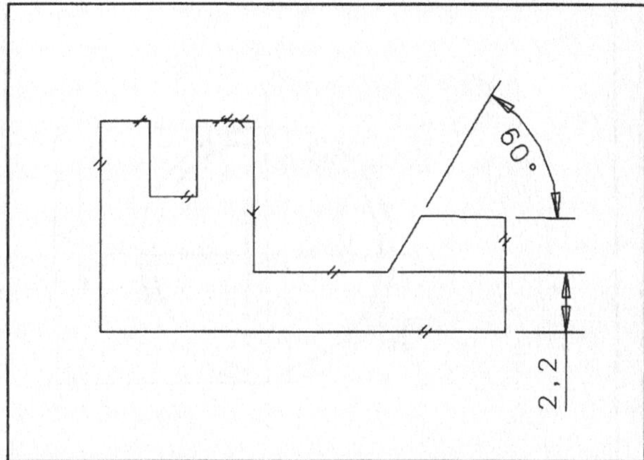

<u>Anmerkung</u>: Sollten Sie beim Skizzieren Bedingungen zwischen einzelnen Linien aufgestellt haben, die Ihnen später beim Bemaßen hinderlich sind, können Sie diese durch Selektieren der Bedingungsmarke auf der Linie löschen.

Geben Sie dem Objekt die Farbe **DUNKELGRÜN.**

Räumen Sie nun, wie gelernt, das Teil unter dem Namen **'Drossel'** Teil **10** weg, und **SICHERN** Sie die Datei.

Wenn Sie Ihre Arbeitssitzung nun abbrechen wollen, gehen Sie wie in Übung 2.1 vor, ansonsten beginnen Sie mit der nächsten Übung.

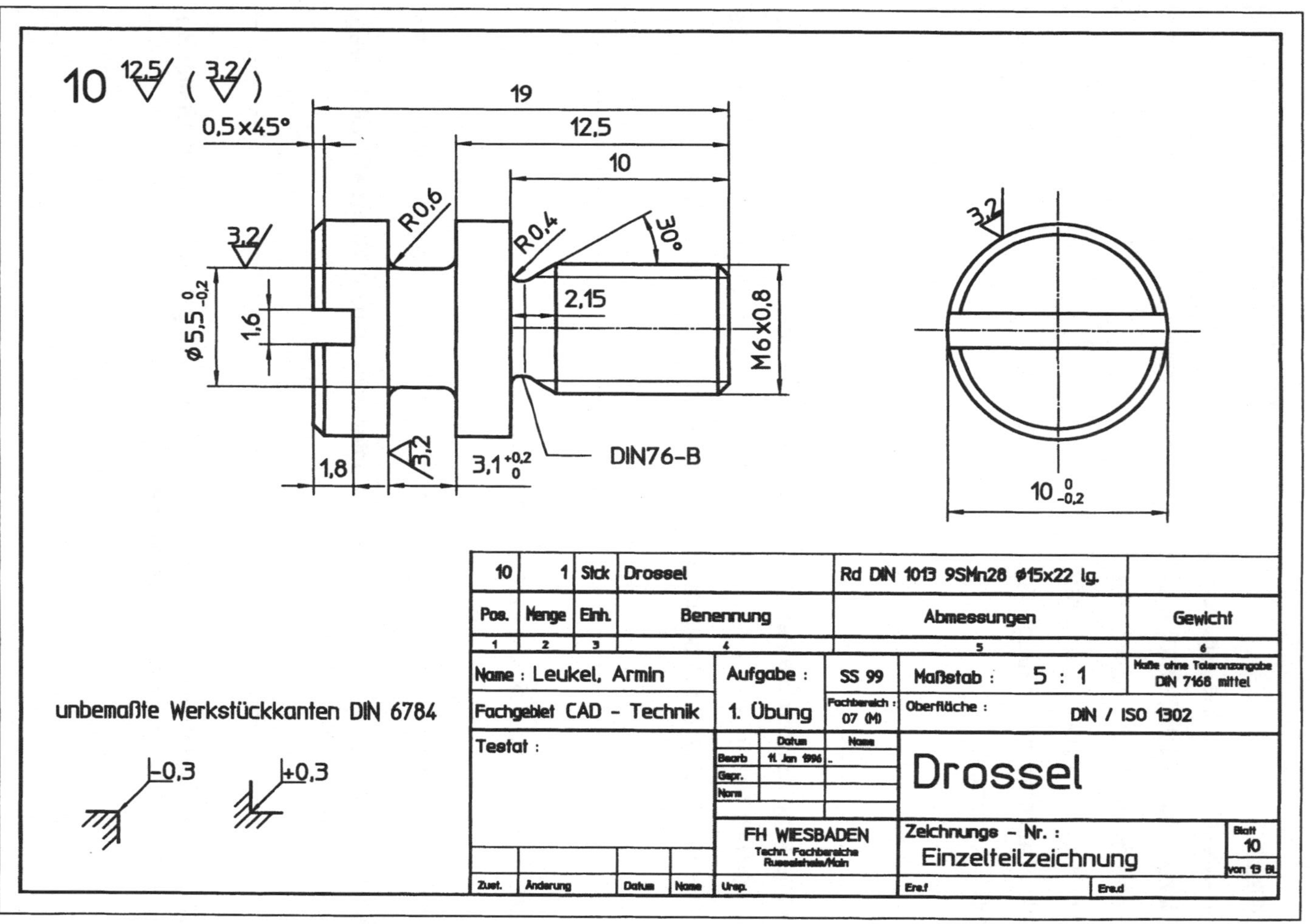

10	1	Stck	Drossel		Rd DIN 1013 9SMn28 Ø15x22 lg.	
Pos.	Menge	Einh.	Benennung		Abmessungen	Gewicht
1	2	3	4		5	6

Name : Leukel, Armin	Aufgabe :	SS 99	Maßstab :	5 : 1	Maße ohne Toleranzangabe DIN 7168 mittel
Fachgebiet CAD – Technik	1. Übung	Fachbereich : 07 (M)	Oberfläche :	DIN / ISO 1302	
Testat :					

	Datum	Name
Bearb	11. Jan 1996	
Gepr.		
Norm		

Drossel

FH WIESBADEN Techn. Fachbereiche Russelsheim/Main	Zeichnungs – Nr. : Einzelteilzeichnung	Blatt 10 von 13 Bl.
Zust. Änderung Datum Name	Ursp.	Ersf Ersd

Ü4.2 Kolbenstange

In dieser Übung werden Sie die Kolbenstange (Teil 1) erzeugen. Das Ergebnis zeigt die folgende Abbildung:

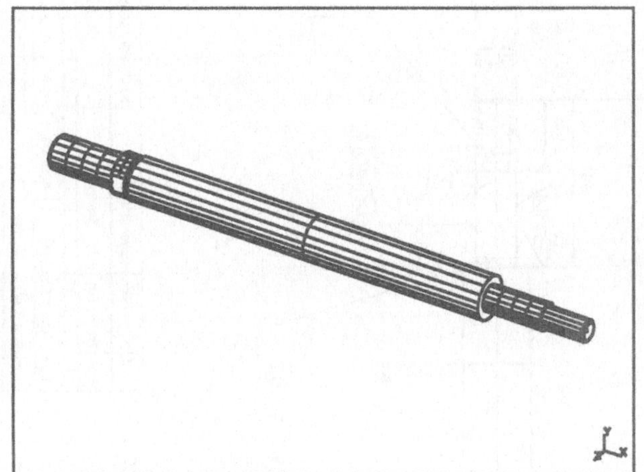

Kolbenstange   Teil 1

Die Modellierung ist Ihnen hierbei freigestellt und kann mit den bisher erlernten Fertigkeiten erfolgen. Erstellen Sie ein Feature für Außengewinde zur Modellierung der Gewindeenden M10 (Fase • 1,0 x 45°) und
M16 x 1,5 (Fase • 1,0 x 45°.

Auch für die Freistiche wird man sich ein Feature modellieren. Ohne Beeinträchtigung der weiteren Übungen können sie hier aus Zeitmangel aber weggelassen werden.

Geben Sie dem Objekt die Farbe **GELB.**

Räumen Sie es unter dem Namen `Kolbenstange´` Teil **1** weg, und sichern Sie Ihre Modelldatei mit dem Befehl **SICHERN.**

Sie können Ihre Arbeitssitzung nun abbrechen oder mit der nächsten Übung beginnen.

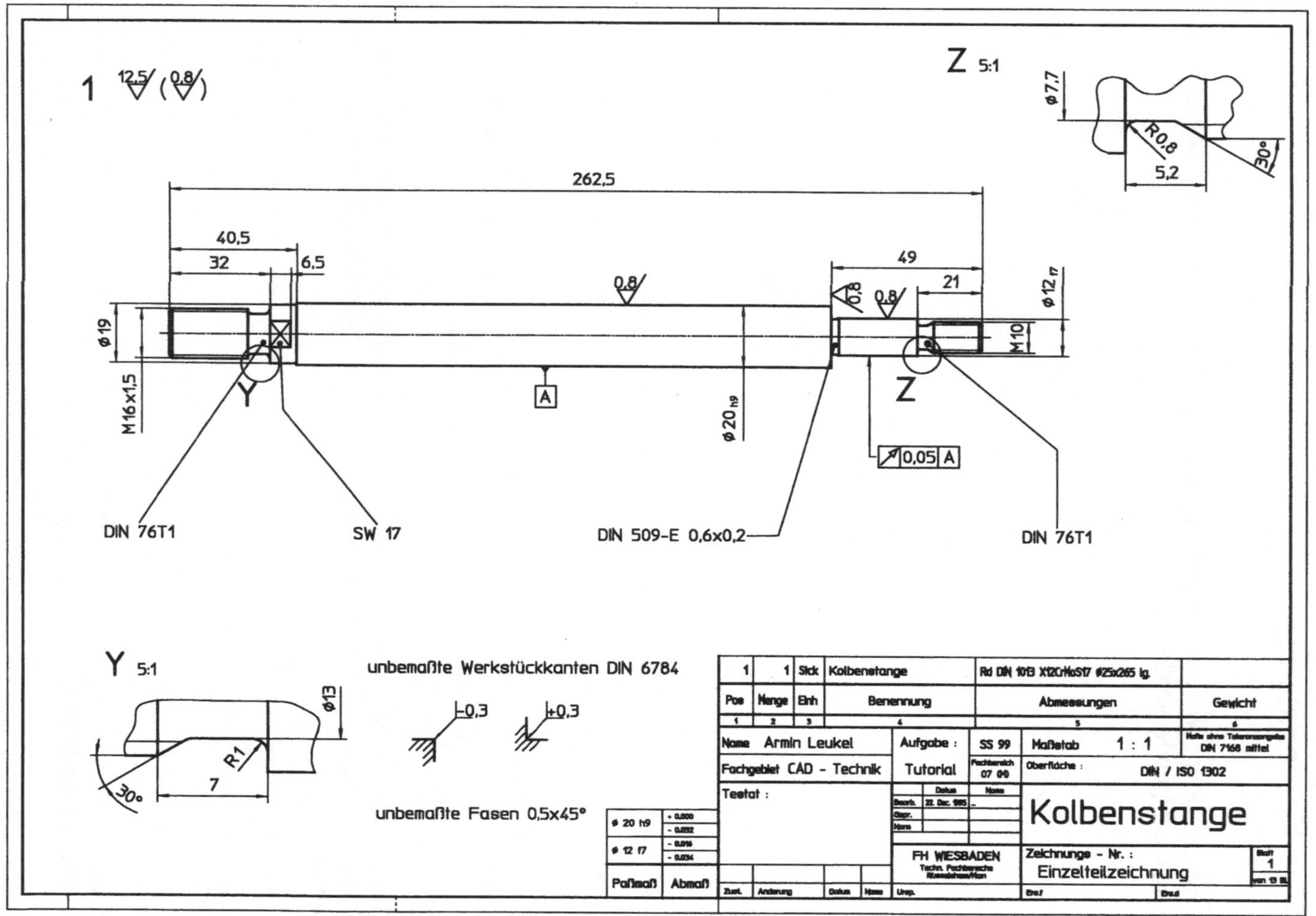

1	1	Stck	Kolbenstange		Rd DIN 1013 X12CrMoS17 Ø25x265 lg.	
Pos	Menge	Einh	Benennung		Abmessungen	Gewicht
1	2	3	4		5	6

Ü4.3 Kolben

In dieser Übung werden Sie den Kolben (Teil 4) erstellen. Das Ergebnis zeigt die folgende Abbildung:

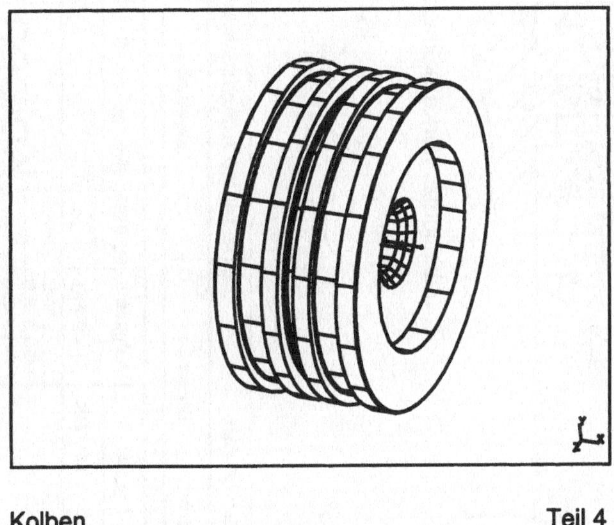

Kolben   Teil 4

Die Erstellung dieses Bauteils ist Ihnen völlig freigestellt.

Eine Möglichkeit ist, die Außenkontur mit der Skizziertechnik zu erzeugen, sie zu bemaßen, zu modifizieren und dann zu rotieren. Danach erstellen Sie die Innen-kontur mit entsprechenden Körpern, die aus dem Kolben geschnitten werden. Zum Schluß vervollständigen Sie das Bauteil mit Fasen und Rundungen.

<u>Anmerkung</u>: Sollten Sie beim Skizzieren Bedingungen zwischen einzelnen Linien aufgestellt haben, die Ihnen später beim Bemaßen hinderlich sind, können Sie diese durch Selektieren der Bedingungsmarke auf der Linie löschen.

Geben Sie dem Objekt die Farbe **GRÜN** .

Räumen Sie nun das Objekt unter dem Namen ´**Kolben**´ Teil **4** weg.

Zum Schluß Ihrer Arbeitssitzung sichern Sie die Modelldatei mit dem Befehl **SICHERN** .

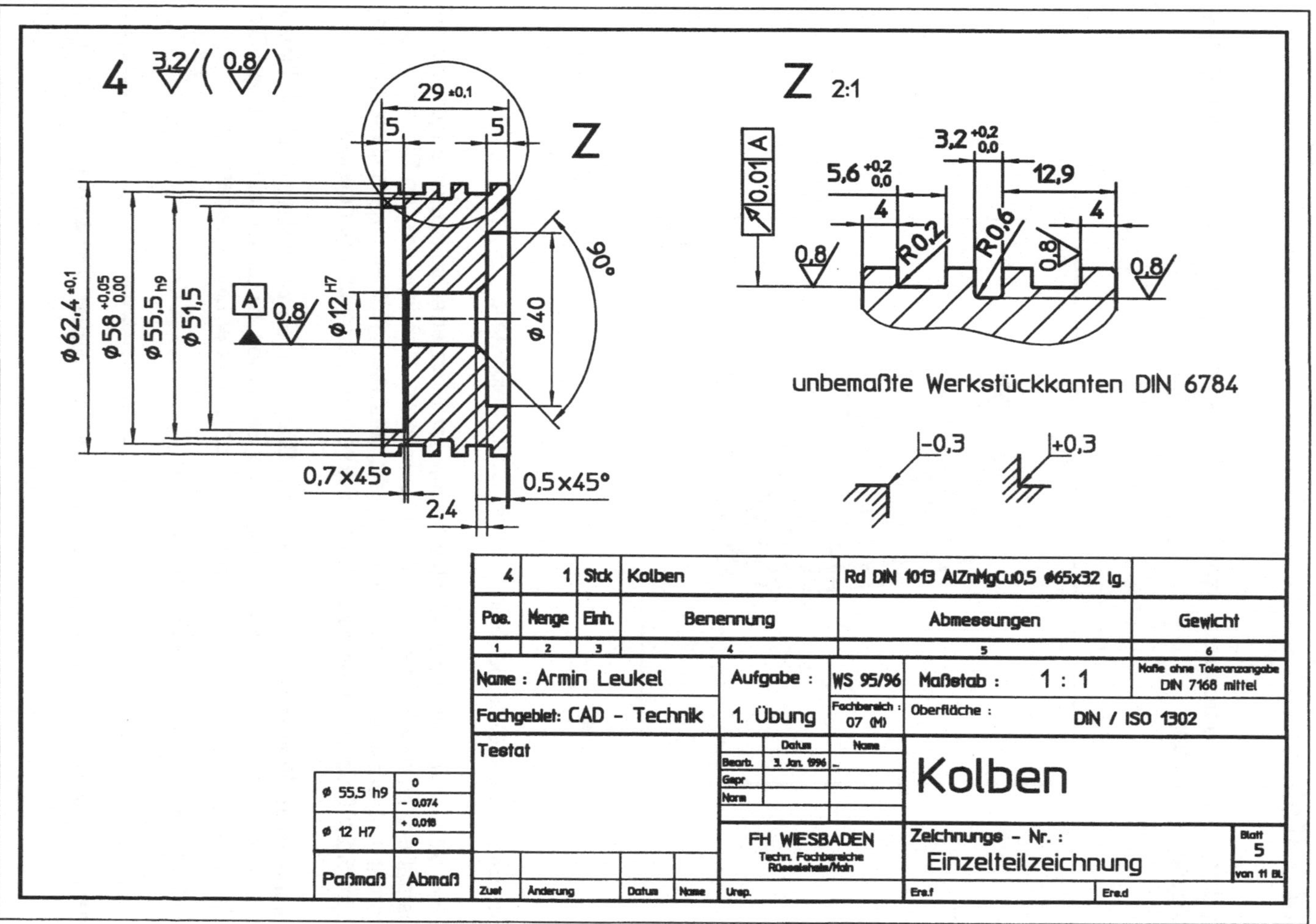
4 3,2 (0,8)
29 ±0,1
5   5
Z
90°
Ø 62,4 ±0,1
Ø 58 +0,05 0,00
Ø 55,5 h9
Ø 51,5
A 0,8
Ø 12 H7
Ø 40
0,7×45°
0,5×45°
2,4
Z 2:1
0,01 A
5,6 +0,2 0,0
3,2 +0,2 0,0
12,9
4   4
R0,2   R0,6
0,8   0,8   0,8
unbemaßte Werkstückkanten DIN 6784
−0,3   +0,3
4   1   Stck   Kolben   Rd DIN 1013 AlZnMgCu0,5 Ø65x32 lg.
Pos.   Menge   Einh.   Benennung   Abmessungen   Gewicht
1   2   3   4   5   6
Name : Armin Leukel   Aufgabe :   WS 95/96   Maßstab :   1 : 1   Maße ohne Toleranzangabe DIN 7168 mittel
Fachgebiet: CAD – Technik   1. Übung   Fachbereich : 07 (M)   Oberfläche :   DIN / ISO 1302
Testat   Datum   Name   Kolben
Bearb.   3. Jan. 1996   _
Gepr.
Norm
Ø 55,5 h9   0 / − 0,074
Ø 12 H7   + 0,018 / 0
Paßmaß   Abmaß
FH WIESBADEN   Zeichnungs – Nr. :   Blatt 5
Techn. Fachbereiche   Einzelteilzeichnung   von 11 Bl.
Rüsselsheim/Main
Zust   Änderung   Datum   Name   Ursp.   Ers.f   Ers.d

Ü4.4 Boden

In dieser Übung werden Sie den Boden (Teil 3) erstellen. Alle dazu erforderlichen Fertigkeiten sind Ihnen bekannt.

Das Ergebnis der Konstruktion sehen Sie in der folgenden Abbildung:

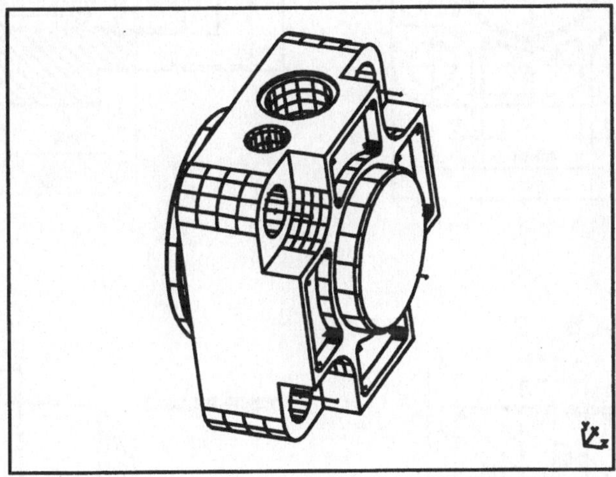

Boden   Teil 3

Zur Erleichterung der Arbeit zeigen wir Ihnen zwei Befehle, die Ihnen bei der Positionierung der vier Eckeneinfräsungen, der Bohrungen Ø14 mm und der Taschen sehr nützlich sein werden.

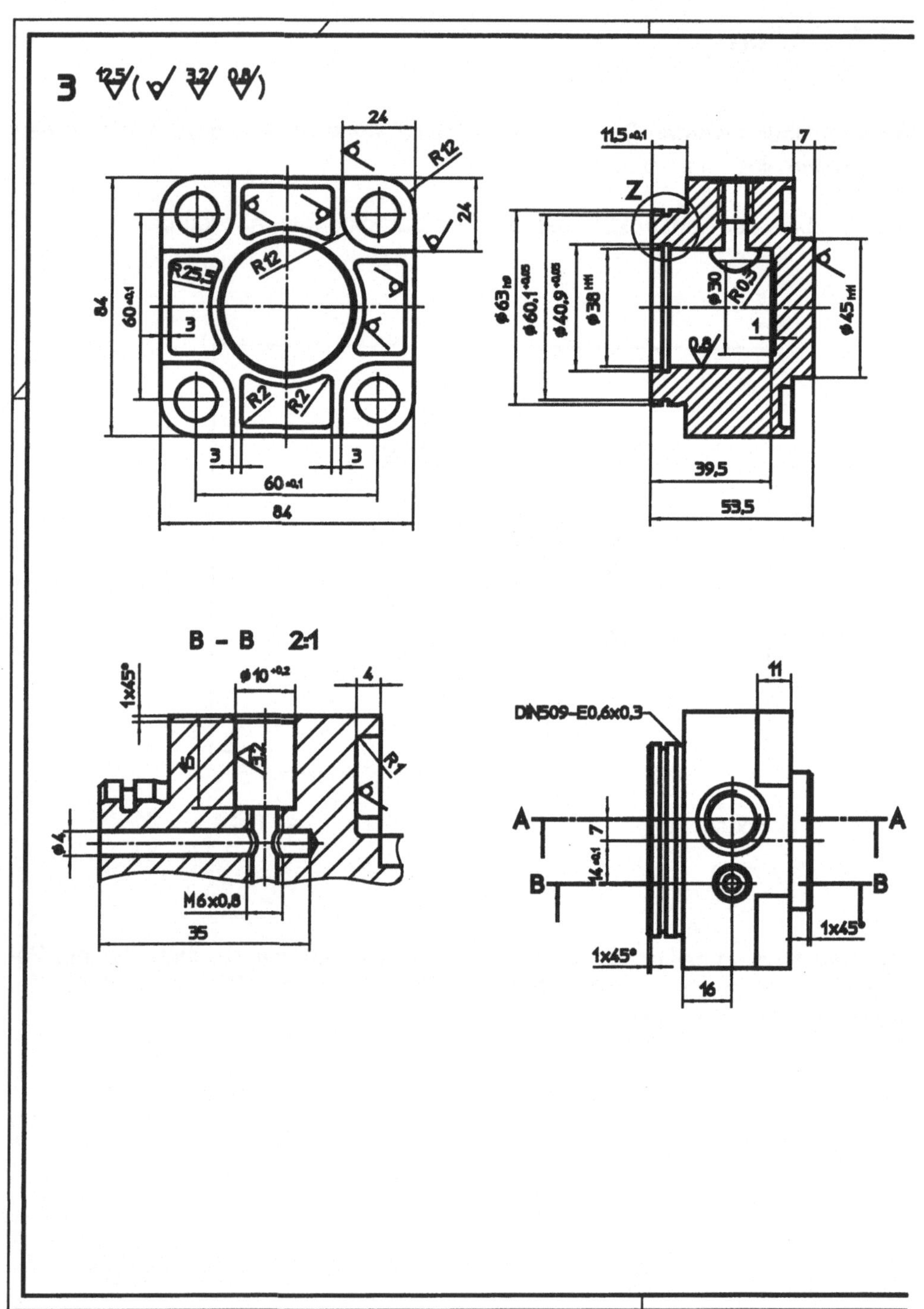

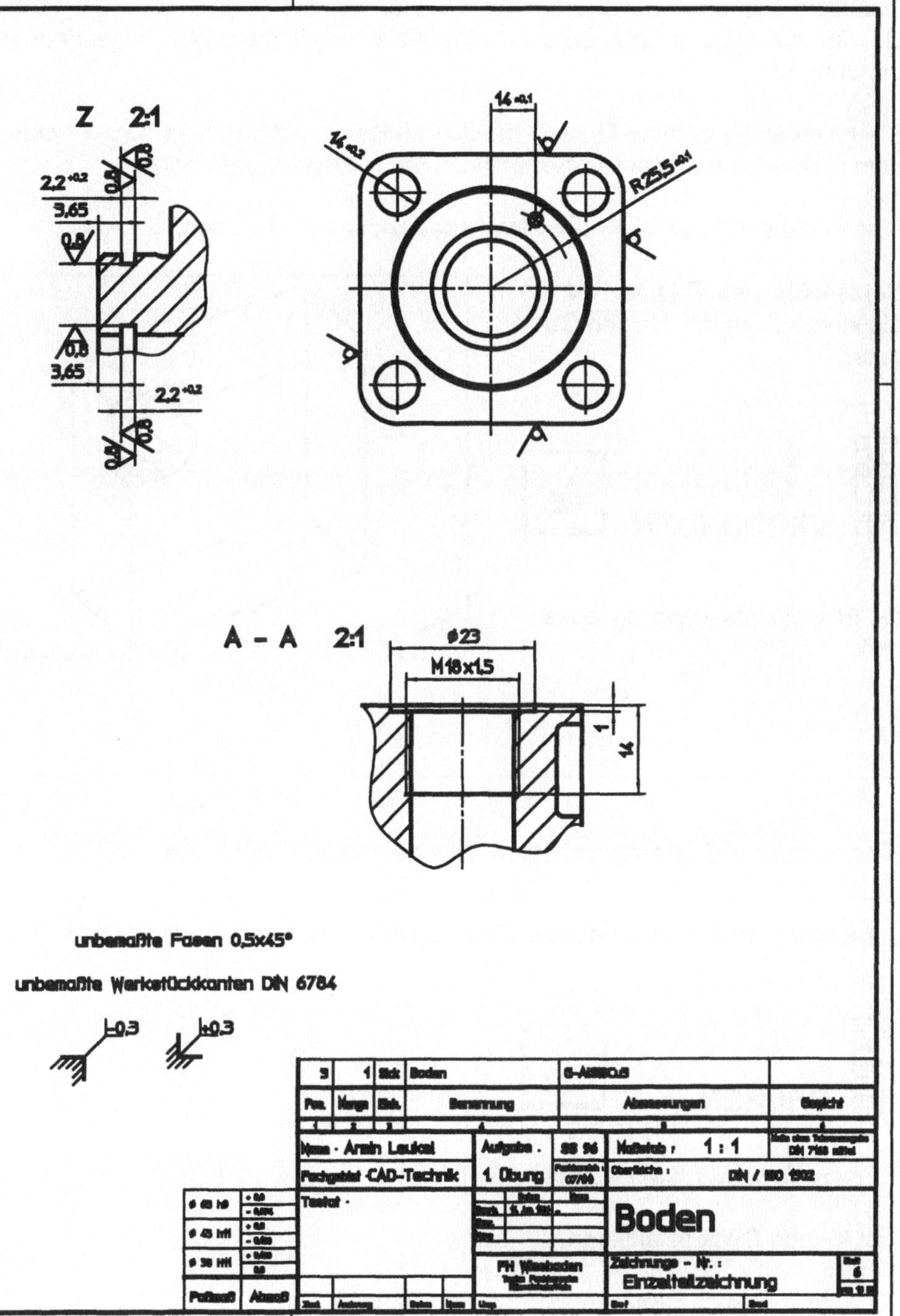

Z   2:1
14 ±0,1
14 ±0,2
R25,5 ±0,1
2,2 +0,2
3,65
0,8
0,8
3,65
2,2 +0,2
A - A   2:1
⌀23
M18x1,5
unbemaßte Fasen 0,5x45°
unbemaßte Werkstückkanten DIN 6784
-0,3
±0,3
9   1 Stk Boden
Pos. Menge Stck.   Benennung   Abmessungen   Bezpicht.
Name · Armin Leukel   Aufgabe · SS 96   Maßstab :   1 : 1
Fachgebiet CAD-Technik   1. Übung   07/96   Oberfläche :   DIN / ISO 1302
Boden
FH Wiesbaden   Zeichnungs - Nr. :
Einzelteilzeichnung

Nachdem Sie den Grundkörper als Quader mit den Maßen L = **84**, H = **84**, D = **35** mm erzeugt haben, können Sie die Eckeneinfräsungen folgendermaßen generieren:

Sie holen einen zweiten Quader mit den Maßen L = **24**, H = **24**, D = **11** mm aus dem Teilekatalog und positionieren ihn in der rechten oberen Ecke.

Diese beiden Körper bitte noch nicht miteinander verschneiden.

Setzen Sie den Radius R**12** an die innere Ecke des kleinen Quaders.

  **VERRUNDEN**

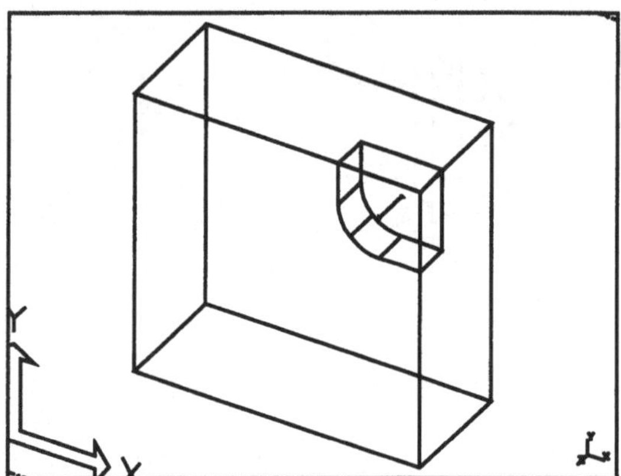

Ihr Bild müsste dann so aussehen.

Kopieren und gleichzeitiges Drehen von Objekten

Zur Erzeugung der drei restlichen Eckenausfräsungen gehen Sie wie folgt vor:

  **DREHEN**

zu drehendes Element selektieren

Den kleinen Block selektieren.

zu drehendes Element selektieren (Bestätigung)

Pivotpunkt (Ursprung) selektieren

Die Mitte des großen Quaders wird automatisch als Pivotpunkt vorgewählt.

Drehwinkel eingeben (0.0,0.0,0.0)

Kopieren Sch.

An

Um Z

*Winkel um z eingeben
(90.0)*

*Anzahl der Kopien
eingeben (1)*

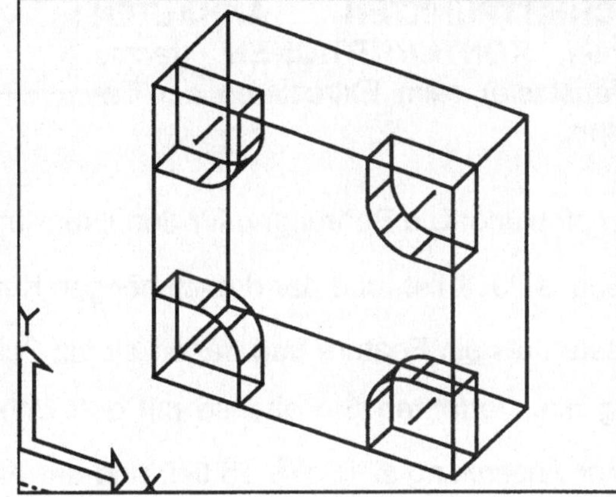

3 ⏎

Jetzt haben Sie alle vier Eckenausfräsungen erzeugt und richtig positioniert. Es fehlt nur noch das **Verschneiden** mit dem großen Block, was nacheinander erfolgen muss.

Auf die gleiche Weise können Sie die Bohrungen Ø14 mm und die Taschen positionieren und mit dem Boden verschneiden. Die Taschen können sehr einfach erstellt werden, indem man ein Rechteck und einen Kreis zeichnet, beide bemaßt und, wie im nebenstehenden Bild gezeigt, zueinander positioniert.

Wenn alle Maße stimmen, hilft Ihnen nach dem Aufrufen der Funktion **EXTRUDIEREN** der Befehl **AN SCHNITTPUNKTEN ANHALTEN** unter **KONTUROPTIONEN** (rechte Maustaste) beim Extrudieren der Tasche.

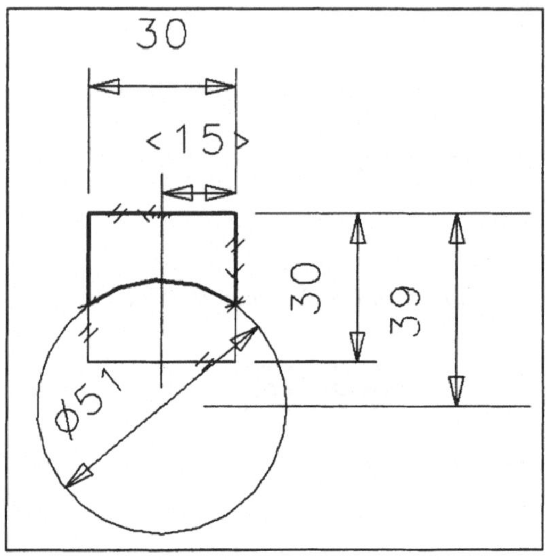

Empfehlung: Die Bohrungen für den Druckluftanschluss M18x1,5 mit ihrer Ansenkung Ø 23, 1 tief, und der dazugehörigen Kernlochbohrung Ø 16 erstellen Sie am besten als <u>ein</u> Feature und tragen es als Schneidwerkzeug in den Feature Katalog ein. Verfahren Sie ebenso mit den Bohrungen für die Drossel M6x0,8 und ihrer Ansenkung $\varnothing\ 10^{+0,2}$, 15 tief, und der Ansenkung 1x45°. Dies wird Ihnen bei der Konstruktion des **Deckels** viel Zeit ersparen!

Geben Sie dem Objekt die Farbe **ROT** .

Räumen Sie nun das Objekt unter dem Namen ´**Boden**´ Teil **3** weg.

Zum Schluss Ihrer Arbeitssitzung sichern Sie Ihre Modelldatei mit dem Befehl **SICHERN**.

Ü4.5 Deckel

In dieser Übung werden Sie den Deckel (Teil 2) und dabei die funktionsorientierte Modellierungstechnik parametrischer Systeme kennenlernen.

Das Ergebnis dieser Übung zeigt die nachfolgende Abbildung:

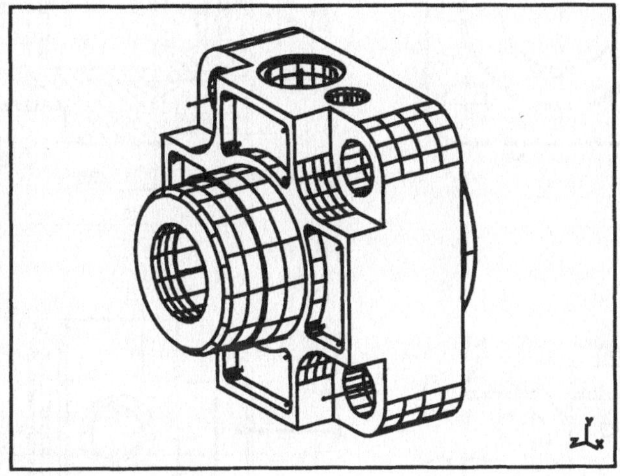

Deckel   Teil 2

Der Deckel weist große Ähnlichkeit mit dem Boden auf. Deshalb kann man ihn sehr einfach als **Änderungskonstruktion** erstellen: Ausgehend von dem fertigen Boden, kopiert man diesen zum Deckel, löscht alle ungleichen Geometrieelemente und komplettiert das Bauteil, wie anschließend beschrieben.

Beachten Sie dabei bitte die um 180° um die Y - Achse gedrehte Einbaulage des Deckels. Dies wirkt sich auf die Positionierung der Werkzeuge (Features) für die Bohrungen für den Druckluftanschluss (Schnitt A-A) und der Drossel (Schnitt B-B) aus.

Noch einfacher geht es, wenn man zu Beginn der Modellierung von Boden und Deckel die Ähnlichkeit erkennt und den mittleren, quadratischen Teil mit Ecken und Tascheneinfräsungen generiert, kopiert und dann als Boden bzw. Deckel fertig stellt.

Als beste Strategie für stabile und leicht änderbare 3D-Modelle hat sich die **funktionsorientierte Modellierungstechnik** bei parametrischen Systemen bewährt. Deshalb wird anschließend der Deckel völlig neu nach dieser Vorgehensweise modelliert.

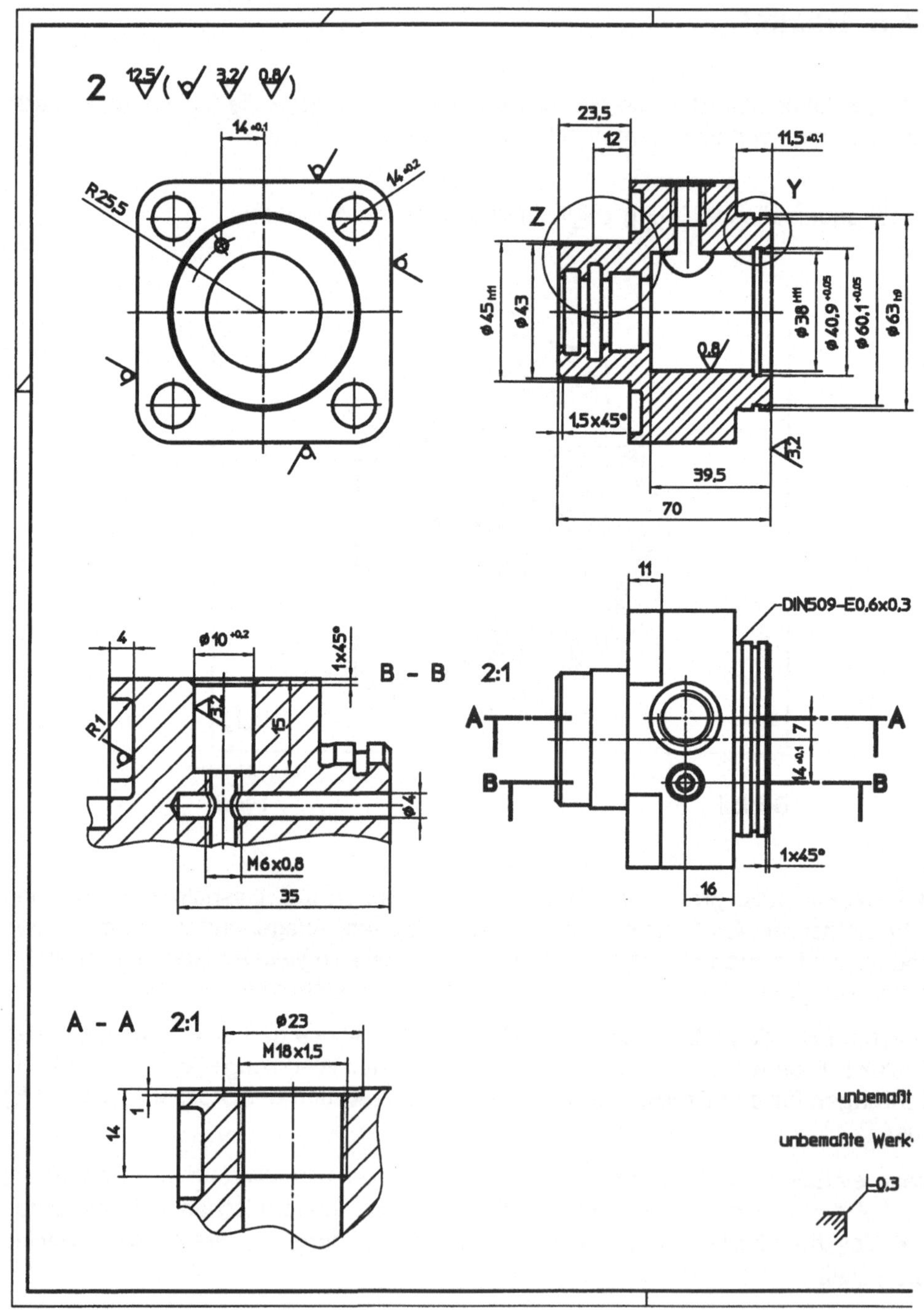
2
14 ±0,1
R25,5
A
23,5
12
11,5 ±0,1
Z
Y
Ø45 H11
Ø43
Ø38 H11
Ø40,9 +0,05
Ø60,1 +0,05
Ø63 h9
0,8
1,5×45°
3,2
39,5
70
4
Ø10 +0,2
1×45°
3,2
R1
5
M6×0,8
35
B – B   2:1
11
DIN509–E0,6×0,3
A
B
7
14 ±0,1
A
B
1×45°
16
A – A   2:1
Ø23
M18×1,5
14
1
unbemaßt
unbemaßte Werk·
0,3

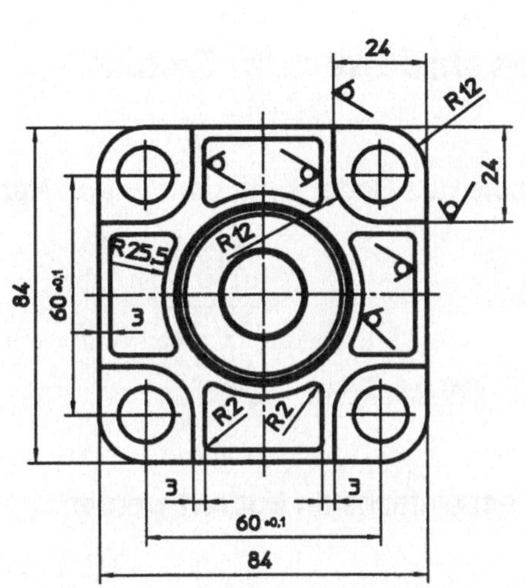

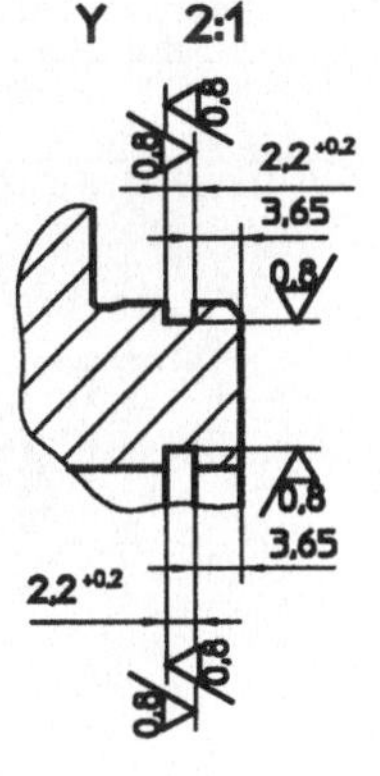

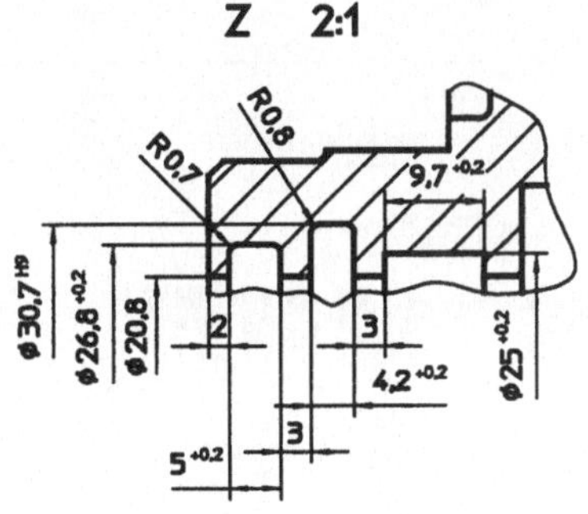

e Fasen 0,5x45°

stückkanten DIN 6784

+0,3

2	1	Stck	Deckel	G-AlSi8Cu3	
Pos.	Menge	Einh.	Benennung	Abmessungen	Gewicht
1	2	3	4	5	6

ø 63 h9	0 / – 0,074	Name : Leukel, Armin	Aufgabe : WS 95/96	Maßstab : 1 : 1	Reihe eines Toleranzgrades DIN 7168 mittel
ø 45 h11	0 / – 0,160	Fachgebiet: CAD – Technik	1. Übung	Oberfläche : DIN / ISO 1302	
ø 38 H11	+ 0,160 / 0	Testat :	Bearb. 13. Jan. 1996	Deckel	
ø 30,7 H9	+ 0,062 / 0				
ø 26,8 H9	+ 0,052 / 0		FH WIESBADEN	Zeichnungs – Nr. ·	
Paßmaß	Abmaß	Zust. Änderung Datum Name Urspr	Einzelteilzeichnung		

Im folgenden werden zwei Möglichkeiten zur Generierung des Deckels beschrieben:

1. Abändern des Bodens zum Deckel

Erzeugen Sie eine Kopie des Bodens mit dem neuen Namen „Deckel".

FÄCHER VERWALTEN

Hier kann der Boden am einfachsten **kopiert** werden.

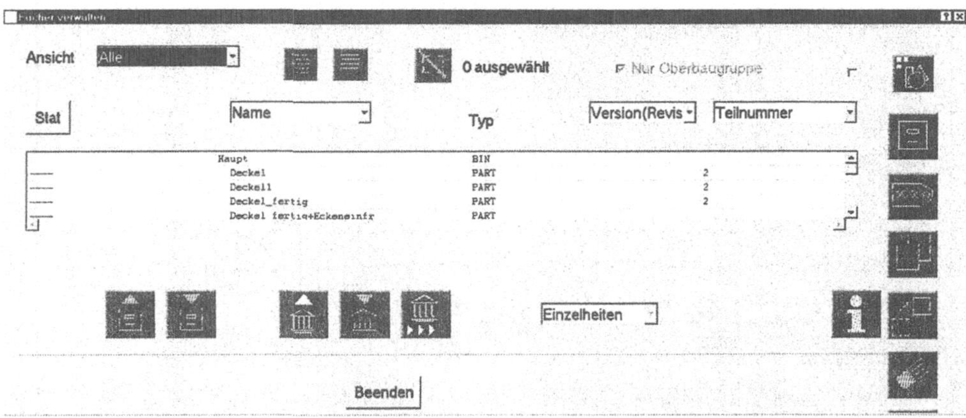

Selektieren Sie den Boden und wählen Sie die Funktion **KOPIEREN**   .
In dem sich öffnenden KOPIEREN – Fenster muss dann noch der Name des neuen Teils und seine Teilenummer eingegeben werden, hier also **Deckel** Teil **2**.

Holen Sie das neue Teil auf den Bildschirm. Löschen Sie alle ungleichen Geometrieelemente (Feature) wie Innenbohrung Ø 38^{H11} und Zylinderansatz Ø 45_{h11} . Es ist zweckmäßig, wenn Sie nach jedem Löschen eines Features **VOLLSTÄNDIG AKTUALISIEREN**. Wenn die Fehlermeldung **„Fehler beim Neuaufbau"** erscheit, wählen Sie **„Abspielen fortsetzen"**!

Bei den Bohrungen für den Druckluftanschluss (Schnitt A-A) und der Drossel (Schnitt B-B) beachten Sie bitte die um 180° um die Y - Achse gedrehte Einbaulage gegenüber dem Deckel. Sie können die richtige Positionierung durch Verändern der mit der Funktion **VON UND ENTLANG KANTE** erstellten Maße erreichen.

Sie können aber auch beide Feature löschen und die im Feature-Katalog abgelegten Funktionselemente richtig positionieren und ausschneiden. Dazu wird die entsprechende Bohrung durch Dreifach-Auswahl oder über den Historienbaum selektiert. Wenn eine gelbe Strichpunktlinie um das Feature erscheint, kann es mit **LÖSCHEN** entfernt werden. Danach **AKTUALISIEREN**.

Vorsicht beim Löschen: Feature nur löschen, wenn sie gelb umrahmt sind! Keine Flächen löschen! Ihr Teil ist sonst nicht mehr eindeutig bestimmt.

Anschließend komplettieren Sie das Bauteil nach den Maßen der Zeichnung. Geben Sie dem Objekt die Farbe **HELLMAGENTA** .

Räumen Sie nun das Objekt unter dem Namen ´**Deckel**´ Teil **2** weg.

Zum Schluss Ihrer Arbeitssitzung sichern Sie die Modelldatei mit dem Befehl **SICHERN** .

2. Funktionsorientierte Modellierungstechnik

Es soll dabei gezeigt werden, dass sinnvoll gestaltete Feature die Modellierung und Änderbarkeit eines Teils erleichtern. Umfangreiche Funktions- und Fertigungs-Feature können dann bei ähnlichen Teilen verwendet werden.

Natürliche Bäume unterscheiden sich in ihrem äußeren Erscheinungsbild. Allen gemeinsam sind jedoch die Elemente Wurzel, Stamm, Äste, Zweige, Blätter und Früchte. Zur Darstellung des Historienbaums verwendet I-DEAS die Elemente einer natürlichen Baumstruktur.

Nicht funktionsorientierte
Modellierung

Funktionsorientierte Modellierung

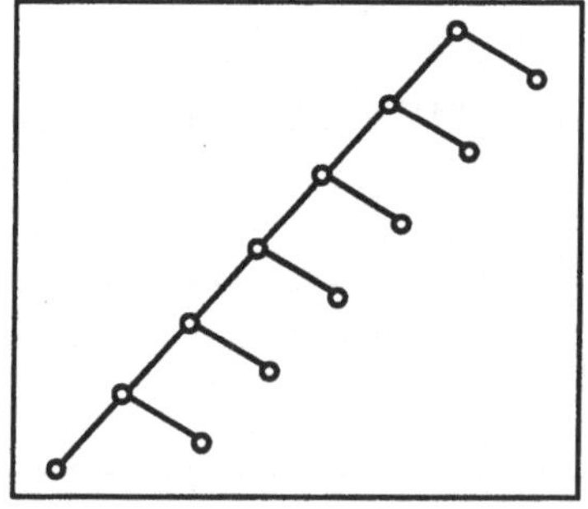

Schlanker Historienbaum ohne Gruppierung der Konstruktionsschritte

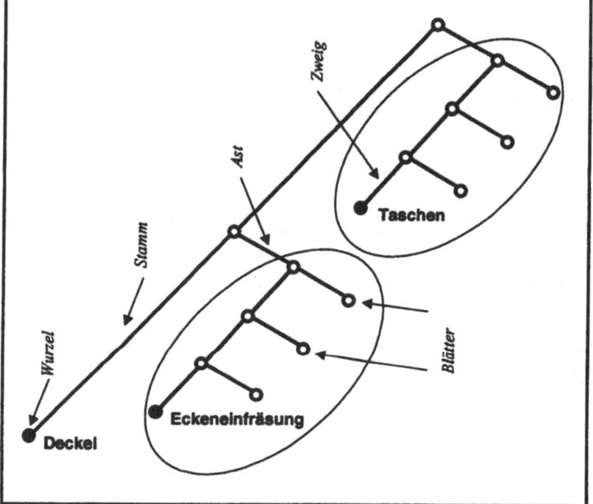

Mit der funktionsorientierten Modellierung werden die konstruktions- und fertigungsspezifischen Feature unabhängig vom Fertigteil erstellt, das Ausgangs-Koordinatensystem sinnvoll benannt und an geeigneter Stelle mit dem zu generierenden Teil verknüpft. Durch diese Strukturierung gewinnen komplexe Teile an Übersichtlichkeit und Stabilität. Sie können leichter geändert werden und die Aktualisierung benötigt wesentlich weniger Rechenzeit.

Neben der Einführung von Bezugselementen werden Sie folgendes lernen:

- Aufbau eines funktionsorientierten Teils
- Zusammenfassen mehrerer Features mit Hilfe der Musterbildung
- Vergabe von Zwangsbedingungen und Gleichungen

Zunächst wird ein Bezugssystem erstellt, das es erlaubt, die einzelnen Konstruktionsschritte (Feature oder Funktionselemente) unabhängig voneinander zu ändern. SDRC nennt dieses Bezugssystem BORN (Base Orphan Reference Node).

 ## ISOMETRISCHE ANSICHT 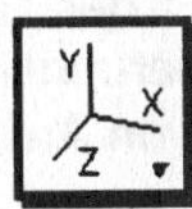

Erzeugen Sie das Koordinatensystem im Ursprung.

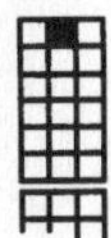 ## KOORDINATENSYSTEME 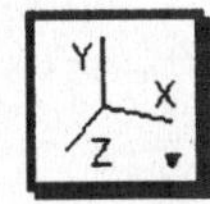

Zu referenzierendes Element für Koordinatensystem selektieren (Unbestimmt)

Selektieren Sie den Arbeitsebenenrand.

Koordinatensystemkomponente wählen zum Definieren (Bestätigung)

Jetzt erscheint ein kleines braunes Koordinatensystem (der sogenannte Orphan), das als Bezugsystem der einzelnen Feature dienen soll.

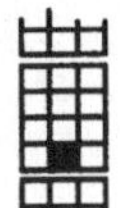 ## TEILE BENENNEN 

Teil, das benannt werden soll selektieren

Selektieren Sie das neue Koordinatensystem (braune Farbe), und benennen Sie es mit dem Namen '**Deckel_fM**' **(Teil 2).**[1] Das Koordinatensystem gehört ab sofort zu dem Teil Deckel und dient als Referenzpunkt für Maßveränderungen.

Beenden Sie das NAME-Formblatt mit $\boxed{\textbf{O K}}$.

   (um die Funktion freizuschalten)

---

[1] fM für funktionsorientierte Modellierung

Einführung von Bezugselementen

Bezugsebenen, Bezugslinien u. Bezugspunkte können zwar zu jedem Zeitpunkt an beliebiger Stelle bei der Generierung eines Bauteils eingeführt werden, zur einfacheren Referenzzierung werden aber alle möglichen Bezugselemente dem Koordinaten-Ursprung von Anfang an zugeordnet.

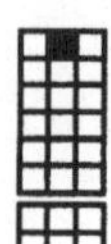 **BEZUGSLINIEN** 

Linie Selektieren

Selektieren Sie die X-Achse des kleinen braunen Koordinatensystems und anschließend die Y- und Z-Achse.

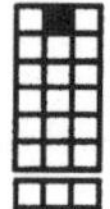 **BEZUGSPUNKTE** 

Punkt selektieren

Selektieren Sie den Koordinaten-Ursprung.

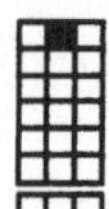 **BEZUGSEBENEN** 

Geometrie zum Plazieren der Bezugsebene (unbestimmt) selektieren

Selektieren Sie die Y-X Ebene des kleinen braunen Koordinatensystems.

Geometrie zum Plazieren der Bezugsebene selektieren (Bestätigung)

Führen Sie ebenfalls noch Bezugsebenen auf der X-Z Ebene und der Z-X Ebene ein.

Ihr Bild sollte dann so aussehen:

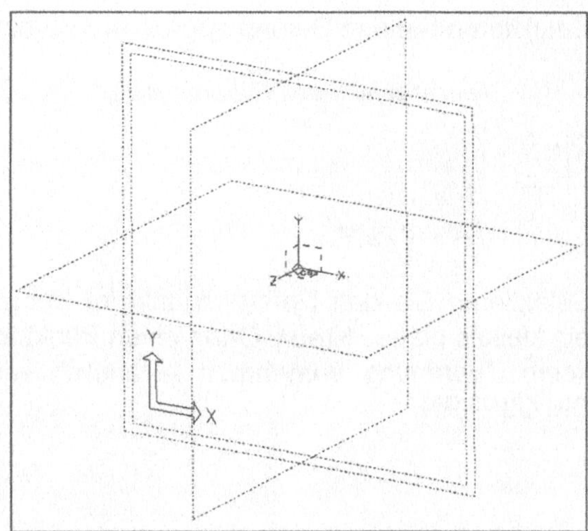

Erstellen des 1. Geometrie-Features

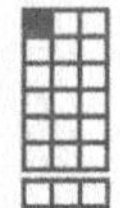 **AUF FLÄCHE SKIZZIEREN** 

Skizzierebene Selektieren

Selektieren Sie jetzt die X–Y Bezugsebene (nach der Selektion färbt sie sich blau).

Da hier die Maße auf den Ursprung des Bauteils bezogen werden, werden Sie an dieser Stelle lernen, wie man <u>Fokuspunkte</u> erstellt und Maße in <u>Übereinstimmung</u> bringt. Wählen Sie dazu

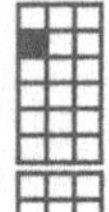 **RECHTECK MITTELPUNKT** 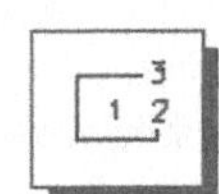

Mitte festlegen

 **Fokus**

Element selektieren

Selektieren Sie den Referenzpunkt im Koordinatenursprung.

Element selektieren (Übernehmen)

Mitte festlegen

Selektieren Sie den Referenzpunkt im Koordinaten-Ursprung. Es erscheint dort ein kleines blaues Kreuz. Ohne einen Punkt fokussiert zu haben, kann Ihr System keine Zuordnung vornehmen – ähnlich wie bei dem Befehl AUF FLÄCHE SKIZZIEREN.

Ziehen Sie ein Rechteck gemäß der neben stehenden Skizze auf.

Die Maßwerte spielen keine Rolle, weil sie nachher sowieso geändert werden.

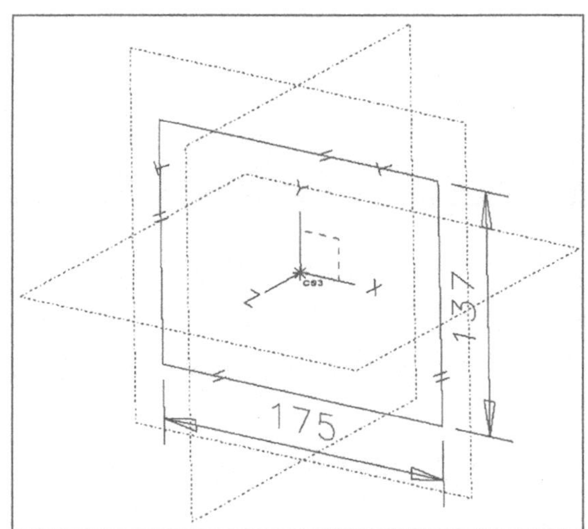

 **MAß** 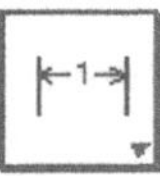

Das erste zu bemaßende Element selektieren

Weil die Geometrie noch *unbestimmt* ist, erscheint sie gelb. Erzeugen Sie nun die gewünschte Bemaßung.

Bei der Bemaßung des Mittelpunktes selektieren Sie zuerst die Außenkante des Rechtecks und dann den blauen Fokuspunkt!

Im nächsten Schritt werden Sie alle vier Maße miteinander verknüpfen. Wenn Sie also die beiden Außenmaße in Übereinstimmung bringen, wird das eine zum steuernden und das andere zum gesteuerten Maß. Die beiden Maße zur Festlegung des Mittelpunktes werden festgelegt mit der Bedingung: Außenmaß/2. Mit der Änderung des steuernden Außenmaßes bleibt das Rechteck immer ein Quadrat mit seinem Mittelpunkt im Koordinaten-Ursprung.

Wie man Maße in Übereinstimmung bringen kann, wurde bereits in Ü3.2 erläutert, soll hier jedoch nochmals kurz angedeutet werden.

Verändern Sie jetzt die Bemaßung.

ELEMENT VERÄNDERN

zu veränderndes Element selektieren

Selektieren Sie eines der kurzen Mittenabstands-Maße und verändern Sie es derart, dass es immer der Hälfte des Wertes des Außenmaßes entspricht. Wählen Sie dazu im BEMAßUNG ÄNDERN – Fenster ⊞ **ÜBEREINSTIMMUNG**.

eine Bemaßung selektieren

Der Ausdruck in der Maßzeile könnte dann folgendermaßen aussehen: D51=(D49/2), somit entspricht dann das Maß D51 immer der Hälfte des Maßes D49.

Die Maße in eckigen Klammern z.B. < 42 > sind gesteuert und können nicht verändert werden.

EXTRUIEREN Sie die Kontur 35 mm in die <u>negative</u> Z-Richtung mit der Einstellung **ANSETZEN**. Damit gehört der Quader zum BORN.

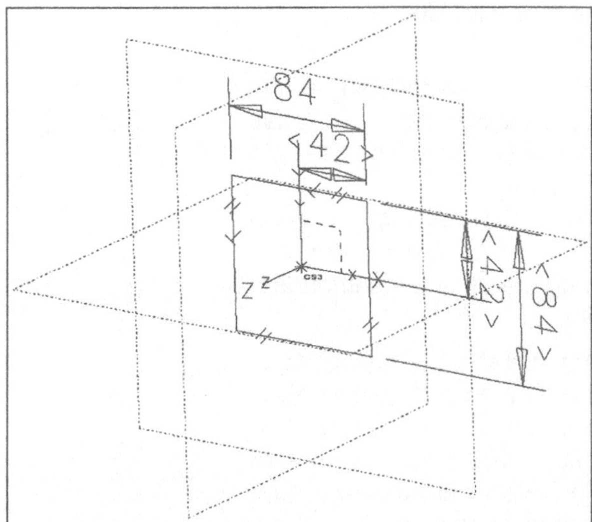

| OK |

Im ZUGRIFF HISTORIE –
Fenster muss nun noch der
Name des Ausgangs-
Koordinatensystems geän-
dert werden:

Dieser erste Konstruktionsschritt heißt jetzt noch
Orphan 3. Selektieren Sie
diesen Punkt im Historienbaum. Links oben im Fenster
wählen Sie **UMBENENNEN**
und überschreiben das Fenster rechts daneben mit
'Deckel' und bestätigen mit
der Funktion
**SUCHEN ODER UMBENEN-
NEN.**

| **Beenden** |

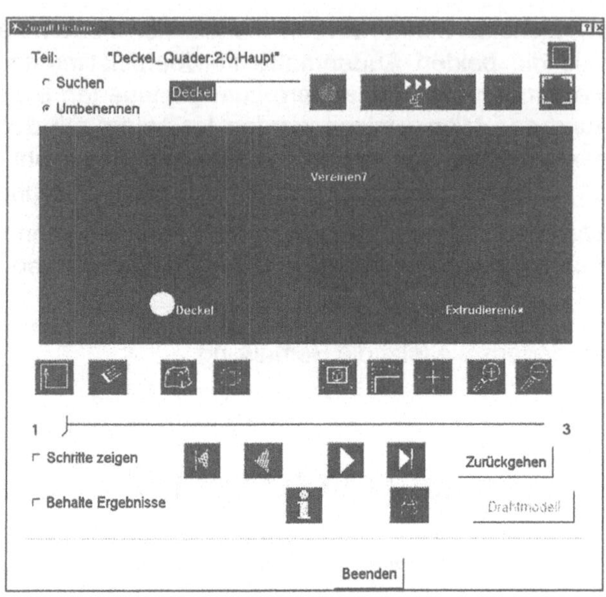

Zusammenfassen mehrere Feature mit Hilfe der Musterbildung

In den folgenden Schritten werden funktions- u. fertigungstechnischen Feature
jeweils zu Mustern zusammengefasst. Diese Vorgehensweise reduziert die Gene-
rierungszeit komplexer Teile. Damit können Sie aber auch schneller und einfacher
geändert werden.

Als erstes betrachten wir die
Eckeneinfräsung   des
Deckels. Erstellen Sie ein
Feature:
'Eckeneinfräsung' zusam-
men mit der Durchgangsboh-
rung nach nebenstehendem
Bild.

Am einfachsten gelingt dies,
indem man das gerade eben
erstellte Basis-Feature **'De-
ckel_fM'** kopiert, umbenennt
zur **'Eckeneinfräsung'** und
maßlich verändert:

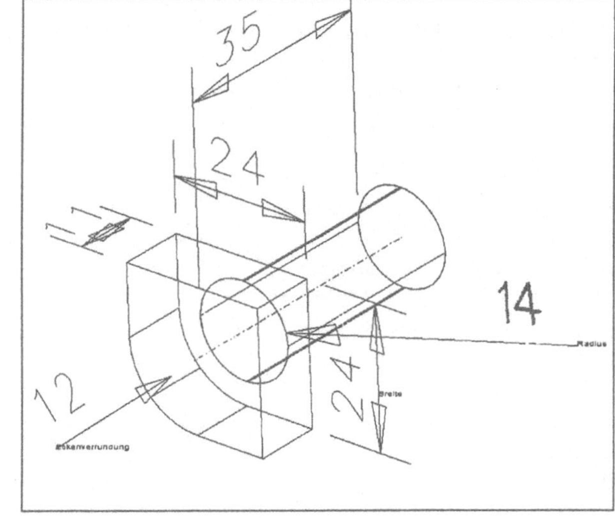

Gehen Sie ebenso vor wie am Anfang dieser Übung beim Abändern des Bodens zum Deckel. Im ZUGRIFF HISTORIE – Fenster muss nun noch der Feature-Name geändert werden.

Der erste Konstruktionsschritt, der jetzt noch 'Deckel' heißt, wird in **'Eckeneinfräsung'** umbenannt, wie auf der Seite zuvor beschrieben.

Sie erhalten dann nebenstehendes Bild, wenn Sie sich auch noch die Referenzelemente mit 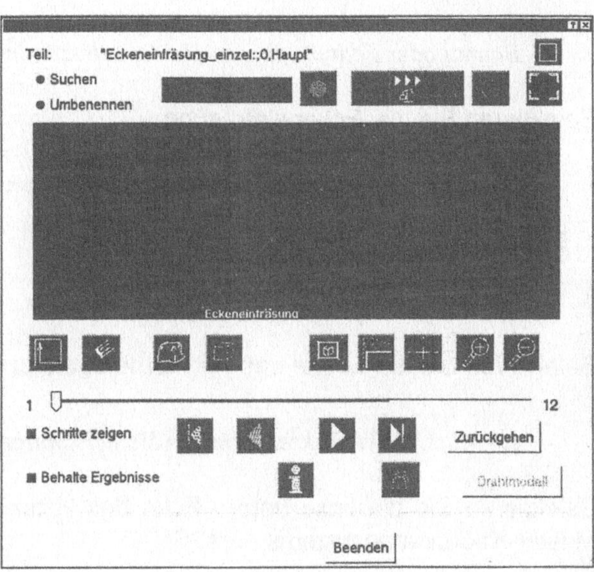 anzeigen lassen.

Danach ändern Sie die Maße nach der Skizze auf der vorherigen Seite, ergänzen den Radius und die Durchgangsbohrung Ø 14 mm durch **AUF FLÄCHE SKIZZIEREN** und **ANSETZEN**.

Damit der Mittelpunkt des Kreismusters einfach bestimmt werden kann, erzeugen Sie auf der vorderen Fläche der **'Eckeneinfräsung'** eine rechteckige Skizze mit **RECHTECK 2 ECKEN** mit den Maßen 42 x 42 und extrudieren Sie diese 50 mm in die positive Z-Richtung als **NEUES TEIL**.

Der linke untere Eckpunkt der Skizze des so erstellten Hilfskörpers liegt genau im Mittelpunkt des nun zu generierenden kreisförmigen Musters.

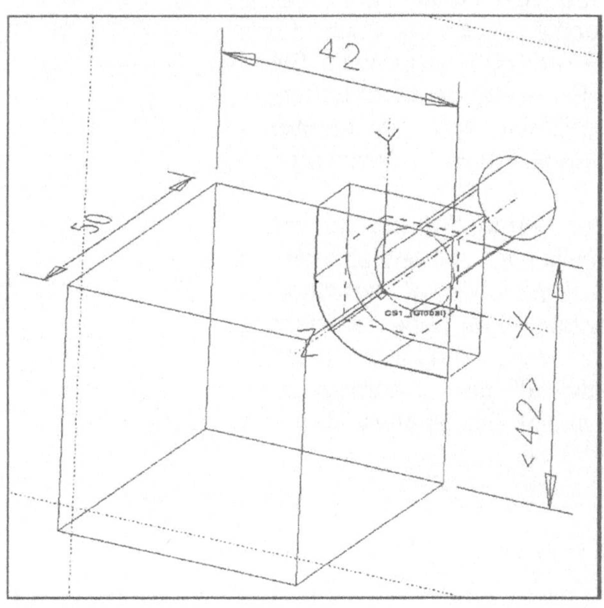

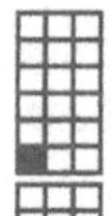 **KREISFÖRMIGES MUSTER** 

Bauteil oder Feature für das Muster selektieren

Selektieren Sie die 'Eckeneinfräsung'

Bauteil oder Feature für das Muster selektieren (Bestätigung)

Ebene des Musters selektieren

Selektieren Sie die Ebene des Hilfskörpers, die auf der 'Eckeneinfräsung' liegt.

ein Mittelpunkt für kreisförmiges Muster (optional) selektieren

Selektieren Sie die linke untere Ecke des Hilfskörpers, die den Mittelpunkt des Muster-Koordinatensystems darstellt.

ein Radiusendpunkt für kreisförmiges Muster (optional) selektieren

Wählen Sie jetzt den Radiusendpunkt auf der rechten äußeren Ecke der Eckeneinfräsung. Wenn Sie alles richtig gemacht haben, erscheint dort ein **kleiner blauer Punkt**. ◇ (wichtig!)

Zur Verdeutlichung ist die Stelle im nebenstehenden Bild mit einem ‚**P**' hervorgehoben. Dies bedeutet, dass der Radiusendpunkt assoziativ mit dem Koordinatensystems des Musters ist.

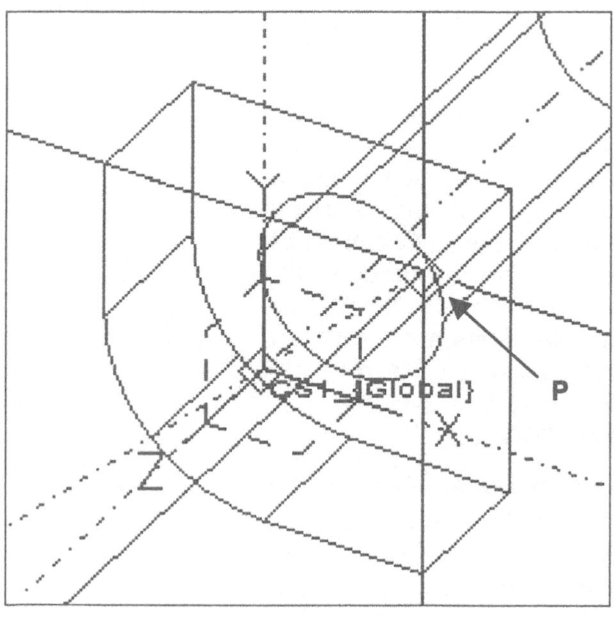

Es erscheint das CIRCULAR PATTERN-FENSTER, das Sie so übernehmen können.

Jetzt können Sie den Hilfskörper löschen.

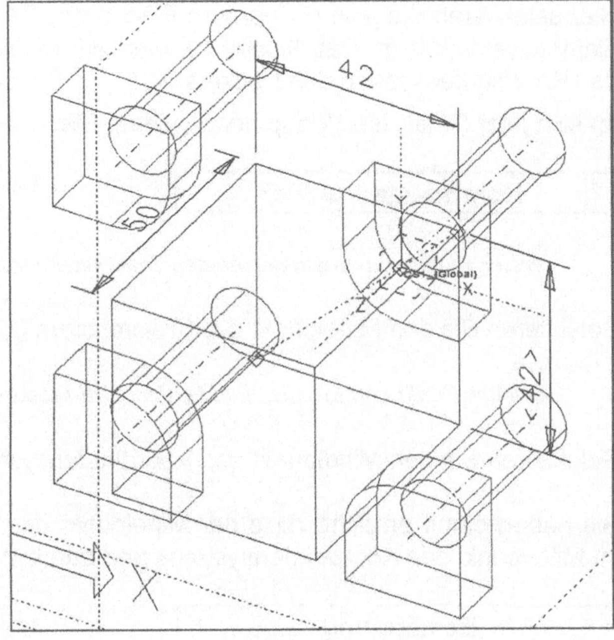

Holen Sie nun den Deckel auf den Bildschirm und verschneiden die Eckeneinfräsung mit dem Deckel.

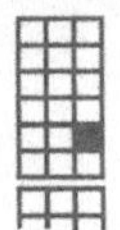 **SCHNEIDEN** 

planare Fläche vom bewegbaren Teil selektieren

Wenn statt dessen im I-DEAS-Prompt-Fenster erscheint,

Schneidteil selektieren,

dann

| **Beziehungen AN Stellen** |

Selektieren Sie die vordere Fläche der Eckeneinfräsung, auf der auch das lokale Koordinatensystem liegt.

planare Fläche vom auszuschneidendem Teil selektieren

Hier selektieren Sie jetzt die vordere Fläche des Deckels, auf der auch sein Koordinatensystems liegt. Das Muster bewegt sich mit seinem Koordinatensystem auf das Koordinatensystem des Deckels.

Im sich jetzt öffnenden Popupmenü wählen Sie

Koinzidente Punkte

erster Punkt von einem der beiden Teile selektieren

Selektieren Sie den Mittelpunkt des Kreismusters (z.B.:Pattern(Zahl)_RF(Zahl)).

zweiter Punkt von auszuschneidendem Teil selektieren

Selektieren Sie den Mittelpunkt des Koordinatensystems vom Deckel.

Sie haben damit erreicht, dass der Mittelpunkt des kreisförmigen Musters immer im Mittelpunkt des Koordinatensystems und damit in der Mitte des Deckels liegt.

Bestätigung

ELEMENT VERÄNDERN 

Lassen Sie sich die Bemaßung des Deckels zeigen, und verändern Sie im BEMAßUNG ÄNDERN–Fenster das Maß 84 auf 120 mm!

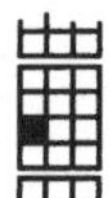

AKTUALISIEREN 

Sie werden feststellen, dass sich die Geometrie des Deckels geändert hat, nicht jedoch die des kreisförmigen Musters. An dieser Stelle lernen Sie, wie man zwei Funktionselemente über die Vergabe von Beziehungen in Form von Gleichungen koppeln kann. In Übung 5.2 wird Ihnen die Methode noch einmal begegnen.

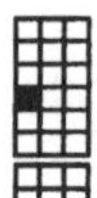

BAUTEIL GLEICHUNGEN.. 

Element selektieren

Selektieren Sie den Deckel.

Im GLEICHUNGEN – Fenster selektieren Sie den Radius, der den Abstand vom Mittelpunkt bis zur Ecke des Features beschreibt. Sein AUSDRUCK steht auf 59.397. Betätigen Sie hinter dem Maß die Schaltfläche  und wählen Sie **AUS GLEICHUNG**. Im oberen Feld des GLEICHUNGEN – Fensters geben Sie dann folgende Gleichung ein:

Radius=DX/(2^0.5)

Die Variable DX steht hier für den NAME des Deckel-Außenmaßes. Der AUSDRUCK ist zur Zeit 120. Die Beziehung ergibt sich aus dem Satz des Pythagoras.

$\boxed{\text{OK}}$ im GLEICHUNGEN – Formblatt

Wenn Sie jetzt **AKTUALISIEREN**, werden Sie bemerken, dass die Eckeneinfräsungen sich auf die geänderte Deckelgröße angepasst hat. Bei erneuter Maßänderung des Deckels auf das ursprüngliche Außenmaß 84 bleiben die Eckeneinfräsungen immer in den äußeren Ecken des Deckels. Ein weiterer Vorteile dieser Vorgehensweise ist die leichte Änderbarkeit sowohl des Einzel-Features als auch des Muster-Features.

Muster der Tascheneinfräsung

Erstellen Sie ein Feature für die Tasche nach nebenstehendem Bild, ähnlich der Übung 4.4 und benennen Sie den BORN **'Taschen'**.

Am zweckmäßigsten beginnen Sie die Skizze für die Tasche mit dem Kreis Ø 51mm im Koordinatenursprung usw.

Wie Sie es bei der Eckeneinfräsung gelernt haben, generieren Sie nun ein kreisförmiges Muster.

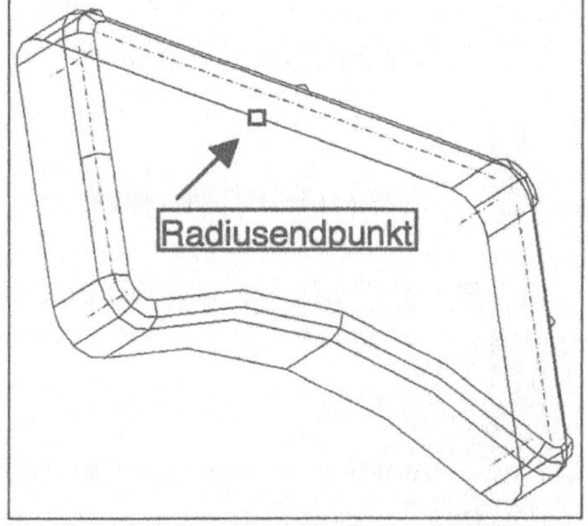

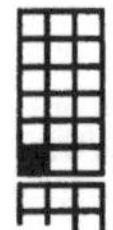 

KREISFÖRMIGES MUSTER

Bauteil oder Feature für das Muster selektieren

Selektieren Sie die Tasche.

Bauteil oder Feature für das Muster selektieren (Bestätigung)

Ebene des Musters selektieren

Selektieren Sie die vordere Ebene des Tasche.

ein Mittelpunkt für kreisförmiges Muster (optional) selektieren

Selektieren Sie den Koordinatenursprung des Musters.

ein Radiusendpunkt *für kreisförmiges Muster (optional) selektieren*

 ## AUF KURVE

Kurve selektieren

Selektieren Sie die obere Kante des Tasche.

Punkte auf Kurve selektieren

 ## TASTATUREINGABE

Prozent entlang Kurve (Gültiger Bereich:0.0 to 100) eingeben 50.0)

Mit der Bestätigung des Wertes 50.0 haben Sie genau in der Mitte der oberen
Kante des Taschenfeatures einen Punkt erzeugt. (50 % der Kurvenlänge).

Es erscheint das CIRCULAR PATTERN – Fenster, das Sie so mit
OK akzeptieren können.

Holen Sie nun den Deckel auf den Bildschirm und schneiden Sie das Muster in den Deckel:

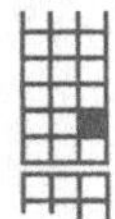 

SCHNEIDEN

planare Fläche vom bewegbaren Teil selektieren

Selektieren Sie die vordere Fläche einer Tasche.

planare Fläche vom auszuschneidendem Teil selektieren

Hier selektieren Sie jetzt die vordere Fläche des Deckels. Das Muster bewegt sich mit dem Mittelpunkt der ausgewählten Taschenfläche auf den Mittelpunkt der ausgewählten Deckelfläche, also auf das Koordinatensystem des Deckels.

Im sich jetzt öffnenden Popupmenü wählen Sie

Koinzidente Punkte

erster Punkt von einem der beiden Teile selektieren

 **FILTER**

Unter der Spalte **Wählbar**

Alles wählen und mit ◀ in die Spalte **Nicht Wählbar** verschieben. In dieser Spalte **BEZUGS-PUNKT** auswählen und mit ▶ in die Spalte **Wählbar** verschieben. Damit kann für die folgende Auswahl nur ein Bezugs_Punkt selektiert werden.

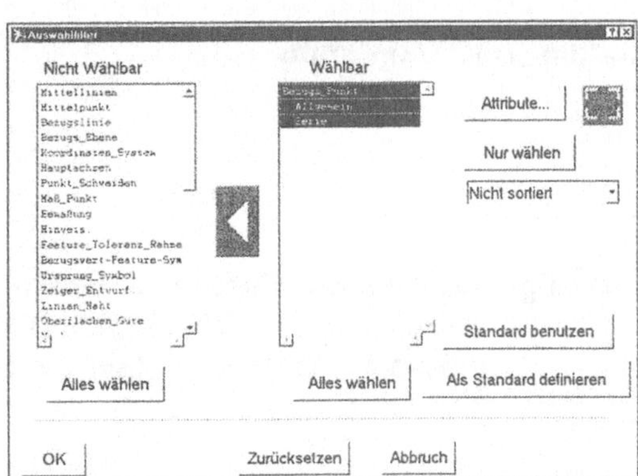

Selektieren Sie die im Mittelpunkt des Muster-Koordinatensystems den Bezugs-Mittelpunkt Pattern_(Zahl)_RF_(Zahl).

zweiter Punkt von auszuschneidendem Teil selektieren

Selektieren Sie den Mittelpunkt des Koordinatensystems vom Deckel.

Sie haben damit erreicht, dass der Mittelpunkt des kreisförmigen Taschen-Musters immer im Mittelpunkt des Koordinatensystems und damit in der Mitte des Deckels liegt.

Bestätigung

Auch der Radius des Taschen-Musters kann mit einer entsprechenden Gleichung mit dem Deckel verknüpft werden, z.B.:

Der Radius, der den Abstand vom Muster-Mittelpunkt bis zum Radiusendpunkt angibt, hat jetzt den NAMEN **Radius_1** und den AUSDRUCK 39.

Mit folgender Gleichung stellen Sie die Verknüpfung her:

Radius_1=(DX/2)-3lmml

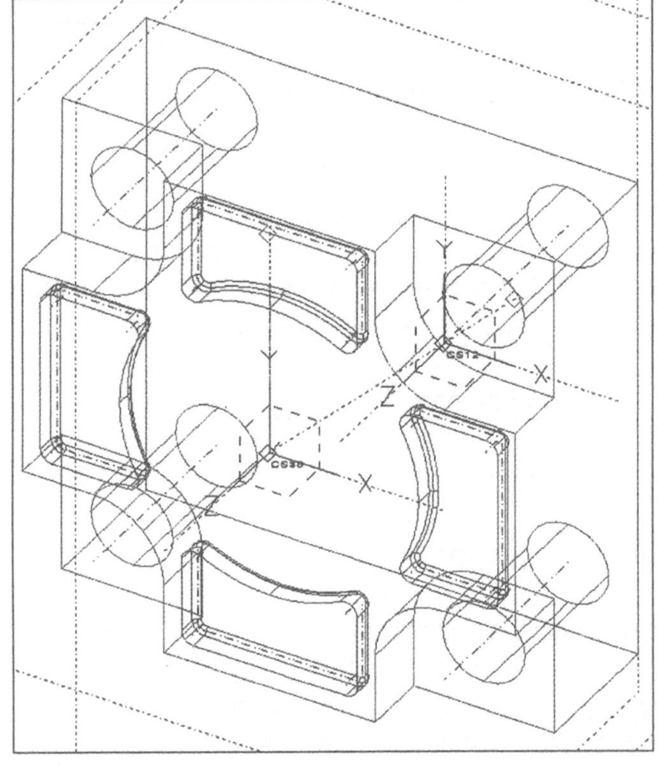

Achtung: Beachten Sie, dass in der Gleichung den Maßwerten ihre Dimension zwischen dem PIPE-Zeichen (Alt Gr +"><l"-Taste) hinzugefügt werden müssen! Sonst interpretiert das System alle Maßwerte in der Dimension Meter.

Sehen Sie sich nach dem Schneiden den Historienbaum an. Sie erkennen jetzt je einen eigenständigen Ast der Funktionen **Eckeneinfräsung** und **Taschen**.

Zur besseren Übersicht benennen Sie jeweils die oberen Knoten der Muster um in:

Muster_Eckeneinfräsung
und
Muster_Taschen.

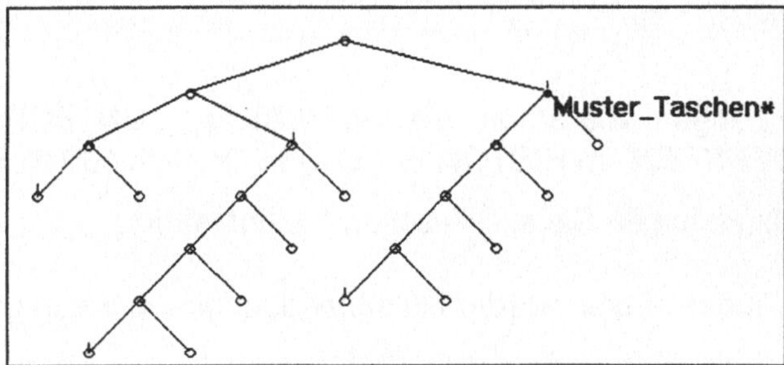

Im Vergleich ist in der nebenstehenden Abbildung der Historienbaum des Bodens dargestellt. Hier wurden die Eckeneinfräsung als einzelne Features nacheinander und nicht als Muster erstellt.

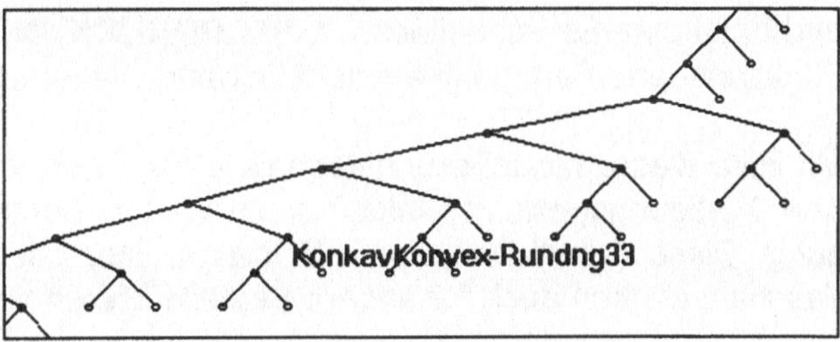

Um den Deckel mit funktionsorientierter Modellierungstechnik zu komplettieren, erstellen Sie Funktions- u. Fertigungs-Feature und vereinen bzw. schneiden diese mit dem Basisfeature.

Als Beispiel bieten sich die Bohrung für die Drossel (nebenstehend) und die Anschlussbohrung an. (Sie sind für Boden und Deckel gleich).

Es lohnt sich auch für die Sicherungsnut ein Feature im Katalog abzulegen, weil damit alle Nuten (Innen- und Außennuten) erstellt werden können.

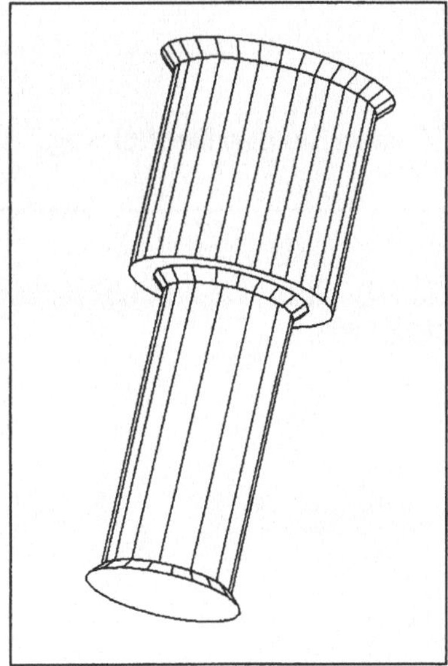

In den nächsten Schritten lernen Sie, wie man im Historienbaum Konstruktions-Operationen (Feature) ausblenden kann. Dies ist immer dann hilfreich, wenn man an komplexen Bauteilen die Übersicht behalten muss. Über die Funktion **HISTORIE** können Sie im Historienbaum Äste und Zweige auswählen.

Selektieren Sie z.B. den Ast des kreisförmigen Musters am oberen Knoten **Muster_Taschen:**

Betätigen Sie dann die Schaltfläche **UNTERDRÜCKEN**  und
BEENDEN im HISTORIE- Fenster. Danach sollten Sie vollständig aktualisieren.

Damit haben Sie alle Taschen ausgeblendet.

Um das Muster wieder einzublenden, gehen Sie in den Historienbaum

und betätigen die Schaltfläche **UNTERDRÜCKUNG AUFHEBEN** . Ihr
Funktions- und Fertigungselement ist dann wieder sichtbar.

Mit Hilfe dieser Modellierungstechnik steht Ihnen am Ende ein nach Funktionen
bzw. Fertigungsgesichtspunkten strukturiertes, parametrisiertes Bauteil zur Verfügung. Diese Funktionen, wie z.B. das Muster der Eckeneinfräsungen oder der
Taschen, können auch für andere Bauteile kopiert werden.

Geben Sie dem Objekt die Farbe **HELLMAGENTA**.

Räumen Sie den **Deckel** weg.

Zum Schluss Ihrer Arbeitssitzung sichern Sie die Modelldatei mit dem Befehl
SICHERN.

5 Modellieren von Baugruppen

Ü5.1 Zylinder (Zusammenbau)

In dieser Übung werden Sie die in dem Bereich **Master Modeler** erstellten Einzelteile in dem Bereich **Master Assembly** zu einer Baugruppe zusammenstellen.

Sie werden dabei sowohl die räumlichen Beziehungen der in dieser Baugruppe zu plazierenden Einzelteile zueinander als auch die hierarchischen Abhängigkeiten der Unterbaugruppen erfassen. Ein Ergebnis zeigt die nachfolgende Abbildung:

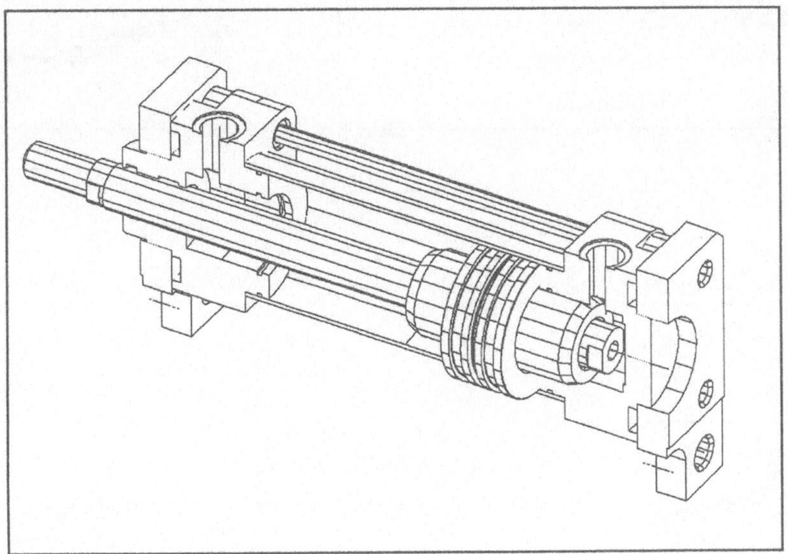

Neben der Erstellung der Baugruppe Zylinder werden Sie folgendes lernen:

- Festigung der in den vorhergehenden Übung erlernten Arbeitstechniken

- Erzeugen von Baugruppen

- Erzeugen einer Explosionsdarstellung

- Zusammenfügen der Baugruppe Zylinder

- Transparente Darstellung

- Schnittdarstellung

Ablaufplan für die Modellierung von Baugruppen

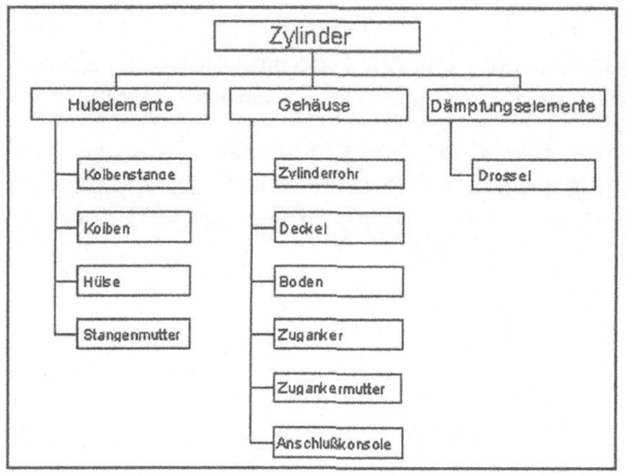

Erzeugen Sie die Unterbaugruppe Hubelemente mit Fläche-zu-Fläche- und Linie-zu-Linie-Beziehungen.

Erzeugen Sie die Unterbaugruppe Gehäuse mit gleicher Vorgehensweise.

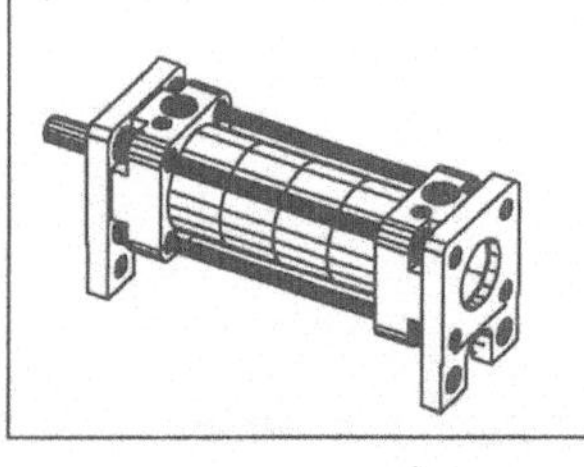

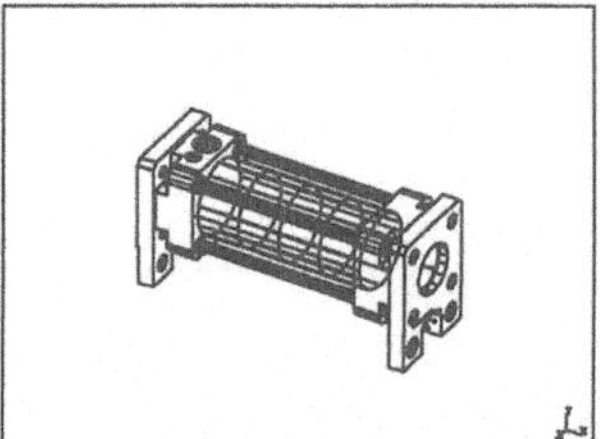

Erzeugen Sie nun die Baugruppe Zylinder aus den drei erstellten Unterbaugruppen.

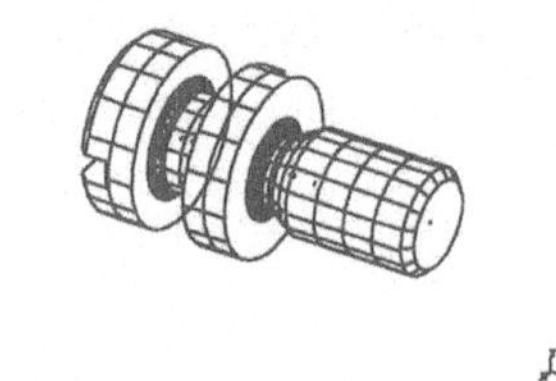

Erzeugen Sie die Unterbaugruppe Dämpfungselemente

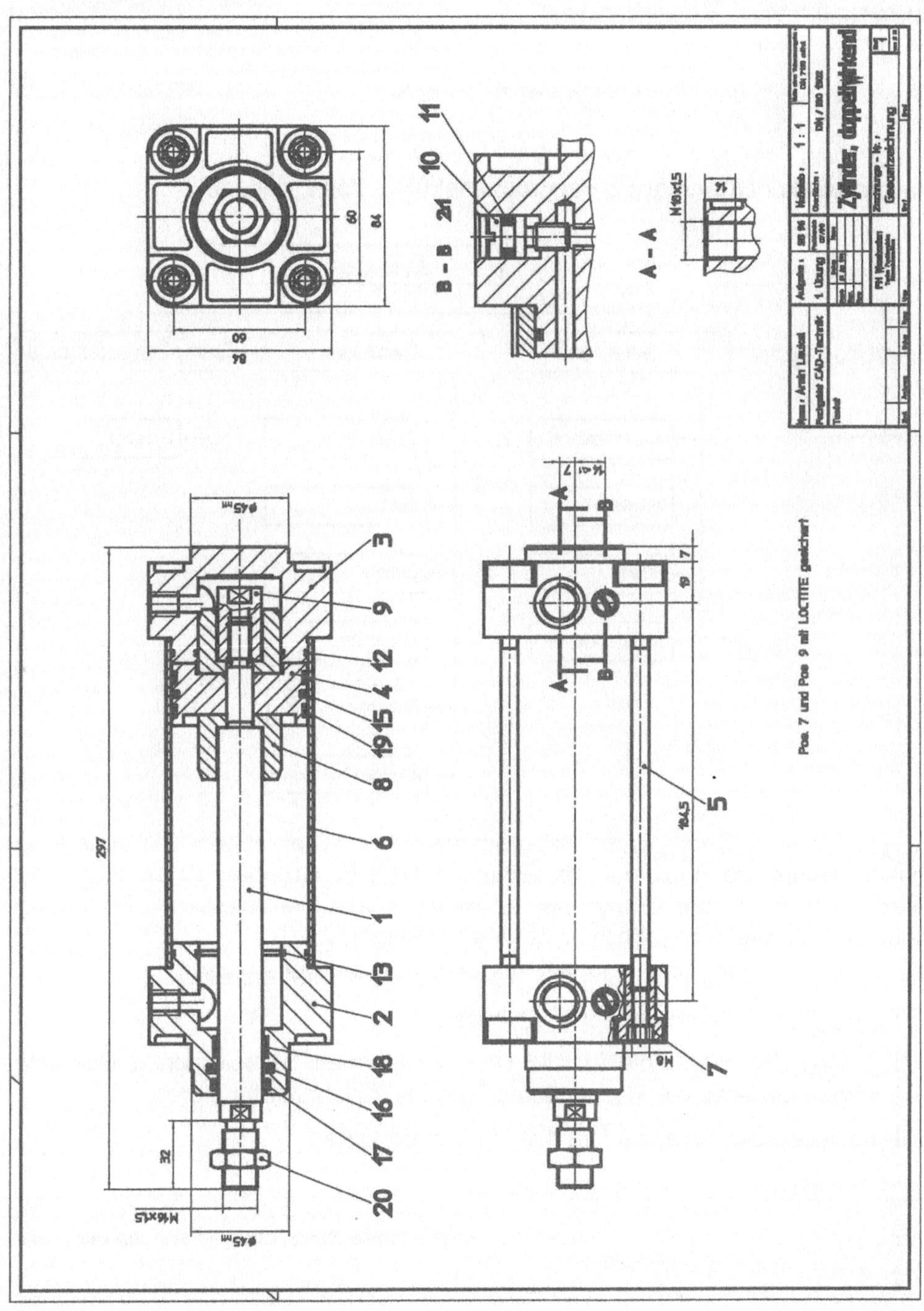

Erzeugen von Baugruppen

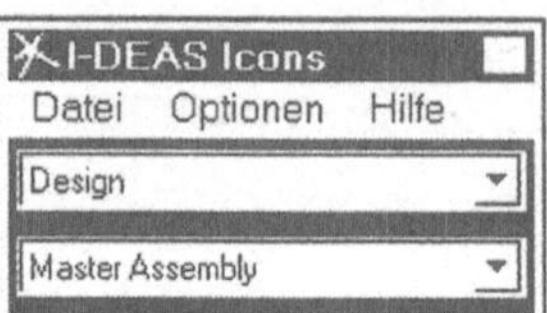

Wechseln Sie in den Bereich **Master Assembly**:

Nachfolgend noch einmal die Baugruppenstruktur des Zylinders:

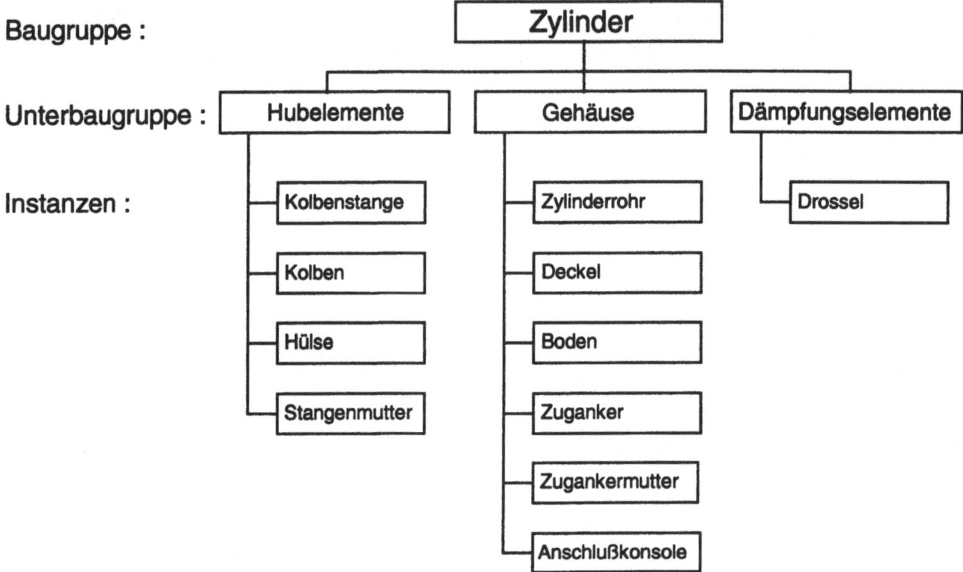

Es gibt 2 Alternativen, um die Baugruppenstruktur zu erzeugen. Die erste Möglichkeit besteht darin, zuerst die einzelnen Unterbaugruppen zu erzeugen und diese danach in der Baugruppe Zylinder zusammenzufassen ("Bottom-up-Methode"). Darauf wird jedoch nicht näher eingegangen.

Sie werden die Hierarchie nach der "Top-Down-Methode" erstellen :

* Erzeugen der Oberbaugruppe[1] (Zylinder)

* Erstellen der Hierarchie für die Unterbaugruppen (Hubelemente, Gehäuse, Dämpfungselemente), die zunächst noch als Platzhalter fungieren.

* Hinzufügen der Instanzen[2] zu den Unterbaugruppen

---

[1] Als Oberbaugruppe gilt die in der Hierarchie jeweils höchste Baugruppe, die sich auf der „Werkbank" , also auf dem Bildschirm befindet.

[2] Im Master Assembly Bereich werden die Einzelteile als Instanzen, Abbilder oder Zeiger bezeichnet. Sie bilden das Teil exakt ab, beziehen sich auf die Daten des Teils, enthalten aber nur die Daten für die Position im Raum und ihre Referenzen. Wenn das Teil geändert wird, ändern sich auch alle Instanzen. Somit sind Instanzen Abbilder der Bauteile, die mit diesen in der Geometrie, Form und Farbe übereinstimmen, aber wesentlich weniger Daten enthalten.

I. Erzeugen der Oberbaugruppe **Zylinder**

HIERARCHIE

Das HIERARCHIE -Fenster erscheint:

① (Erzeugen der Oberbaugruppe...   →siehe Informationszeile!)

Geben Sie im NAME -Fenster **Zylinder**
ein.

OK

Wählen Sie jetzt im HIERARCHIE -
Fenster **Zylinder** aus, so dass er blau
unterlegt ist.

② (Hinzufügen einer leeren Unterbaugruppe zur gewählten Bau
   gruppe)

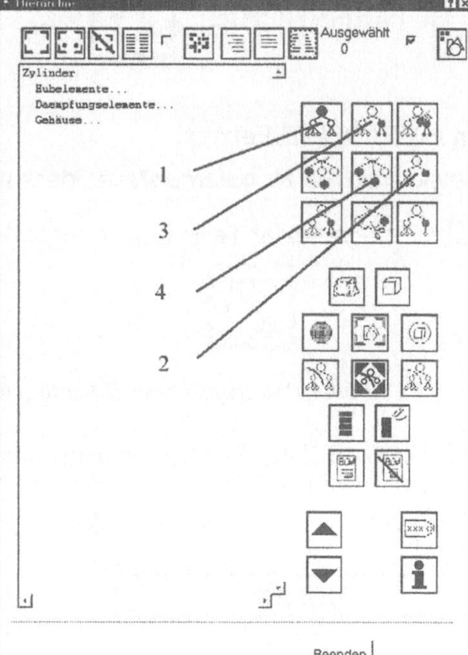

Geben Sie den Namen **Hubelemente**
ein

OK (im NAME- Fenster)

Wiederholen Sie den letzten Schritt und erstellen Sie die Unterbaugruppe **Gehäuse** und **Dämpfungselemente.**

Sie haben jetzt die Hierarchie der Baugruppe Zylinder definiert. Als nächstes werden Sie die Instanzen den Unterbaugruppen hinzufügen.

Wenn Sie nun den Vorgang für die restlichen Unterbaugruppen erledigt haben, wählen Sie im HIERARCHIE – Fenster

| **BEENDEN** | und sichern Sie Ihre Datei.

II. Erzeugen der Unterbaugruppe **Hubelemente**

Da Sie das HIERARCHIE – Fenster nicht mehr vor sich haben, wählen Sie:

 HIERARCHIE

Im HIERARCHIE-Fenster:

Selektieren Sie *Hubelemente*, so dass nur diese Baugruppe blau unterlegt ist.

③ (Einfügen einer Teilinstanz oder Unterbaugruppe zur gewählten Baugruppe)

(vgl. eine Seite zuvor!)

Teil oder Baugruppe zum Hinzufügen selektieren

Das HIERARCHIE -Fenster verschwindet

| **HOLEN** |

Im Popup-Menü bieten sich dann mehrere Auswahlmöglichkeiten.

| VOM FACH/BIBLIOTHEK |
| VOM KATALOG |
| ZURÜCK |
| ABBRUCH |

Wählen Sie:

| **VOM FACH / BIBLIOTHEK** |

Wählen Sie alle Teile der Unterbaugruppe **Hubelemente** (siehe Seite 134!) im TEIL/BAUGRUPPE WÄHLEN – Fenster aus. Mit Hilfe der SHIFT-Taste (⇧) können alle vier Teile markiert werden.

 im TEIL/BAUGRUPPE WÄHLEN FENSTER

Wenn Sie nun ein Doppelklick auf die HUBELEMENTE machen, können Sie im Hierarchie Fenster direkt die dazugehörenden Elemente erkennen.

Die zweite Möglichkeit, die Teile der Unterbaugruppe HUBELEMENTE zuzuordnen, wäre folgende. Holen Sie zuerst alle Teile der Unterbaugruppe auf Ihre Werkbank (den Bildschirm). Im HIERARCHIE – Fenster selektieren Sie dann

Teil oder Baugruppe zum Hinzufügen selektieren

Selektieren Sie z.B. den Kolben.

Teil oder Baugruppe zum Hinzufügen selektieren (Bestätigung)

Im HIERARCHIE-Fenster sind nun die Unterbaugruppe **Hubelemente** und deren Teile blau unterlegt aufgelistet. Auf diesem Weg können Sie die restlichen Elemente der Hierarchie hinzufügen.

<u>Anmerkung:</u>

Sollten im HIERARCHIE-Fenster die Instanzen nicht angezeigt werden und befinden sich 3 Punkte hinter **Hubelemente...**, so werden sie sichtbar mit einem Doppelklick darauf.

Sie sollten jetzt alle Einzelteile der Unterbaugruppe auf dem Bildschirm haben.

Da Sie zwei Hülsen benötigen, müssen Sie diese noch duplizieren:

Wählen Sie im HIERARCHIE-Fenster die Hülse aus, so dass nur sie blau unterlegt ist, dann:

④ (Duplizieren der gewählten Teileinstanz oder Unterbaugruppe)

DUPLIKAT   (vgl. 3 Seiten zuvor!)

Baugruppe, zu der eine Instanz hinzugefügt werden soll selektieren (Hierarchie...)

Nachdem sich das HIERARCHIE – Fenster geschlossen hat, selektieren Sie die Baugruppe an irgendeinem Teil.

Baugruppe zu der die Instanz hinzugefügt werden soll selektieren (Übernehmen)

Maustaste 1 festhalten und Element zum neuen Standort bewegen.

Ziehen Sie die Hülse mit <u>gedrückter linker Maustaste</u> zu der von Ihnen gewünschten Position. Sollten Sie versehentlich ein Bauteil zu oft dupliziert haben, können Sie es aus der Baugruppe entfernen über den Befehl:

Entfernen der gewählten Teilinstanz oder Baugruppe

<u>Anmerkung</u>: Einige der Befehle im HIERARCHIE -Fenster finden Sie auch in den ersten Zeilen der Icon-Leiste. Prüfen Sie noch, ob im HIERARCHIE – Fenster nun zwei Hülsen aufgelistet sind.

BEENDEN

Jetzt haben Sie alle Einzelteile der Unterbaugruppe Hubelemente auf dem Bildschirm. Sie liegen alle übereinander, sodass Sie sie zunächst separieren mit der Funktion **VERSCHIEBEN / AUF BILDSCHIRM SCHIEBEN.**

Am einfachsten positionieren Sie die Bauteile über den Befehl:

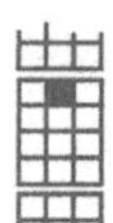

AUSRICHTEN   

auszurichtendes Element selektieren

Selektieren Sie eine Hülse an der Bezugsfläche

①

Zwischen beweglichen Instanzen
(Huelse_1)

planare Fläche einer anderen Instanz
selektieren

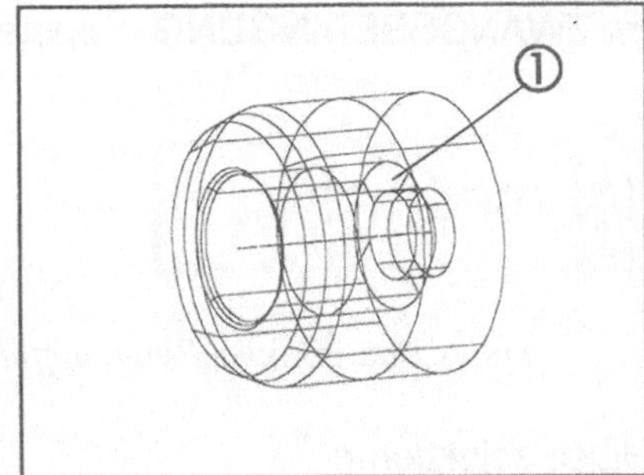

②

Positionierungsbefehl wählen
(Bestätigung)

<u>Anmerkung</u>: Wenn die Hülse richtig zur
Kolbenstange ausgerichtet
ist:

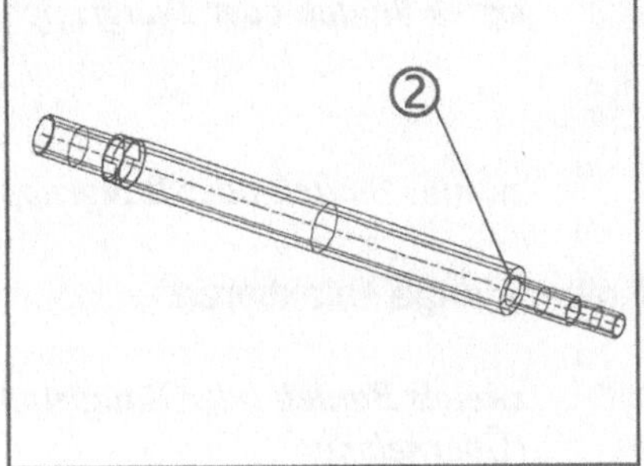

Bestätigung

Wenn die Hülse falsch ausgerichtet ist:

Flächenoperationen

Flächen umkehren

Bestätigung

Sie haben den Befehl **AUSRICHTEN** bereits im **Master Modeler** kennengelernt,
er funktioniert analog im **Master Assembly** Bereich. Bedenken Sie jedoch, dass
mit dem Befehl **AUSRICHTEN** nur eine Positionierung auf dem Bildschirm
erreicht wird. Damit diese geometrische Bedingung auch bei einer
Neuorientierung der gesamten Baugruppe erhalten bleibt, müssen Sie diese
Bedingung durch **SPERREN** fixieren:

BEDINGUNGEN & MAßE ANBRINGEN

Im ZWANGSBEDINGUNG -Fenster:

erstes Bauteil oder Baugruppeninstanz zum festlegen selektieren

Hülse selektieren

erstes Bauteil oder Baugruppeninstanz zum festlegen selektieren (Übernehmen)

zweites Bauteil oder Baugruppeninstanz zum Bestimmen (Zylinder_0) selektieren

Kolbenstange selektieren

zweites Bauteil oder Baugruppeninstanz zum Bestimmen (Zylinder_0) selektieren (Übernehmen)

Die anderen Teile dieser Baugruppe orientieren und fixieren Sie wie auf der Zusammenbauzeichnung gezeigt. Das Symbol "⌂" für Fixierung können Sie wie alle anderen Bedingungssymbole löschen und damit die Fixierung aufheben.

Nachdem Sie nun alle Instanzen der Unterbaugruppe Hubelemente miteinander verbunden und mit Bedingungen versehen haben, müsste Ihr Bild so aussehen:

Bevor Sie mit der Übung fortfahren, sichern Sie zunächst Ihre Arbeit.

DATEI

SICHERN

Erzeugen einer Explosionsdarstellung

Sehen Sie sich in der **isometrischen Darstellung** mit ausgeblendeten verdeckten Kanten (**Verdeckt Hardware**) die Explosionsdarstellung an.

Erzeugen einer Explosionsdarstellung der Hubelemente.

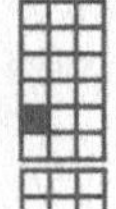

LINEAR EXPLODIEREN

Baugruppe zum Auflösen selektieren.

Selektieren Sie die Hubelemente.

Baugruppe zum Auflösen selektieren (Übernehmen)

Achsen entlang derer aufgelöst werden soll (X - Richtung).

X-Richtung

Mindestabstand zwischen Elementen eingeben (0.0)

25 ↵

Nachfolgend sind Ihnen zwei Möglichkeiten aufgezeigt, welche die Explosionsdarstellung wieder in den ursprünglichen Zustand rückführen sollen.

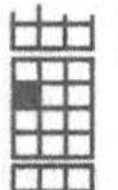

UNDO DER LETZTEN AUSRICHTUNG

ODER

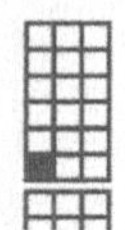

KONFIGURATION RÜCKGÄNGIG

Räumen Sie am Schluss Ihre Baugruppe **Hubelemente** weg: Selektieren u. 

III. Erzeugen der Unterbaugruppe **Gehäuse**

Die Vorgehensweise zur Erstellung der Unterbaugruppe Gehäuse ist prinzipiell die gleiche wie bei der Unterbaugruppe Hubelemente. Sie **HOLEN** die Baugruppe **Gehäuse**, wählen **HIERARCHIE** usw.

Denken Sie daran, die Bauteile zu fixieren bzw. zu **SPERREN** (⌂), damit sie sich nicht gegeneinander verdrehen können (insbesondere Deckel und Boden).

Sie können einen Zuganker und zwei Zugankermuttern positionieren und danach mit dem Icon **DREHEN** und **KOPIEREN SCH.** (siehe Ü4.4) die drei restlichen erzeugen.

So können Sie schnell und einfach Ihre Unterbaugruppe Gehäuse erzeugen.

Ihr Bild müsste dann so aussehen:

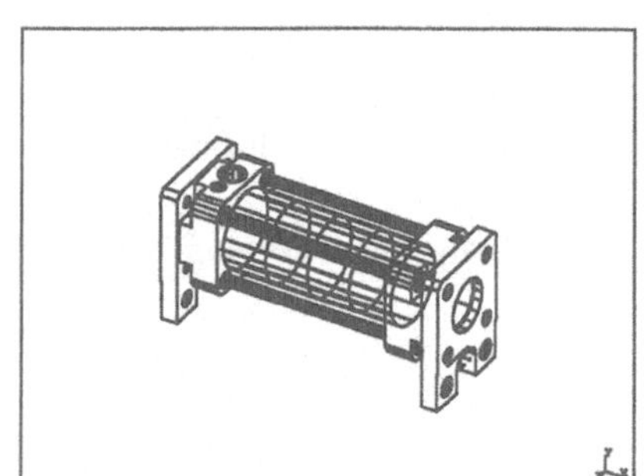

Räumen Sie am Schluss Ihre Unterbaugruppe Gehäuse weg.

IV. Erzeugen der Unterbaugruppe **Dämpfungselemente**

Gehen Sie hier genauso wie bei den anderen Unterbaugruppen vor.

Ihr Bild müsste dann so aussehen:

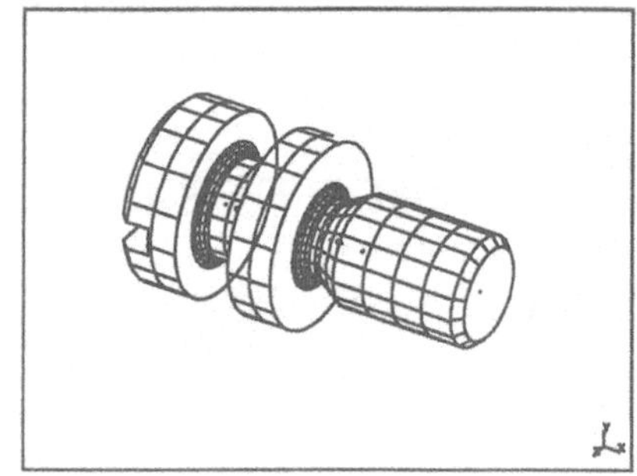

Räumen Sie am Schluss Ihre Unterbaugruppe Dämpfungselemente weg.

Zusammenfügen der Baugruppe Zylinder

Die Vorgehensweise ist hier wieder genauso wie zuvor. Einziger Unterschied ist, dass Sie jetzt Unterbaugruppen anstelle von Instanzen zusammenfügen.

Um die Unterbaugruppe Hubelemente im Gehäuse zu platzieren, können Sie z.B. die Bedingung **KOINZIDENTE PUNKTE** aus dem ZWANGSBEDINGUNG - Fenster anbringen.

Im ZWANGSBEDINGUNG -Fenster selektieren Sie das Icon:

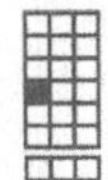 **BEDINGUNGEN & MAßE ANBRINGEN** 

 **KOINZIDENT & KOLINEAR** 

Selektieren Sie jeweils einen Punkt auf der Zylinder- und Kolbenachse. Sie können die Hubelemente eventuell noch entlang der Achse verschieben:

 **VERSCHIEBEN** 

Vergessen Sie nicht, die Unterbaugruppen anschließend zu sperren.

Wenn Sie Ihre Baugruppe Zylinder vollständig erzeugt haben, sichern Sie erst einmal Ihre Daten mit dem Befehl SICHERN.

Ihr Bild müsste dann so aussehen:

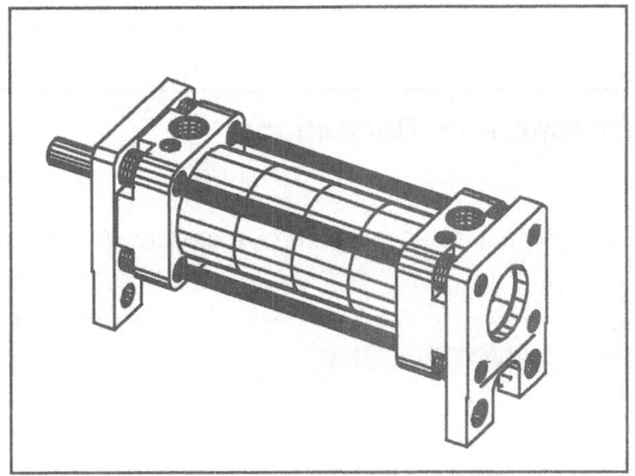

Weiter ist es möglich, sich die Stückliste der Baugruppe Zylinder anzuschauen, ob auch alle erforderlichen Einzelteile vorhanden sind.

Dazu wählen Sie das Icon:

 STÜCKLISTE   

Es erscheint das STÜCKLISTE - Fenster:

Achten Sie darauf, dass der Schalter **HIERARCHIESTUFEN** auf **ALLE** gestellt ist und der Schalter **INSTANZTYPEN** auf Teile und Baugruppen geschaltet ist. Schalten Sie den Schalter **HIERARCHIE EINRÜCKEN** auf **AN**.

| OK |

Jetzt befinden Sie sich im REPORT DARSTELLEN - Fenster, wo Sie die Stückliste des Zylinders vor sich haben:

Schließen Sie das REPORT DARSTELLEN – Fenster mit

| **Beenden** |

und fahren Sie mit der Übung fort.

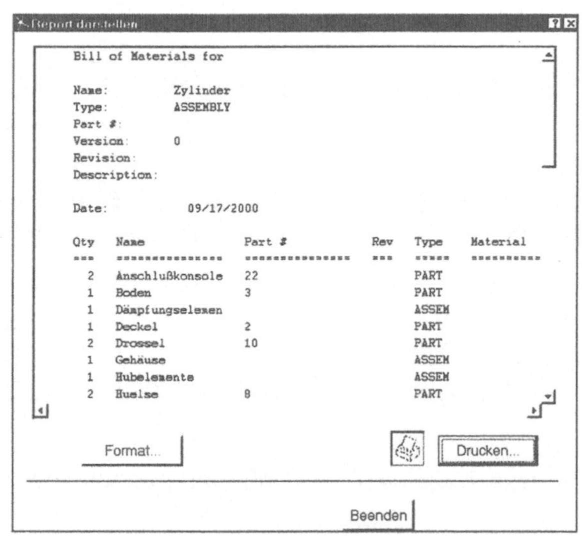

```
Bill of Materials for

Name:        Zylinder
Type:        ASSEMBLY
Part #:
Version:     0
Revision:
Description:

Date:        09/17/2000

Qty   Name                Part #              Rev   Type    Material
===   ================    ================    ===   =====   ==========
 2    Anschlußkonsole     22                        PART
 1    Boden               3                         PART
 1    Dämpfungselemen                               ASSEM
 1    Deckel              2                         PART
 2    Drossel             10                        PART
 1    Gehäuse                                       ASSEM
 1    Hubelemente                                   ASSEM
 2    Huelse              8                         PART

   Format...                              Drucken...

                                    Beenden
```

Transparente Darstellung

Erzeugen einer transparenten Darstellung in der Baugruppe Gehäuse

 DARSTELLUNG   

zu veränderndes Element selektieren

Wählen Sie das Zylinderrohr aus. Beachten Sie, dass Sie das gesamte Teil und nicht nur eine Fläche selektiert haben!

zu veränderndes Element selektieren (Bestätigung)

Geben Sie nun im FLÄCHENDARSTELLUNG - Fenster unter **TRANSPARENZ** den Wert (80) ein:

80 ↵

Achten Sie darauf, dass der Schalter für TRANSPARENZ eingeschaltet ist und aktivieren Sie die

Ansicht   ☑ 1   ☐ 2

Bestätigen Sie dann mit:

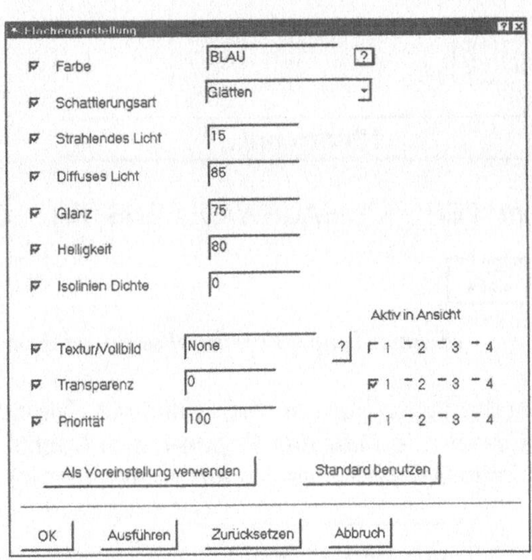

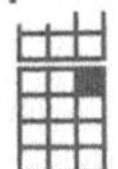 SCHATTIERT HARDWARE 

Anmerkung: Das Zylinderrohr ist nun transparent – teildurchsichtig – dargestellt. Der Wert 80 % gibt den Grad der Transparenz an.

Geben Sie nun im OBERFLÄCHENDARSTELLUNG - Fenster unter TRANSPARENZ wieder den Wert '0' ein:

0 ↵

Lassen Sie sich Ihr Zylinderrohr wieder in der Liniendarstellung zeigen.

Schnittdarstellung

Erzeugung eines Teilschnitts des Gehäuses

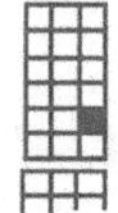 EBENENSCHNITT 

Instanz, das mit einer Ebene geschnitten werden soll selektieren

Hierarchie...

Im HIERARCHIEAUSWAHLFENSTER : *Gehäuse*

OK

Schnittebene (Voreinstellung) selektieren.

<u>Anmerkung</u>: Für den Fall, dass die Zylinderachse nicht in der Arbeitsebene liegt, können Sie über das Popup-Menü (rechte Maustaste) eine Auswahl treffen. Hier einige Beispiele, die Sie am besten einmal ausprobieren sollten.

Flächentangente
Auf Kurve
3 Punkte

Ebenfalls könnte es sein, dass die vom System automatisch vorgeschlagene Ebene der gewünschten Schnittebene entspricht. Für diesen Fall wählen Sie nur noch

 und entscheiden sich, welche Seite Sie behalten wollen !

In diesem Beispiel wählen Sie jedoch die **ACHSENEBENE.**

Achsenebene wählen

XY Ebene

(Eventuell andere Ebene wählen, je nach Lage der Zylinderachse)

Abstand eingeben (0.0)

Punkte selektieren

Punkt, durch den die Ebene verläuft (Voreinstellung) selektieren

Irgend ein Punkt der Mittellinie selektieren

Seite wählen, die behalten werden soll (Positive_ Seite_ Behalten).

Negative Seite Behalten

Ihr Bild müsste dann so
aussehen:

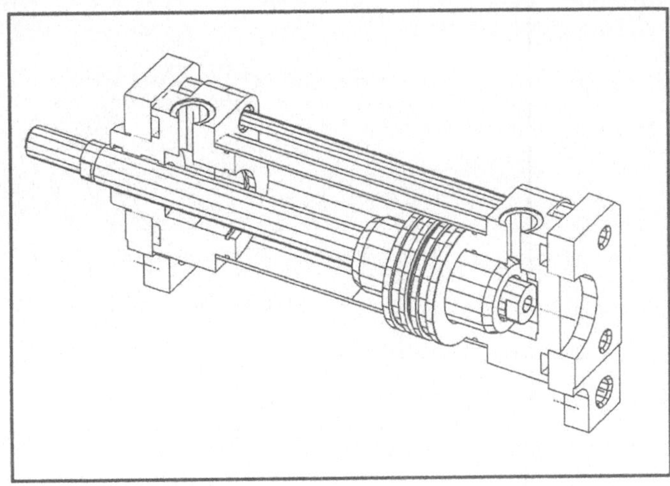

<u>Anmerkung</u>: Das Gehäuse wird als Zylinder.MOD1 gespeichert, d.h. Sie werden
ein Gehäuse und ein Gehäuse.mod1 im Ablagefach finden.

Zum Schluss Ihrer Arbeitssitzung räumen Sie den Zylinder weg und sichern Ihren
Modelfile.

Ü5.2 Filmgreifergetriebe (Kinematik)

In dieser Übung werden Sie in dem Bereich **Master Modeler** ein Linienmodell des Filmgreifergetriebes erstellen und mit Hilfe der Bemaßung und von Bedingungen dieses verändern und animieren, d.h. eine Bewegungsanalyse durchführen.

Weiter werden Sie in dem Bereich **Master Assembly** die Bewegung von Bauteilen simulieren, indem Sie die vorliegenden Einzelteile aus einer Bibliothek holen, sie zu einer Baugruppe zusammenfügen und diese anschließend animieren. Das Ergebnis zeigt die nachfolgende Abbildung:

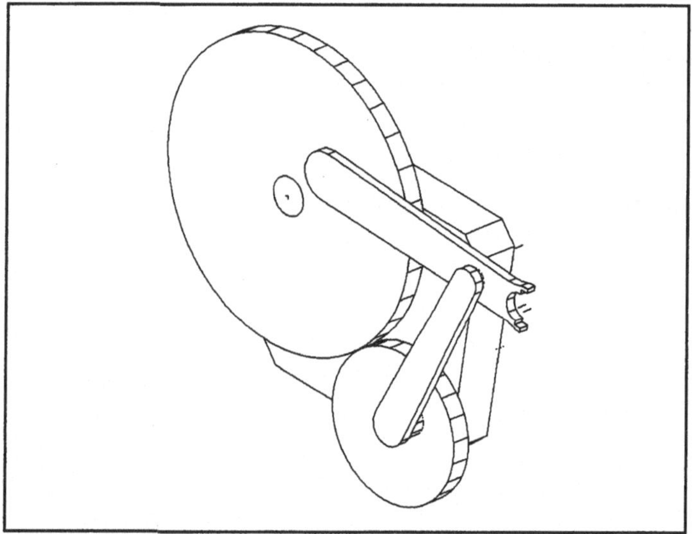

Lernziele dieser Übung sind:

- Festigung der in den vorhergehenden Übungen erlernten Arbeitstechniken
- Erzeugen eines Linienmodells
- Animieren eines Linienmodells
- Übernehmen von Teilen aus einer Bibliothek
- Animieren der Baugruppe

Als Filmgreifergetriebe bezeichnet man die mechanischen Komponenten eines Fotoapparates, die zum Weitertransport eines eingelegten Filmes dienen.

Um den Weitertransport des Filmes zu ermöglichen, wird aus der Drehbewegung der beiden Reibräder über die Anordnung von Greifer- und Gelenkarm eine translatorische Bewegung.

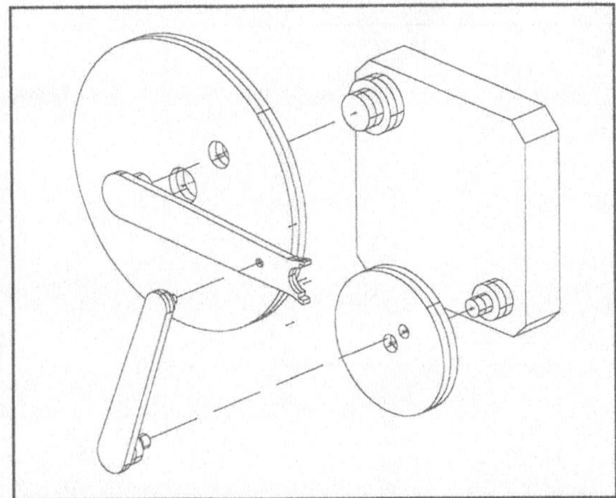

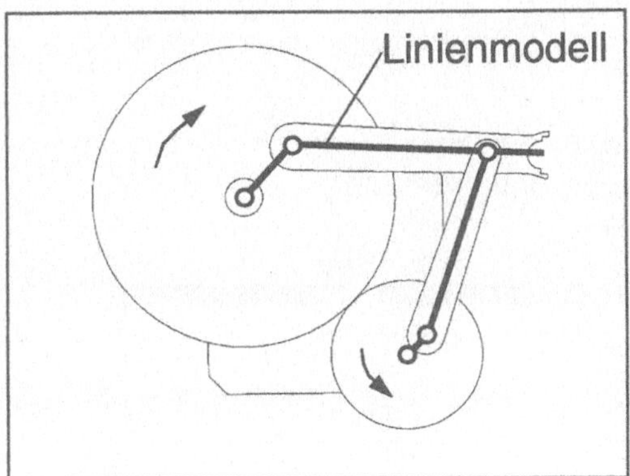

Ziel ist es, eine möglichst schnelle und gradlinige Bewegung zwischen den Punkten ① und ② zu erhalten. Außerdem sollte der Film möglichst schnell weitertransportiert werden.

Die Skizze zeigt eine Überlagerung des vereinfachten Linienmodells während einer ganzen Umdrehung des großen Reibrades in 15° Schritten. Dabei erkennt man deutlich die fast geradlinige Strecke ①-②. Auch fallen nur etwa 4 der insgesamt 24 (360°/15°) Teilschritte in den Bereich zwischen ① und ②, was bedeutet, dass bei einer Umdrehung lediglich $\frac{1}{6}$ der Zeit für den Filmtransport benötigt wird.

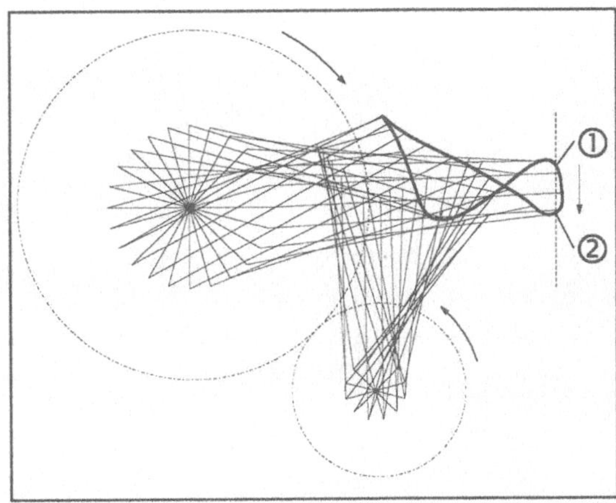

Ablaufplan für die Bewegungsuntersuchung einer Baugruppe

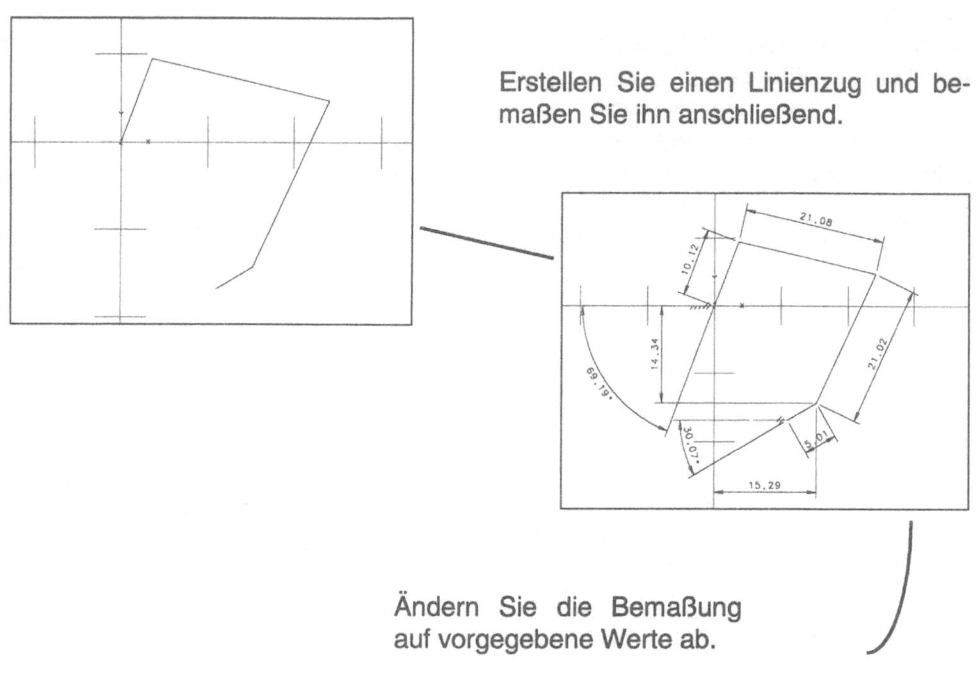

Erstellen Sie einen Linienzug und bemaßen Sie ihn anschließend.

Ändern Sie die Bemaßung
auf vorgegebene Werte ab.

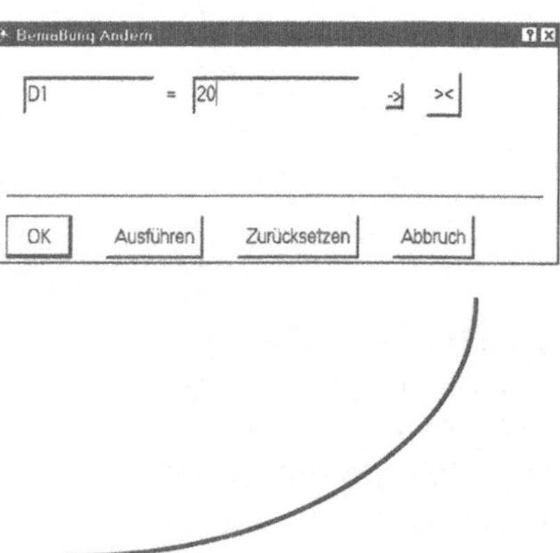

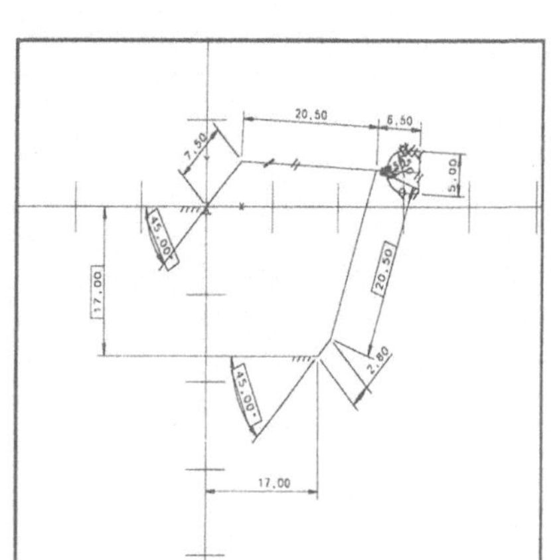

Erzeugen Sie für einige Maße Bedingungen und animieren Sie die kinematische Kette.

Ablaufplan für das Zusammenfügen von Baugruppen mit anschließender Bewegungssimulation

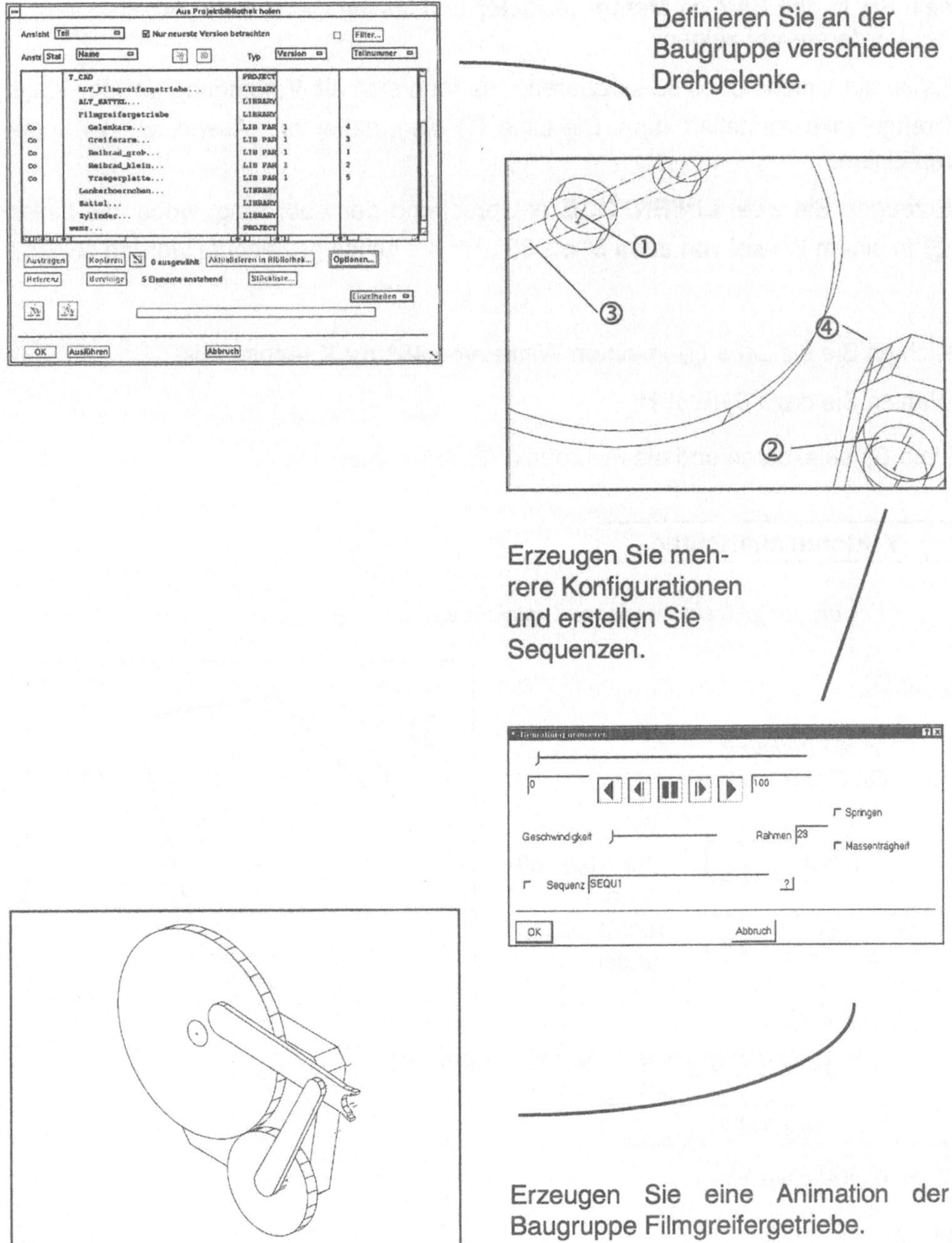

Definieren Sie an der Baugruppe verschiedene Drehgelenke.

Erzeugen Sie mehrere Konfigurationen und erstellen Sie Sequenzen.

Erzeugen Sie eine Animation der Baugruppe Filmgreifergetriebe.

Erzeugung des Linienmodells

Erstellen Sie eine neue Modelldatei mit dem Namen „Filmgreifergetriebe", wechseln Sie in den Bereich **Master Modeler** und lassen Sie sich die Arbeitsebene in der Vorderansicht zeigen.

Es ist ein Linienmodell zu skizzieren, das man sich als Verbindung der einzelnen Drehgelenke vorstellen kann. Die Linie ① dient dabei zum Ausrichten der anderen Linien.

Erzeugen Sie zwei **LINIENZÜGE** entsprechend der Abbildung, wobei die Linien ⑤ in einem Winkel von **etwa 5°** bis **35°** zur X - Achse gezeichnet werden sollten.

Richten Sie die Linie ① in einem Winkel von 45° zur X -Achse aus.

Wählen Sie dazu **DREHEN**:

Linie ① selektieren und als Pivotpunkt ② auswählen. Dann

Vektoren ausrichten

Vektor, der gedreht werden soll selektieren

Linie ①

Ist die Richtung
OK ? (Ja)

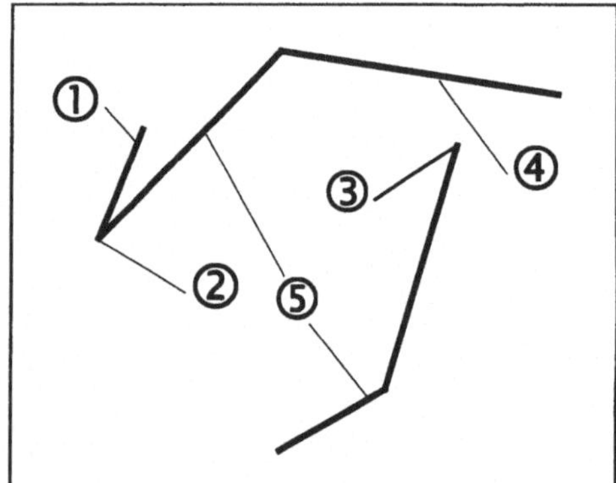

Nein

Ja

Der Pfeil sollte nach rechts oben zeigen

Vektor, zu dem gedreht werden soll selektieren

Winkel

Winkel eingeben

45 ↵

Ist die Richtung OK ? (Ja)

Öffnen Sie das ZWANGSBEDIN-
GUNG - Fenster, um **MAßE UND
BEDINGUNGEN** zu definieren. Verbinden Sie die beiden Linienzüge
mit **KOINZIDENT & KOLINEAR**,
indem Sie zuerst den Punkt ③
selektieren und anschließend die
Linie ④.
Bringen Sie einen **FIXWINKEL** und
einen **FIXPUNKT** entsprechend der
Zeichnung an.

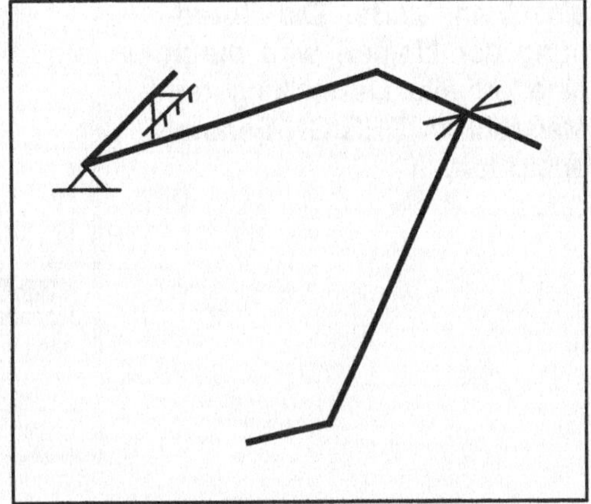

<u>Anmerkung</u>: Falls Sie beim Anbringen des Fixpunktes aufgefordert werden zu
Übernehmen, müssen noch die beiden Endpunkte der Linien im
Punkt ② (siehe eine Seite zuvor) mit **KOINZIDENT & KOLINEAR**
verbunden werden.

Bemaßen Sie das Linienmo-
dell nach der Skizze.

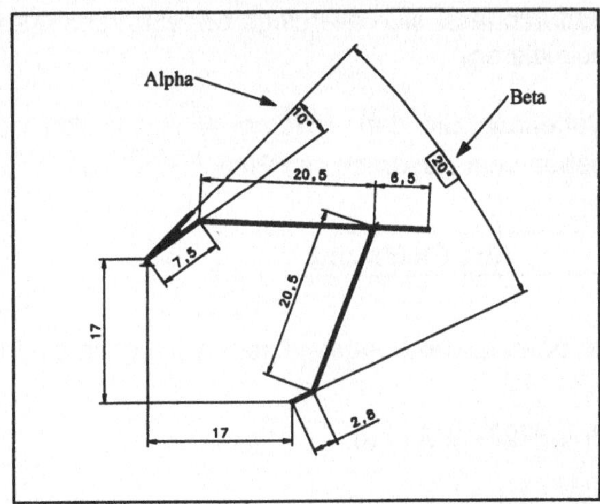

Zur Änderung der einzelnen
Maße wählen Sie irgend ein
Maß und dann:

BAUTEIL GLEICHUNGEN...

Korrigieren Sie im GLEICHUNGEN - Fenster die einzelnen Maße. Die Zuordnung der Namen wird durch eine erhellte Darstellung der Maßzahl im DESIGN-Fenster erleichtert.

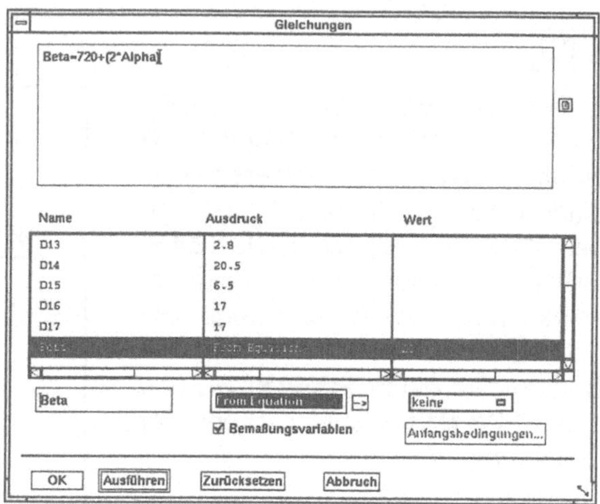

Den Winkel oben links (siehe Bemaßungsskizze auf der vorherigen Seite) benennen Sie bitte in **Alpha** um und geben ihm den Wert 10.

(Für die tatsächliche Ausgangslage müsste hier eigentlich 0 eingegeben werden, dadurch lässt sich allerdings bei einer späteren Operation der Winkel nicht mehr selektieren).

Benennen Sie den anderen Winkel in **Beta** um, selektieren Sie anschließend neben dem Ausdruck den Pfeil ⎡ —> ⎤ und wählen:

Aus Gleichung

Im oberen Gleichungsfeld geben Sie noch die Funktion für Beta ein:

Beta=720+(2*Alpha)

Am Linienmodell sind nun alle erforderlichen Bedingungen definiert. Sie können für Alpha verschiedene Werte eingeben, um die einzelnen Winkelstellungen des Filmgreifergetriebes auf dem Bildschirm anzeigen zu lassen.

Animieren eines Linienmodells

Das Linienmodell des Filmgreifergetriebes kann auch animiert werden:

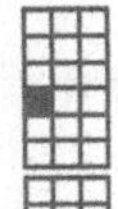 **BEDINGUNGEN & MASSE ANBRINGEN...** 

Im ZWANGSBEDINGUNG - Fenster:

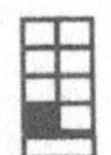 **ANIMIEREN...** 

Bemaßung selektieren

Wählen Sie in der Skizze den Winkel Alpha aus.

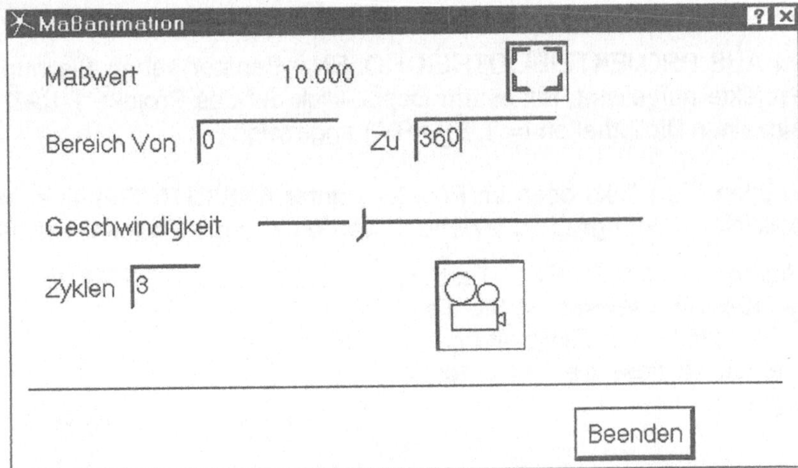

Im MASSANIMATION - Fenster:
Nach Eingabe der Bereichsgrenzen (**'Von'** = **0** , **'Zu'** = **360**), der Anzahl der Wie-
derholungen (z.B. 3 Zyklen) und der Geschwindigkeit (ca. 10) kann durch Selek-

tieren des Kamerasymbols ([img]) die Animation betrachtet werden.

Räumen Sie nun das Objekt unter dem Namen " **Linienmodell** " weg, und fahren
Sie mit dem zweiten Abschnitt der Übung fort.

Übernehmen von Teilen aus der Bibliothek

Wechseln Sie in den Bereich **Master Assembly**.

Holen Sie die bereits vorhandenen Einzelteile des **Filmgreifergetriebes** aus der Bibliothek unter dem Projekt T_CAD (s. Anhang A). Dazu wählen Sie:

 **FÄCHER VERWALTEN** 

Im FÄCHER - VERWALTEN - Fenster:

 **AUS BIBLIOTHEK HOLEN**

Im AUS PROJEKTBIBLIOTHEK HOLEN - Fenster sehen Sie nun verschiedene Projekte aufgelistet. Mit einem Doppelklick auf das Projekt **'T-CAD...'** werden die einzelnen Bibliotheken (= 'LIBRARY') angezeigt.

Wählen Sie (links oben im Fenster) unter ANSICHT **'Teil'** aus. Mit einem Doppelklick auf **'Filmgreifergetriebe...'** werden jetzt die Einzelteile sichtbar.

Halten Sie die SHIFT - Taste gedrückt und selektieren Sie die 5 Einzelteile des Filmgreifergetriebes, so dass sie hell unterlegt sind.

Kopieren

In der ersten Spalte erscheint vor den ausgewählten Elementen die Abkürzung **'Co'** (für copy)

OK

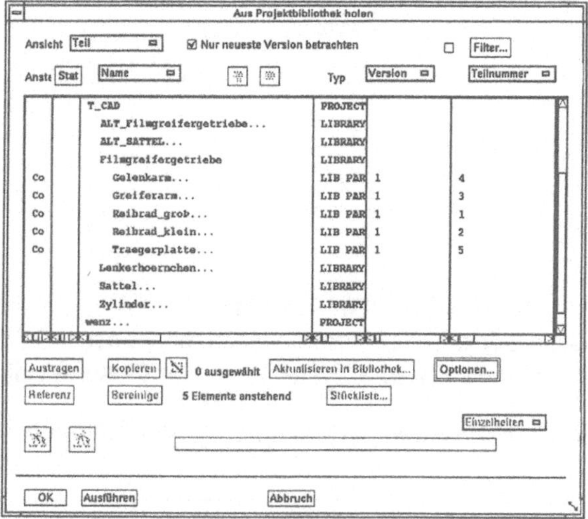

Die Einzelteile der Baugruppe Filmgreifergetriebe werden nun aus der Bibliothek abgerufen und in Ihre Modelldatei geschrieben. Im VERWALTEN - Fenster sehen Sie das neue Fach **'T-CAD-Filmgreifergetriebe'**. Um die Beziehung zur Bibliothek zu löschen, wählen Sie zunächst ein Einzelteil aus (→ blauunterlegt) und betätigen das Icon

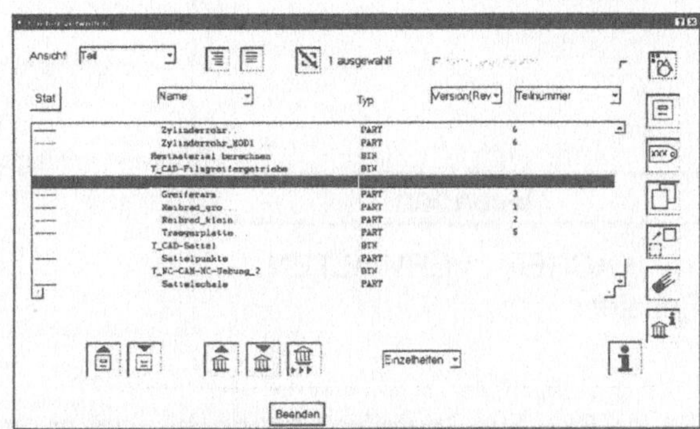

(Ändert den Bibliothekszustand eines Elements)

Im
BIBLIOTHEKSBEZIEHUNGEN
ÄNDERN - Fenster:

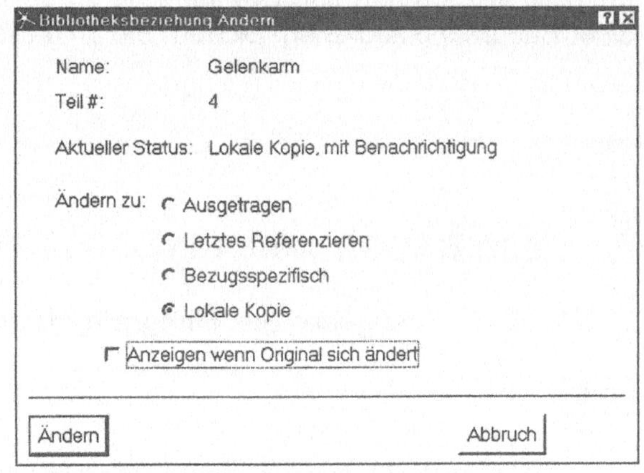

● **Lokale Kopie,**
aktivieren

● **Anzeigen wenn Original
sich ändert**
deaktivieren

Ändern

Im I-DEAS WARNUNG-Fenster

OK

Wiederholen Sie diese Schritte für alle Teile des Filmgreifergetriebes!

Nachdem Sie die Bibliotheksbeziehungen aller 5 Elemente gelöscht haben, holen Sie sich diese auf den Bildschirm. Wählen Sie im FÄCHER VERWALTEN - Fenster:

HOLE

Die 5 Einzelteile des Filmgreifergetriebes erscheinen auf dem
Bildschirm:

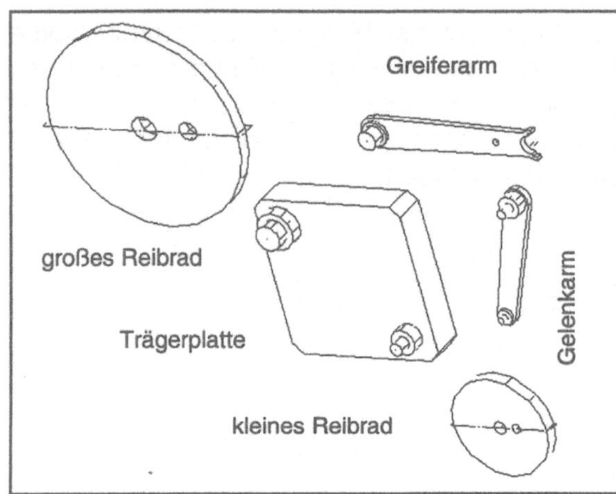

Beenden

im FÄCHER VERWALTEN -
Fenster

Bevor Sie den Bauteilen Zwangsbedingungen zuweisen können, um sie damit
räumlich anzuordnen und Drehgelenke zu definieren, müssen Sie die Elemente
einer Baugruppe zuordnen. Sichern Sie an dieser Stelle zuerst Ihre Arbeit!

 **ZUR BAUGRUPPE HINZUFÜGEN** 

Im NAME - Fenster geben Sie **'Filmgreifergetriebe'** ein.

OK

Teil oder Baugruppe zum Hinzufügen selektieren

Selektieren Sie alle 5 Bauteile

Teil oder Baugruppe zum Hinzufügen selektieren (Bestätigung)

<u>Anmerkung</u>: Da alle Teile auf der gleichen Hierarchiestufe stehen, muss natürlich
auch keine Hierarchie erzeugt werden.

Im Folgenden werden Sie die Elemente anordnen und dabei Zwangsbedingungen derart erzeugen, dass nur noch in den gewünschten Richtungen Freiheitsgrade bestehen (→ hier also Drehgelenke entstehen).

Sie haben bereits mit Zwangsbedingungen gearbeitet und wissen, wie man das Fenster aufruft:

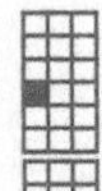   **BEDINGUNGEN & MAßE ANBRINGEN**   

Im ZWANGSBEDINGUNG -Fenster:

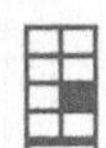   **SPERRE**   

erstes Bauteil oder Baugruppeninstanz zum festlegen selektieren

Selektieren Sie die Trägerplatte

erstes Bauteil oder Baugruppeninstanz zum festlegen selektieren (Übernehmen)

zweites Bauteil oder Baugruppeninstanz zum Bestimmen (Filmgreiferget) selektieren

Hierarchie...

Im HIERARCHIE AUSWAHL - Fenster '**Filmgreifergetriebe**' selektieren

OK

Anmerkung: Wenn Sie ein Bauteil , so wie hier gezeigt, *in der Baugruppe* fixieren, so ist es *global* fixiert und lässt sich – im Gegensatz zu zwei Bauteilen, die (*relativ*) gegeneinander fixiert sind – nicht mehr bewegen. Diese Teile sind gut erkennbar, da sie blau unterlegt sind.

Nun werden Sie das '**große Reibrad**' auf dem Lagerzapfen positionieren (siehe die Abbildung auf der nächsten Seite!).

Im ZWANGSBEDINGUNG -Fenster:

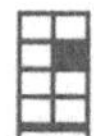 **KOINZIDENT & KOLINEAR** 

das erste mit Bedingungen zu versehende Element selektieren

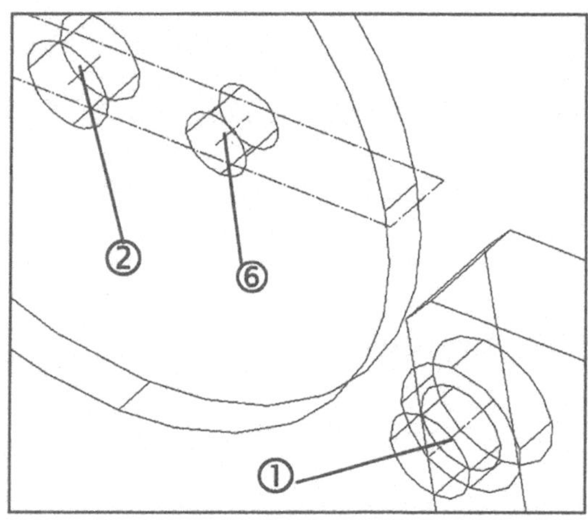

<u>Anmerkung</u>: Generell gilt im Bereich Master Assembly (bei allen Zwangsbedingungen), dass sich das erste gewählte Element zu dem zweiten bewegt. Da die 'Trägerplatte' aber fixiert ist, brauchen Sie hierauf keine Rücksicht zu nehmen.

Selektieren Sie die Mittellinie ① des linken, oberen Lagers der 'Trägerplatte' <u>(keinen Punkt selektieren!!!)</u>

das zweite mit Bedingungen zu versehende Element selektieren

Selektieren Sie die Mittellinie ②des 'großen Reibrades'. Achten Sie bei der Auswahl auf die Abkürzungen der Elemente, die in Kapitel 1 beschrieben wurden! Die Mittellinien sind mit „CL" für Center Line bezeichnet.

das zweite mit Bedingungen zu versehende Element selektieren (Übernehmen)

Die beiden Mittellinien sind jetzt kollinear. Nun müssen Sie noch eine Festlegung für die axiale Richtung treffen:

 **KOINZIDENT & KOLINEAR** 

das erste mit Bedingungen zu versehende Element selektieren

Selektieren Sie die Fläche   ③

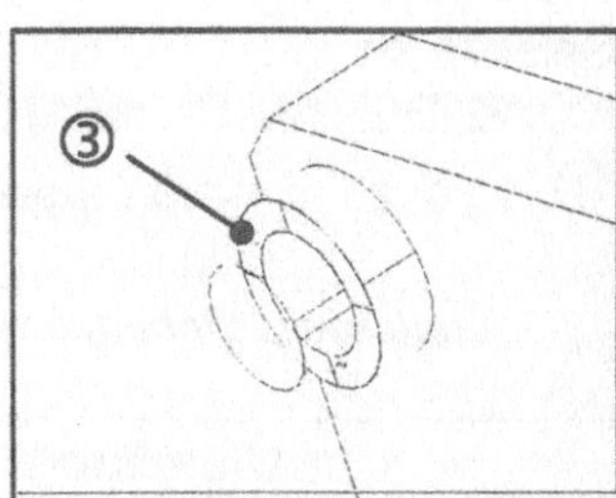

> *das zweite mit Bedingungen zu versehende Element selektieren*

Selektieren Sie die hintere Fläche des 'großen Reibrades'   ④

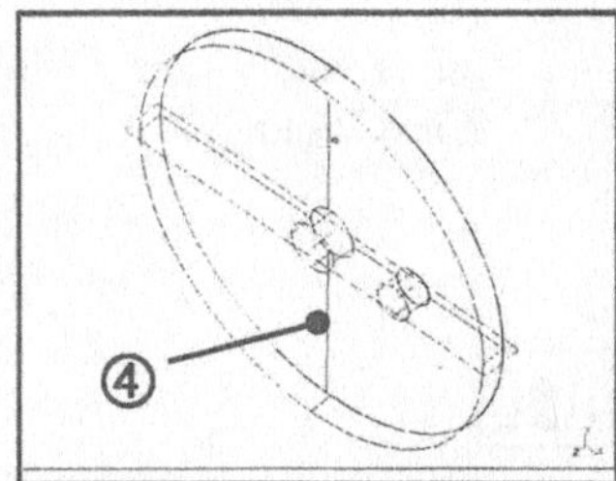

Sie haben jetzt ein Drehgelenk erzeugt. Die gleiche Vorgehensweise wenden Sie auch auf das 'kleine Reibrad' an.

Auch bei den Teilen 'Greiferarm' und 'Gelenkarm' gehen Sie ähnlich vor.
Zunächst der **'Greiferarm'**:

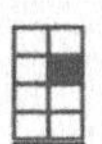 KOINZIDENT & KOLINEAR

Als erstes selektieren Sie die Mittellinie ⑤
des 'Greiferarms' ,

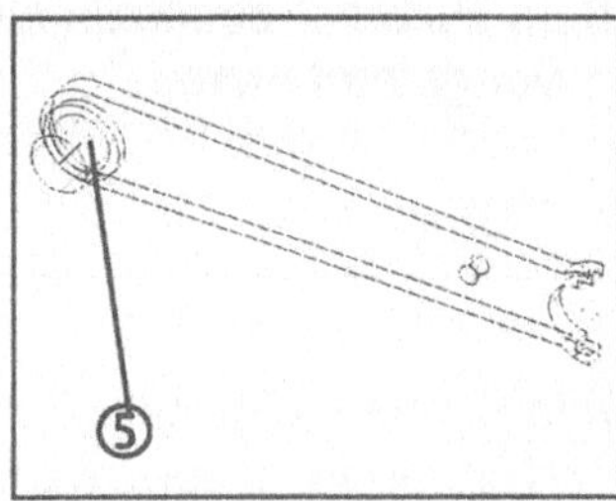

als zweites die Mittellinie ⑥ der Bohrung
am 'großen Reibrad' (siehe Abbildung auf
der vorherigen Seite!).

Sollte der Zapfen des 'Greiferarms' nun in die
falsche Richtung zeigen (→ Abb.), müssen
Sie die Bedingung noch **'umkehren'**:

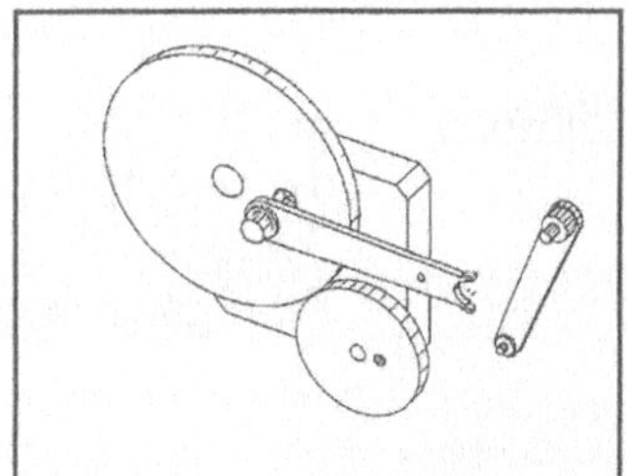

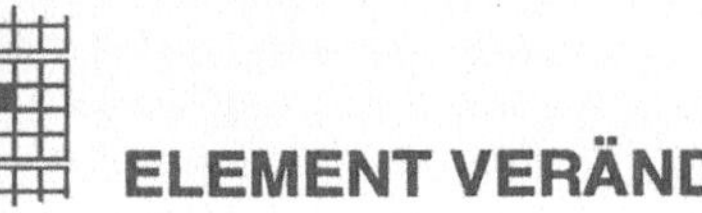 ELEMENT VERÄNDERN

Selektieren   Sie   das
KOINZIDENT&KOLINEAR - Symbol
①, so dass es weiß dargestellt wird

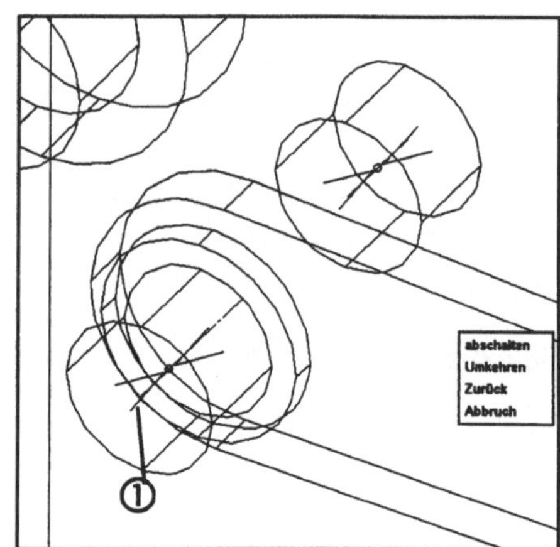

Änderungs Optionen

Umkehren
---

zu veränderndes Element selektieren
(Bestätigung)

Anmerkung: Auf die gleiche Art und Weise können Sie eine Zwangsbedingung
              auch **'abschalten'**, falls sie für irgendeine Absicht hinderlich sein
              sollte. Deaktivierte Zwangsbedingungen werden eingeklammert
              dargestellt (das **'einschalten'** deaktivierter Zwangsbedingungen
              funktioniert analog).

Jetzt weisen Sie den beiden Berührungsflächen zwischen 'Greiferarm' und 'gro-
ßem Reibrad' ebenfalls die Bedingung **KOINZIDENT&KOLINEAR** zu, wie Sie es
zuvor gelernt haben.

Alle Schritte, um schließlich noch den Gelenkarm anzuordnen und mit Zwangsbedingungen zu versehen, kennen Sie bereits.

Hinweis :   Sie brauchen jetzt nur an *einer* Berührungsfläche[1] des 'Gelenkarmes'
              die Bedingung **KOINZIDENT&KOLINEAR** zu erzeugen, sonst ist Ihr
              System überbestimmt. In diesem Falle würde die überflüssige
              Zwangsbedingung in Klammern gesetzt.

---

[1] entweder 'Gelenkarm' ↔ 'kleines Reibrad'   *oder* 'Gelenkarm' ↔ 'Greiferarm'

Danach sollte Ihr Bildschirm
ungefähr so aussehen:

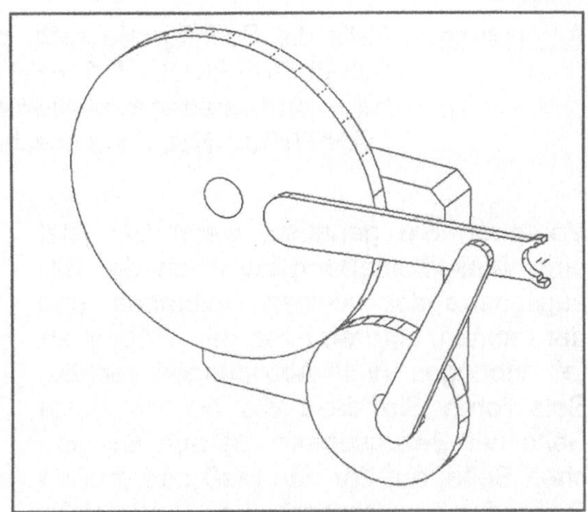

Bringen Sie nun zwei Winkelbemaßungen an, um die Baugruppe später animieren zu können:

Im ZWANGSBEDINGUNG -Fenster:

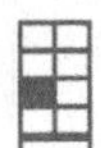 **WINKELBEMAßUNG** 

Das erste zu bemaßende Element selektieren

Selektieren Sie die Bezugsebene ① des 'großen Reibrades' an der kurzen äußeren Seite.

Das zweite zu bemaßende Element selektieren

Selektieren Sie die linke, obere Fase ② der 'Trägerplatte'

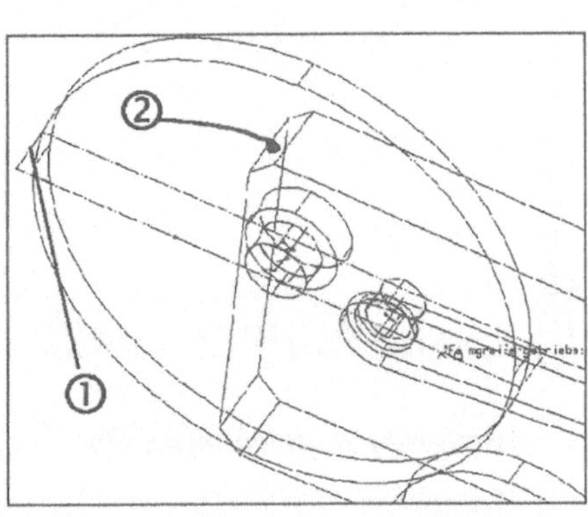

Textposition selektieren

Anmerkung   Wenn die beiden Flächen zufällig parallel sind, erscheint eine Fehlermeldung: „**Die beiden planaren Flächen sollten nicht parallel sein.**" DREHEN Sie dann das große Reibrad (nur dieses selektieren!) um einen Winkel von z.B. 3° um seine Achse. Achten Sie darauf, dass Sie den richtigen Pivotpunkt selektieren!

<u>Anmerkung:</u>   Falls die Schriftgröße nicht passend erscheint, können Sie die Schrift im PRODUKT & FERTIGUNGSINFORMATION - Fenster '☑ **Automatisch skalieren**' , nachdem Sie zuerst das Icon **DARSTELLUNG...** und anschließend das Maß selektiert haben

Verfahren Sie genauso, wenn Sie jetzt eine Winkelbemaßung zwischen der Bezugsebene des 'kleinen Reibrades' und der rechten, unteren Fase der 'Trägerplatte' anbringen (vgl. Abbildungen rechts). Selektieren Sie dazu die äußere kurze Seite der Bezugsebene **(3)** auf der gleichen Seite, auf der das Maß des großen Reibrades angebracht ist. Andernfalls könnte nicht der gewünschte Winkel dargestellt werden sondern z.B. der Gegenwinkel.

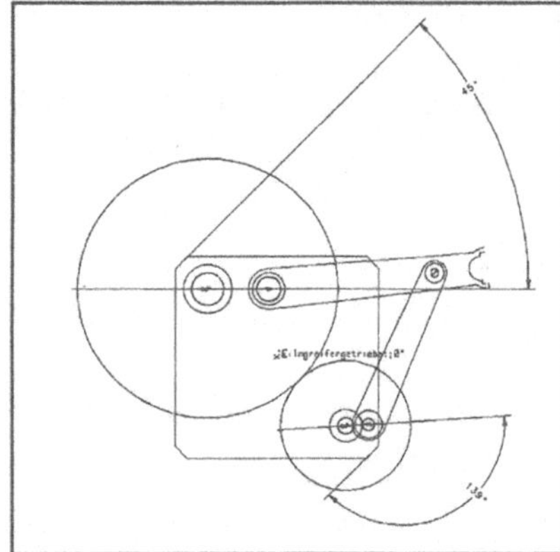

Nun werden Sie eine Verknüpfung zwischen den beiden Winkeln erzeugen.

Bewegen Sie zunächst den Mauszeiger an die **Winkelbemaßung** des 'großen Reibrades'. Merken Sie sich deren Bezeichnung (z.B. Hi1_D2).

BAUGRUPPEN GLEICHUNGEN

Baugruppengleichungen Option eingeben (Erzeugen)

Erzeugen

Zu steuerndes Maß selektieren

Selektieren Sie den Winkel am 'kleinen Reibrad'.

Ausdruck eingeben

720+(2 * „*Winkelbezeichnung*")

Dabei bedeutet „*Winkelbezeichnung*" der Name des Winkels, den Sie sich zuvor gemerkt haben (z.B. Hi1_D2). Bestätigen Sie zweimal

Animieren der Baugruppe

Das Filmgreifergetriebe ist jetzt mit allen erforderlichen Gelenken und Bedingungen versehen, und die Baugruppe kann nun animiert werden. Die Animation des Filmgreifergetriebes wird über die Veränderung des Winkels am großen Reibrad erzeugt. Der Aufbau einer Animation ähnelt der eines Zeichentrickfilms, auch hier werden einzelne Bilder, Konfigurationen genannt, erzeugt. Ein Abspulen der einzelnen Bilder erzeugt dann die Illusion einer Bewegung.

Zunächst werden Sie eine Sequenz von Konfigurationen erzeugen:

 **ELEMENT VERÄNDERN** 

zu veränderndes Element selektieren

Selektieren Sie die Bemaßung des Winkels am 'großen Reibrad'

Im BEMAßUNG ÄNDERN - Fenster selektieren Sie unter dem Pfeil ⟶ 'Animieren'

Im BEMAßUNG ANIMIEREN Fenster geben Sie links neben den Pfeil - Tasten '0' ein und rechts '345'.

In dem Eingabefeld **RAHMEN** geben Sie '23' (für die Anzahl der Konfigurationen) ein

Selektieren Sie Taste ◀ , um in Ausgangsstellung zu fahren.

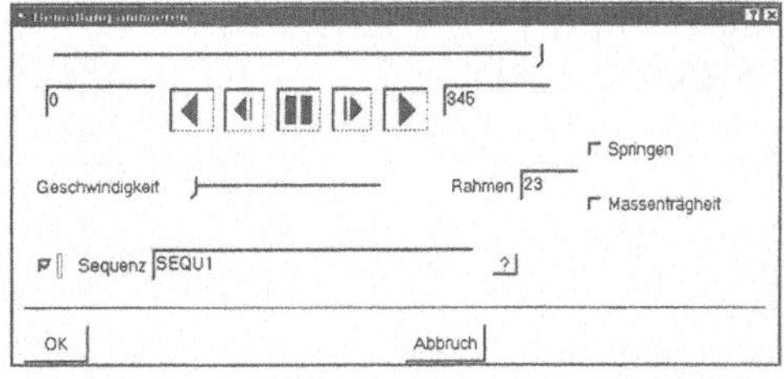

Erst jetzt aktivieren Sie das Kästchen ☑ vor **SEQUENZ** und selektieren ▶ , um die Aufzeichnung zu starten.

Wenn die Aufzeichnung beendet ist, selektieren Sie erneut die Taste ◀ und fahren in die Grundstellung:

OK   im BEMAßUNG ANIMIEREN - FENSTER

OK   im BEMAßUNG ÄNDERN - Fenster

Anmerkung:

Bevor Sie die Animation starten, können Sie über...

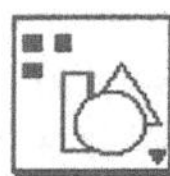

SICHTBARKEITSFILTER

...unerwünschte Elemente ausblenden, wie z.B. **'Bezugsebenen'** unter **'Teile...'** im SICHTBARKEITSFILTER - Fenster.

Starten der Animation

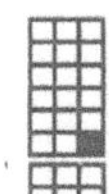

ANIMIERT HARDWARE...

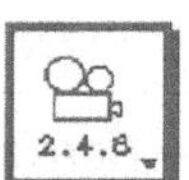

Das ANIMIERT HARDWARE - Fenster erscheint:

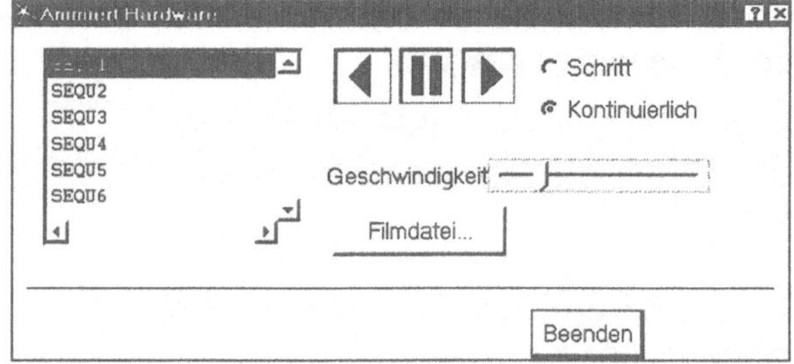

Über die Pfeil - Tasten können Sie die Animation vorwärts oder rückwärts starten. Außerdem können Sie hier die Geschwindigkeit verändern und zwischen Anzeige in Einzelschritten und kontinuierlicher Bewegung wählen.

Anmerkung: Sollten sich die 'Reibräder' unsinniger Weise in die gleiche Richtung drehen, so ist dies sehr wahrscheinlich auf die Winkelbemaßung zurückzuführen. Ändern Sie in diesem Fall die Baugruppengleichung:

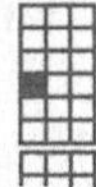   **BAUGRUPPEN GLEICHUNGEN**   

Baugruppengleichungen Option eingeben (Erzeugen)

> **Ändern**

zu steuerndes Maß selektieren

Selektieren Sie den Winkel am 'kleinen Reibrad'

*Ausdruck eingeben (720+(2*Hi1_D2))*

Geben Sie den Ausdruck neu ein, ändern Sie dabei
das '+' in ein '-' - Zeichen.

Erzeugen Sie nun, wie zuvor gelernt, eine neue Sequenz. Starten
Sie anschließend die Animation dieser neuen Sequenz.

Zum Schluss Ihrer Arbeitssitzung **SICHERN** Sie Ihre Modelldatei.

Ü5.3 Animieren des Zylinders (Kinematik)

Die lineare Bewegung eines Zylinders kann sehr einfach über die Veränderung eines Maßes animiert werden.
Dann müssen Sie nicht den Bereich MASTER MODELER verlassen.
Kopieren Sie zuerst im FÄCHER VERWALTEN – Fenster die Baugruppe ZYLINDER_MOD 1. In der vorigen Übung haben Sie die Schnittdarstellung des Zylinders generiert!

   **FÄCHER VERWALTEN**   

Schalten Sie im FÄCHER VERWALTEN – Fenster unter **ANSICHT** auf **BAUGRUPPE**. Hier sind dann nur die Baugruppen und deren Teile... aufgelistet. Selektieren Sie den ZYLINDER_MOD 1, also die geschnittene Ansicht von Ü5.1. Im KOPIEREN – Fenster benennen Sie das Teil mit einem neuem Namen z.B. **„Zylinder_Animation"** und selektieren Sie

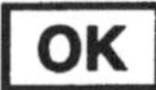

Im FÄCHER VERWALTEN – Fenster wählen Sie **BEENDEN**.

HOLEN Sie nun die Baugruppe auf die Werkbank und fahren Sie mit dem Befehl **VERSCHIEBEN** den Kolben gegen den Deckel, hier also in die ‚ausgefahrene' Position der Kolbenstange.

   **MAß**   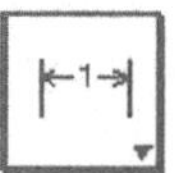

Das erste zu bemaßende Element selektieren

Selektieren Sie die planare Fläche des Bodens.

Das zweite zu bemaßende Element selektieren

Selektieren Sie nun die planare Fläche des Kolbens (Kolbenbodens).

In der nächsten Abfrage werden Sie nach der BEZUGSEBENE gefragt – diese dient nur der Positionierung der Bemaßung, nicht des Maßwertes.

Bemaßungsebene selektieren

Markieren Sie jetzt eine beliebige Fläche in der Schnittebene – z. B. vom Deckel, Boden oder der Anschlusskonsole.

Wenn Sie die richtigen Kanten bzw. planaren Flächen selektiert haben, wird der Bemaßungswert **(100)** sichtbar!

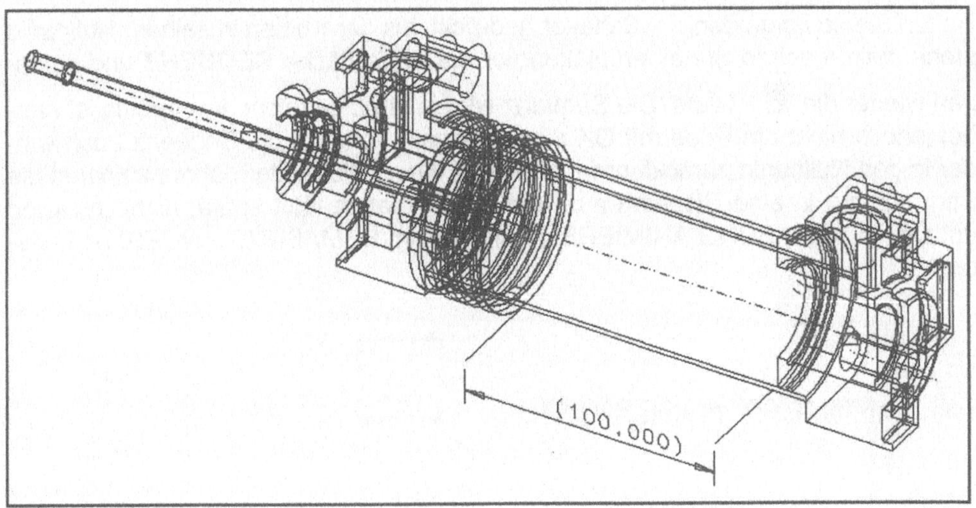

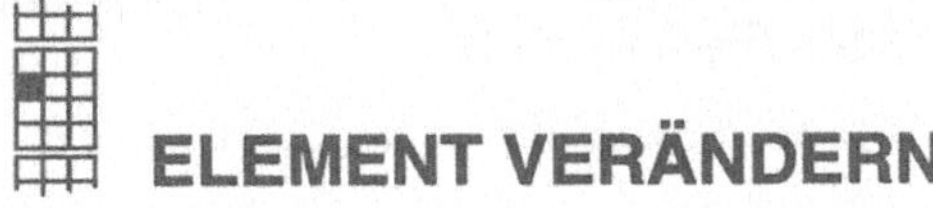

ELEMENT VERÄNDERN

zu veränderndes Element selektieren

Selektieren Sie das Maß 100 und wählen Sie im BEMAßUNG ÄNDERN – Fenster hinter dem Wert 100 ⊟⟩ **ANIMIEREN** wie in der vorigen Übung.

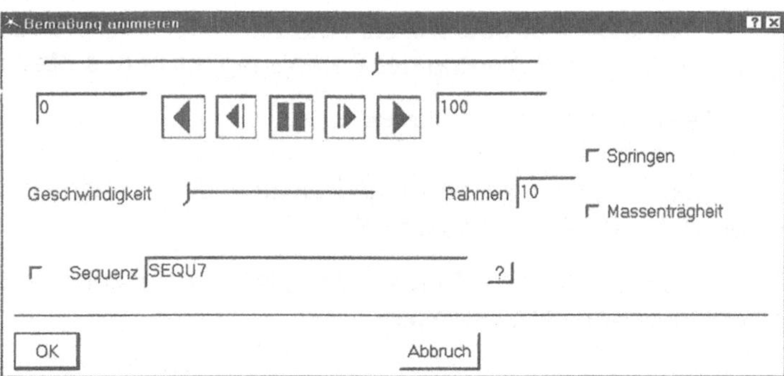

Halten Sie so lange den   Schalter gedrückt, bis der Kolben in seinem Nullpunkt steht. Jetzt machen Sie einen Haken vor die Schaltfläche **SEQUENZ** und betätigen wieder die  - Taste. Die Sequenz wird jetzt aufgezeichnet – wichtig ist hierbei jedoch nicht am Ende mit OK zu bestätigen, sondern die Sequenz auch wieder in den Nullpunkt zurückfahren zu lassen. Ohne diese Maßnahme zeichnet die Sequenz nur in eine Richtung auf, und die Animation läuft später nicht „ruckfrei" ab. **OK** im BEMAßUNG ANIMIEREN - und **OK** im BEMAßUNG ÄNDERN – Fenster.

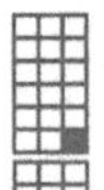 **ANIMIERT HARDWARE**

Selektieren Sie im ANIMIERT HARDWARE- Fenster Ihre Sequenz, schalten auf **KONTINUIERLICH** und betätigen die Taste. Die Geschwindigkeit sowie die Art der Animation (kontinuierlich oder Bilder) können Sie frei wählen.

Räumen Sie zum Schluss die Baugruppe unter dem Namen **'Zylinder_ Animation'** weg.

6 Modellieren von Blech - und Kunststoffteilen

Es werden zwei grundsätzlich verschiedene Wege zur Modellierung solcher Teile gezeigt. Bei dem ersten geht man von einem bekannten Raum aus, der umhüllt bzw. abgedeckt werden soll. Mit der zweiten Vorgehensweise kann aus einzelnen Blechebenen (Panels) die gewünschte Blechabdeckung erstellt werden.

Ü6.1 Blechabdeckung eines vorgegebenen Raums

Im Verlauf dieser Übung werden Sie eine Blechabdeckung (Teil 23a) um einen vorgegebenen Raum erzeugen. Das Ergebnis zeigt folgendes Bild:

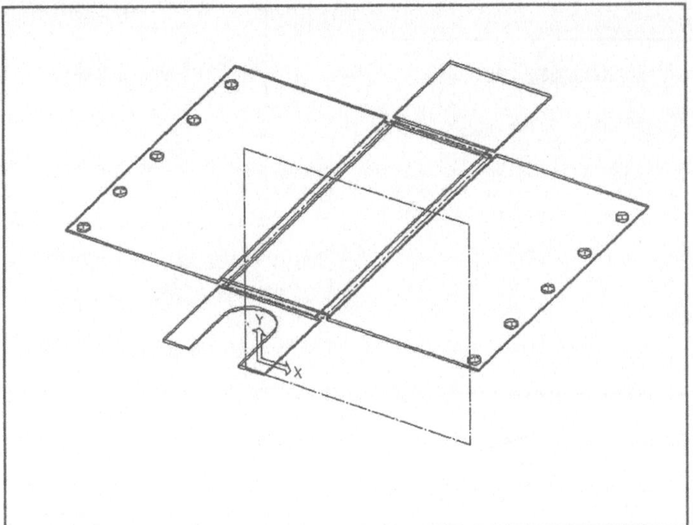

Blechabdeckung   Teil 23a

Sie werden dabei folgendes lernen:

- Festigen der erlernten Arbeitsschritte

- Erzeugen eines Blechteils aus einem Vollkörper

- Bearbeiten der Blechebenen

- Das Abwickeln eines Blechteils

Ablaufplan Blechmodellierung

Blechteilmodellierung

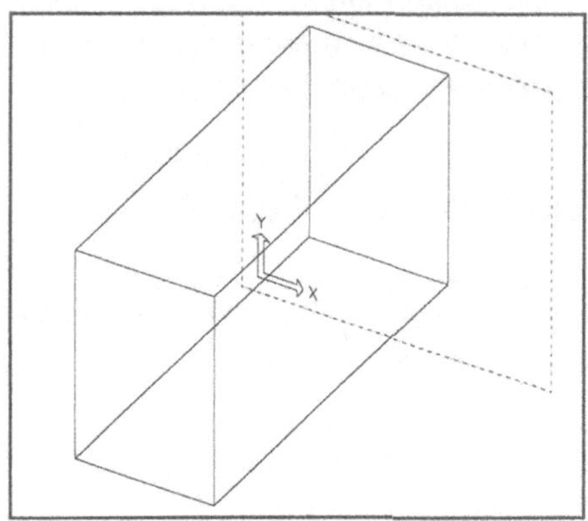

Zuerst wird ein Vollkörper erstellt.

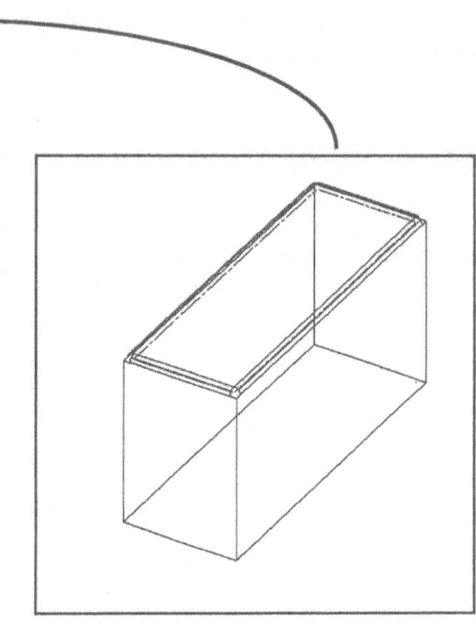

Dann werden Blechebenen um den Vollkörper erzeugt.

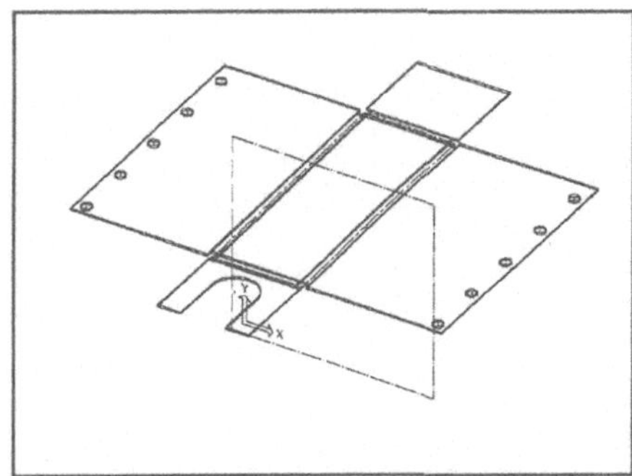

Am Ende dieser Übung wird aus der Blechebenenkontur ein 3D-Blechteil erzeugt.

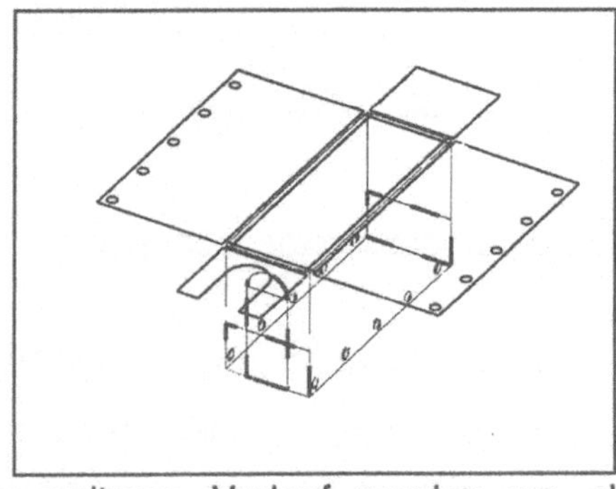

Im weiteren Verlauf werden am abgewickelten Teil noch Veränderungen vorgenommen.

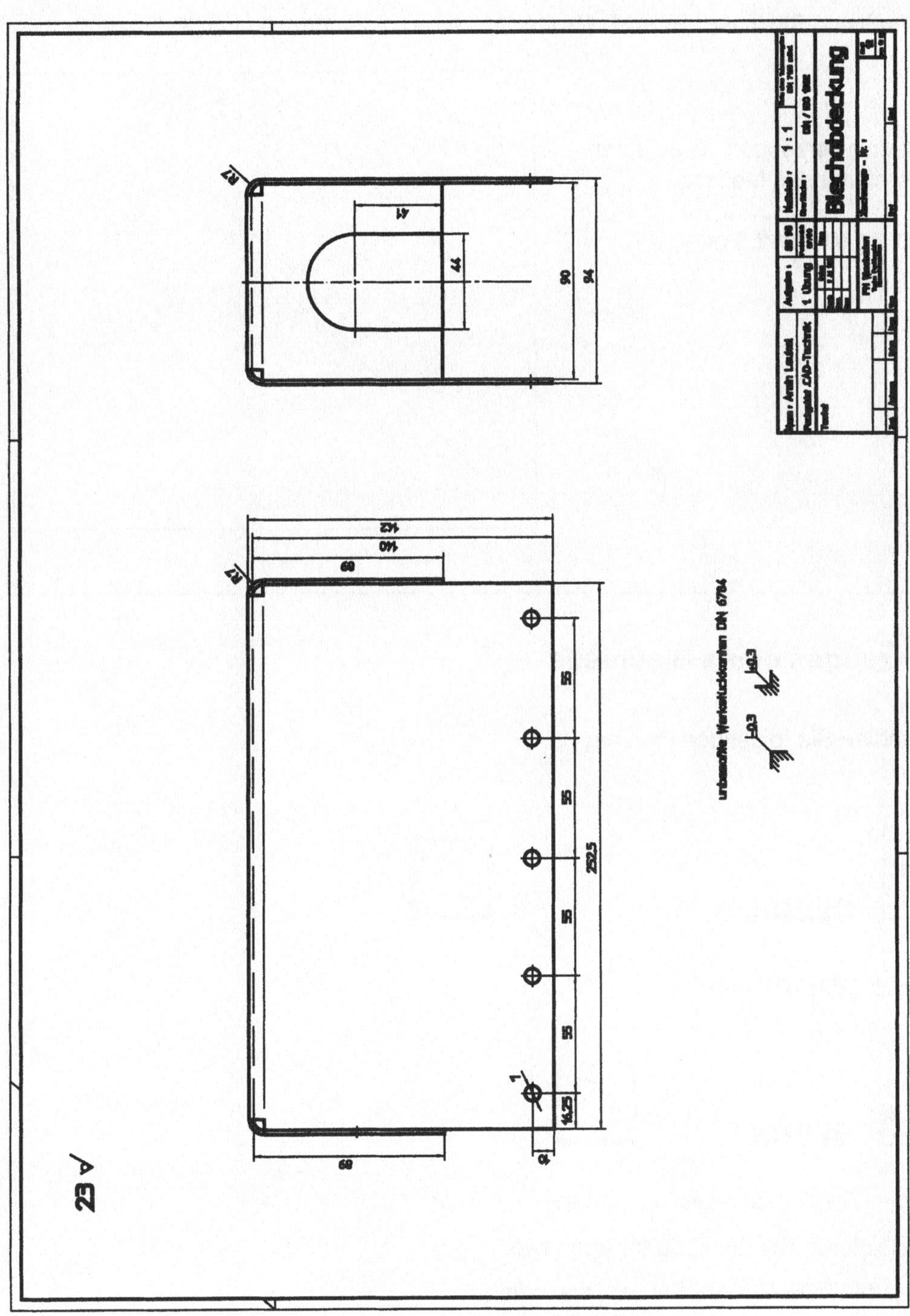

Wechseln Sie in den Bereich **Master Modeler** in die Modelldatei **'Zylinder'** .

Zuerst erzeugen Sie einen Block mit den Maßen:

90 x 140 x 252.5 (x, y, z)

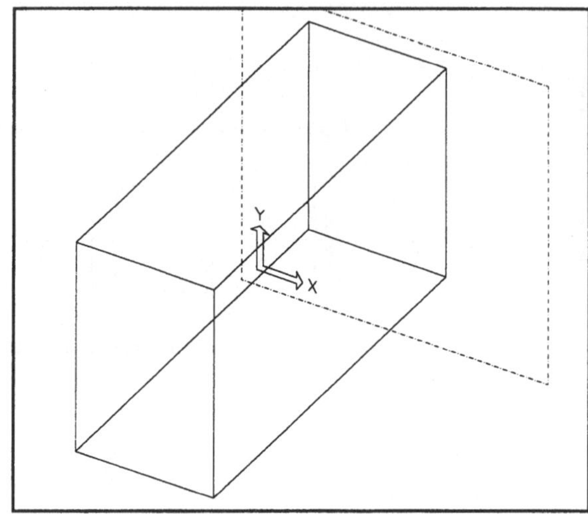

Erzeugen eines Blechteils

Wählen Sie folgendes Icon an:

 **BLECH...**　　　　　　

Im BLECH -Fenster:

 **BLECH**　　　　　　

Teil für Sheetmetal selektieren

Selektieren Sie den Quader irgendwo.

Das MATERIALIEN - Fenster erscheint:

      | OK | (um die Materialvorauswahl zu bestätigen)

Das BLECH -Formblatt erscheint. Hier sollte AUTOM ERZEUGUNG DER BIEGUNG *aktiviert* sein. Für BIEGERADIUS geben Sie den Wert '7' (AUßEN) ein. Die Wahl des SPANNUNGSFREISTICHTYP bleibt Ihnen überlassen.

Fläche für fixierte Blechebene selektieren

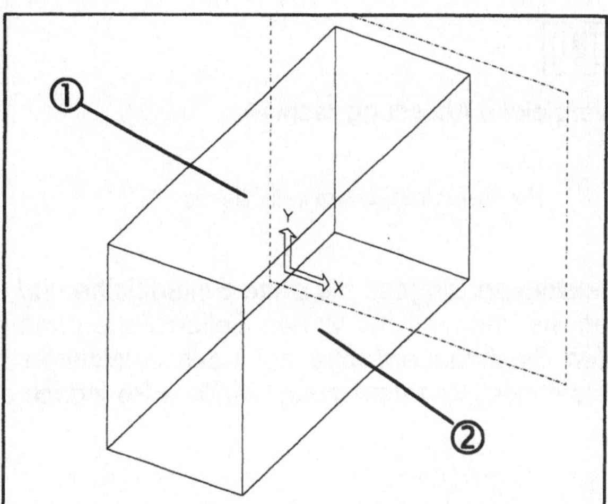

①

Aufdickrichtung korrekt ?
(Ja)

Anmerkung:
Die Aufdickrichtung (Pfeilrichtung) muss so gewählt werden, daß vom erzeugten
Block **'weg'** aufgedickt wird.

Die restlichen Blechebenen
werden nun in genau derselben Richtung aufgedickt.

Aufdickrichtung korrekt ? (Ja)

Blechebenenflächen selektieren (Finde_Biegungen)

Selektieren Sie eine der 4 Seitenflächen (z.B. ②)

Blechebenenflächen selektieren (Bes-
tätigung)

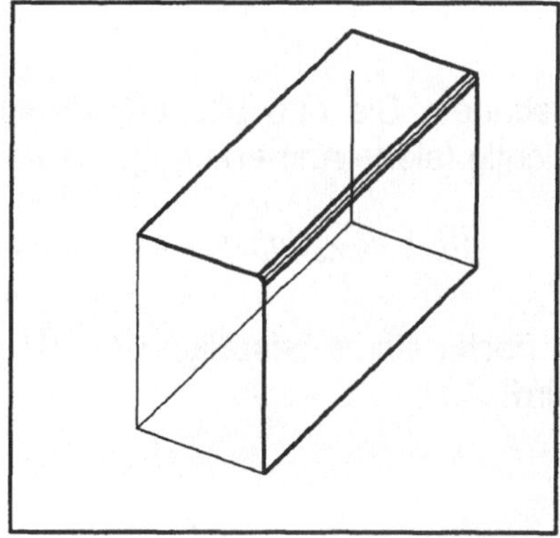

(Ergebnis siehe Abbildung rechts!)

Blechebenenflächen selektieren

Selektieren Sie die nächste Fläche

Blechebenenflächen selektieren (Bestätigung)

(vergleiche Abbildung rechts!)

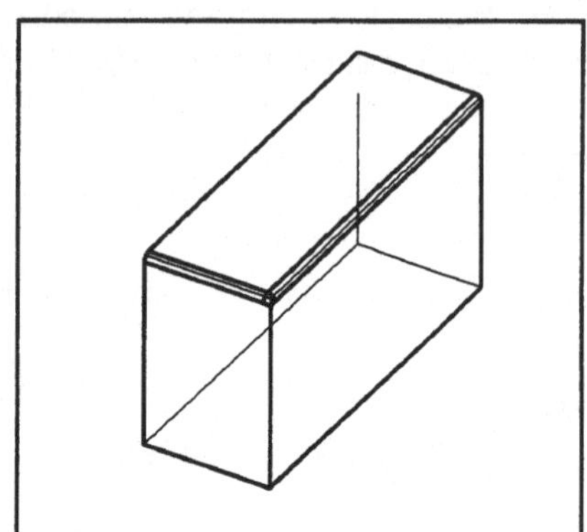

Blechebenenflächen selektieren

Selektieren Sie jetzt die dritte Seitenfläche und bestätigen Sie (). Verfahren Sie dann mit der vierten Seitenfläche genauso. Sie hätten ebenso ab der ersten Blechebenenfläche nur noch selektieren müssen, und am Ende zweimal Bestätigen. Voraussetzung hierfür wäre jedoch die SHIFT-TASTEN-AUTOMATIK

Anmerkung:

- Bitte beachten Sie, dass Sie bei der unteren Fläche keine Blechebene erzeugen, da die Blechabdeckung nach unten offen sein muss.

- Unterbrechen Sie den Befehl **BLECH** (ICON) nicht durch andere Befehle. Im Falle einer Unterbrechung würde die Funktion **BLECH** nicht oder nur teilweise ausgeführt, und Sie müssten Ihre Arbeit wiederholen.

Nachdem Sie nun alle erforderlichen Flächen selektiert haben, ist es deshalb wichtig (siehe Anmerkung!), die Aufforderung...

Blechebenenflächen selektieren

... nochmals zu bestätigen ([ICON]) , damit die Funktion **BLECH** abgeschlossen wird.

Sie erkennen die erfolgreiche Durchführung der letzten Arbeitsschritte daran, dass Ihre Blechabdeckung inklusive Biegekanten nun in einer anderen Farbe und mit dünnen Linien dargestellt wird:

Anmerkung: Wundern Sie sich nicht, wenn in der Ansicht **SCHATTIERT HARDWARE** die Flächen nur von einer Seite zu erkennen sind, denn sie werden immer noch „volumenlos" dargestellt! Drehen Sie Ihr Blechteil dazu mit F3 dynamisch.

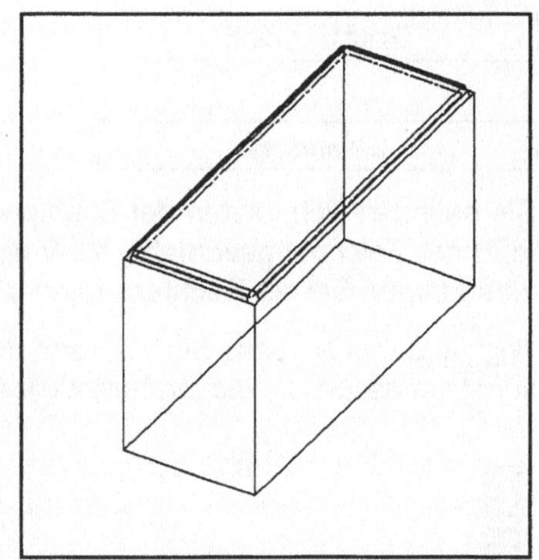

Bearbeiten der Blechebenen

Zunächst müssen Sie sich das Blechteil in der Drahtgeometrie darstellen lassen. Verfahren Sie dazu wie folgt:

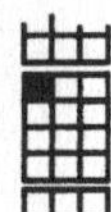 **ZUGRIFF HISTORIE**   

Bauteil, Feature oder Bezugsgeometrie – Elemente selektieren

Selektieren Sie das Blechteil irgendwo

Bauteil, Feature oder Bezugsgeometrie selektieren (Bestätigung)

Es öffnet sich das HISTORIE – Fenster, dort selektieren Sie die Verzweigung......

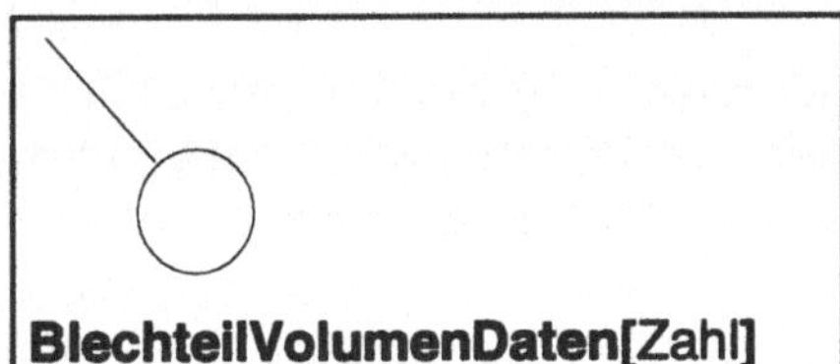

BlechteilVolumenDaten[Zahl]   , dann im ZUGRIFF HISTORIE – Fenster:

| **Drahtmodell** |

| **Beenden** |

Sie befinden sich jetzt in der Drahtgeometrie des Bleichteils. Ändern Sie jetzt gemäß der Zeichnungsvorgabe die Vorder- und Rückseite von 140 auf 89 mm. Dazu erzeugen Sie ein Rechteck mit der Höhe 51 mm, das später ausgestanzt wird.

<u>Wichtig</u> dabei ist, dass Sie während des Modifizierens *nicht* **AKTUALISIEREN**, sonst verlassen Sie die Drahtmodelldarstellung.

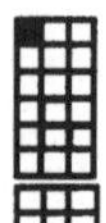 **AUF FLÄCHE SKIZZIEREN** 

Selektieren Sie die schmale Vorderseite des Blechteils (danach färbt diese sich blau).

 **MAß** 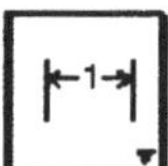

Das erste zu bemaßende Element selektieren

Selektieren Sie die rechte untere Ecke der Vorderfläche.

Das zweite zu bemaßende Element selektieren

Selektieren Sie die linke untere Ecke der Vorderfläche.

Bemaßungsebene selektieren

Wählen Sie erneut die Vorderfläche als Bezugsebene für die Bemaßung. Wenn Sie alles richtig gemacht haben, wird sich das Maß (90) einstellen. Dieses ist ein Referenzmaß und sollte Ihnen nur als Orientierung dienen.

Mit der Funktion **AUF FLÄCHE SKIZZIEREN** skizzieren Sie auf der Vorderfläche des Blechteils ein Rechteck. Damit das System Ihre Zeichnung nicht willkürlich bemaßt, schalten Sie vorher die Zwangsbedingungen für Bemaßungen aus.

 **RECHTECK 2 ECKEN** 

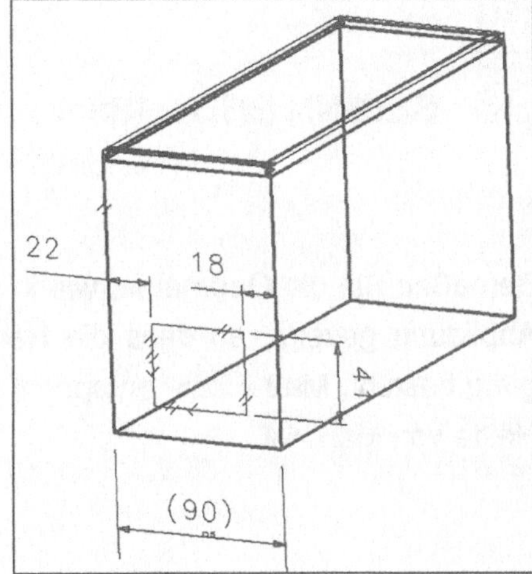

Nach der Bemaßung sollte Ihre Blechabdeckung ungefähr so aussehen:

 **BEDINGUNGEN UND MAßE ANBRINGEN** 

 **KOINZIDENT UND KOLINEAR** 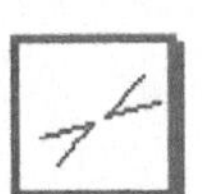

Legen Sie die untere Linie des Rechtecks mit der Bedingung **KOINZIDENT & KOLINEAR** auf der unteren Linie des Blechteils fest. Die Maße an den Seiten können Sie über **ELEMENT VERÄNDERN** auf null setzen oder koinzident und kollinear bemaßen. Hier können Fehlermeldungen auftreten, da sich die Linien nicht immer genau selektieren lassen. Sie können dann auch die Ecken des Blechteils selektieren.

Auf diese Weise stellen Sie noch Ihr Langloch her. Beide Konturen werden dann später in einem Arbeitsgang ausgestanzt.

 **LINIENZUG** 

Zeichnen Sie ein Rechteck mit 5 Linienzügen, beginnend auf der Mitte der Oberkante des vorhandenen Rechteckes. Anschließend setzen Sie einen Halbkreis auf das zweite Rechteck (siehe folgende Abbildung!):

 **BEGINN ENDE 180**   

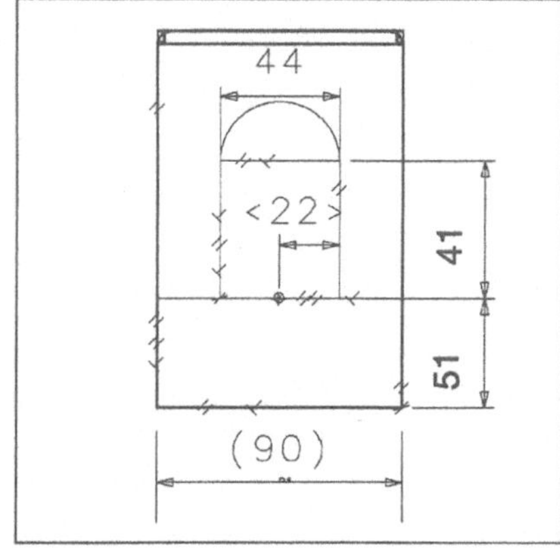

Bemaßen Sie die Geometrie, wie in der Abbildung gezeigt, so dass die Bedingung besteht, Maß <22> entspricht der Hälfte von Maß 44.

Nun stanzen Sie die Kontur aus der Blechebene aus:

 **BLECH...**   

Im BLECH - Fenster:

 **LOCH STANZEN**   

Blechteil über vorhandene Biegung / Blechebene selektieren

Selektieren Sie die Blechkontur an einer beliebigen Stelle.

Stanzform angeben
Kurve oder Kontur selektieren

Anmerkung: Unter **KONTUROPTIONEN** muss **AN SCHNITTPUNKTEN HALTEN** aktiviert sein, sonst können Sie den Verlauf der auszustanzenden Kontur nicht eindeutig beschreiben.

Selektieren Sie die Kontur des Langlochs (beginnend am Halbkreis), so daß sie violett oder rosa erleuchtet ist, und fahren Sie mit den Rechtecken fort.

Das Langloch sowie das Rechteck sind jetzt mit violett gestrichelter Linie umrandet.

Auf die gleiche Art und Weise werden Sie nun die ∅ 7mm - Ausstanzungen auf den Seitenblechen anbringen:

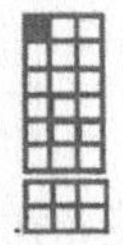 **AUF FLÄCHE SKIZZIEREN** 

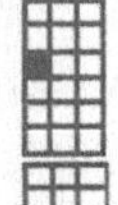 **MITTE UMFANGSPUNKT** 

Hinweis: Zunächst nur den linken unteren Kreis auf der Fläche zeichnen und bemaßen, dann:

 **VERSCHIEBEN** 

Kreis selektieren

Kopieren Sch.

An

Bewegen entlang

Vektor, dem entlang verschoben werden soll selektieren

Selektieren Sie z.B. die untere Kante

Ist Richtung OK ? (Ja)

| **Nein** | bzw. | **Ja** |

(so dass der Pfeil nach rechts zeigt)

Verschiebungsdistanz eingeben (0.0)

55 ↵

Anzahl der Kopien eingeben (1)

4 ↵

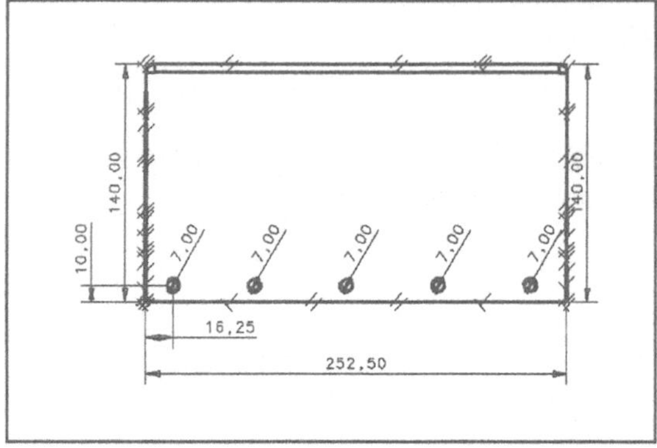

Jetzt können Sie alle 5 Löcher in einem Arbeitsschritt stanzen, wenn Sie beim Selektieren die **Shift** - Tasten gedrückt halten. Die Vorgehensweise für die Funktion **LOCH STANZEN** ist die gleiche, die Sie zuvor bei der Erzeugung des Langlochs und des Rechtecks kennen gelernt haben.

   **LOCH STANZEN**

Die Funktion Stanzen kann im Vergleich zum Extrudieren nur auf eine Fläche angewendet werden.

Deshalb müssen Sie mit der gegenüberliegenden Seite genauso verfahren.

Danach sollte Ihr Bildschirm ungefähr so aussehen:

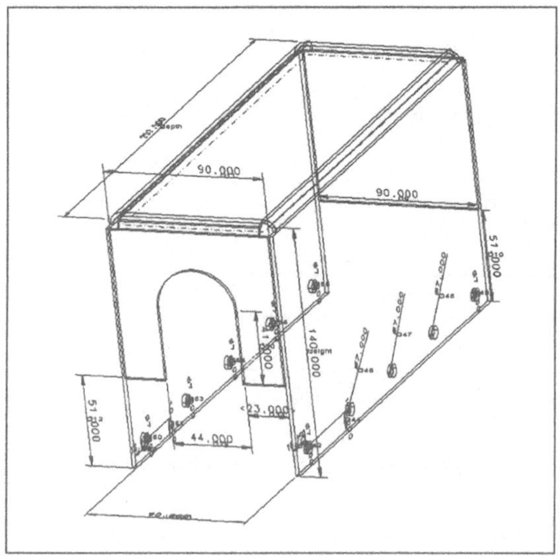

Das Abwickeln eines Blechteils

Nachdem alle Modifikationen vorgenommen worden sind, werden Sie das Blechteil abwickeln. Verfahren Sie dazu wie folgt:

 BLECH...

Im BLECH - Fenster:

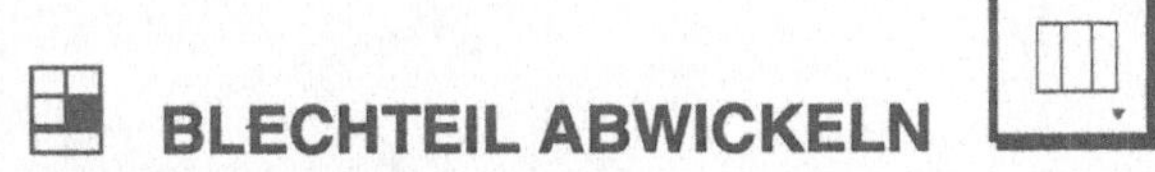 BLECHTEIL ABWICKELN

Bauteil zum Abwickeln selektieren

Selektieren Sie die Blechabdeckung an einer beliebigen Stelle.

Die Blechkontur ist nun abgewickelt. Jetzt müssen Sie noch <u>2x</u> Aktualisieren:

 VOLLSTÄNDIG AKTUALISIEREN 

Nun sehen Sie die fertige Blechabwicklung auf dem Bildschirm. Als letztes werden Sie den Blechebenen noch eine Dicke bzw. ein Volumen zuweisen:

 SCHALE...

Teil oder Volumen für Schalen selektieren

Selektieren Sie das Blechteil irgendwo

Im SCHALE - Fenster:

Anmerkung: Im anfänglichen Arbeitsschritt, in dem Sie die einzelnen Blech-
             ebenen definiert haben, sind schon alle Attribute wie Materialart,
             Materialdicke und Aufdickrichtung zugewiesen worden (→
             MATERIAL - Fenster), so dass Sie hier nur noch bestätigen
             müssen.

Ihr Bildschirm sollte nun so aussehen:

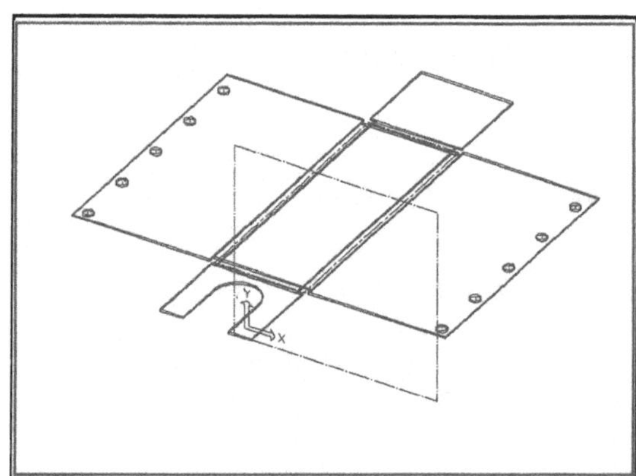

Anmerkung: Diese Art der Modellierung wird oft angewendet, um aus einer
             Blechabwicklung eine Technische Zeichnung abzuleiten. Die
             Fähigkeiten zum Erstellen einer Technischen Zeichnung können
             Sie weiter hinten in diesem Buch (Kapitel 8) erlernen.

Wie man die einzelnen Blechebenen in bestimmte Winkel biegen kann, wird in
der nächsten Übung 6.2 erklärt.

Geben Sie dem Objekt die Farbe **Graublau**.

Räumen Sie nun das Objekt unter dem Namen 'Blechabdeckung' Teil '23a' weg,
und sichern Sie die Datei.

Ü6.2 Blechabdeckung aus Blechebenen

Im Verlauf dieser Übung werden Sie die zweite Alternative zum Modellieren von Blechteilen kennen lernen und die Blechabdeckung (Teil 23) aus einzelnen Blechebenen (Panels) erzeugen. Das Ergebnis zeigt folgende Abbildung:

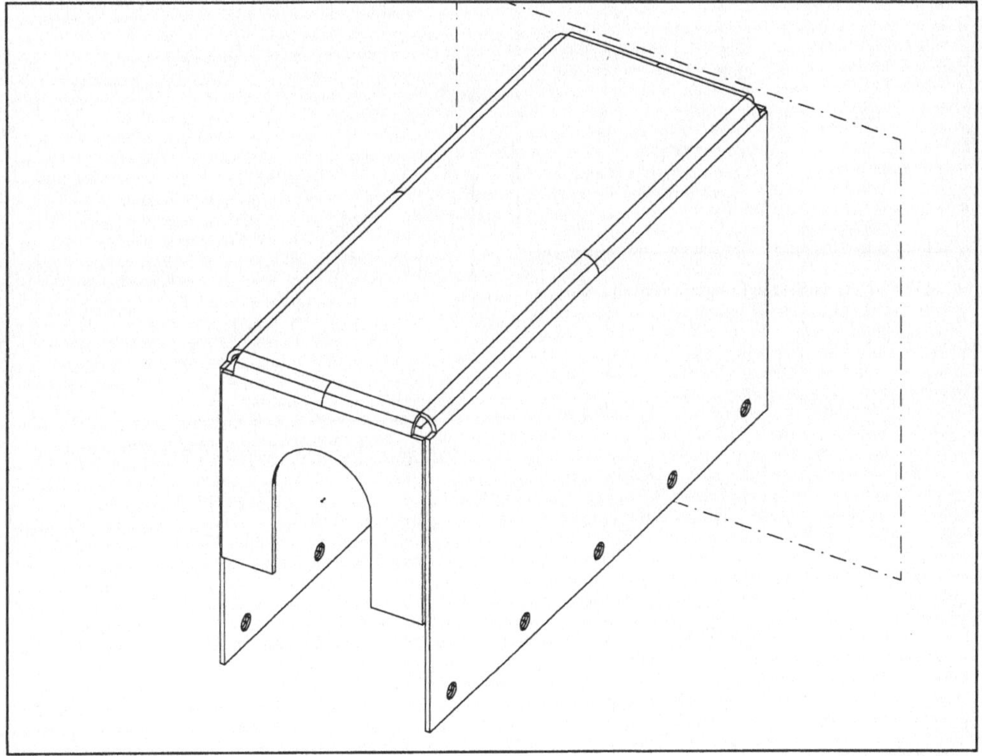

Blechabdeckung   Teil 23

Im einzelnen werden Sie folgendes lernen:

- Festigen der erlernten Arbeitsschritte

- Erzeugen von Blechebenen aus 2D-Skizzen

- Bearbeiten der Blechebenen

- Abwickeln der Blechabdeckung

- Abwinkeln einzelner Blechebenen

Ablaufplan Blechmodellierung

Blechteilmodellierung

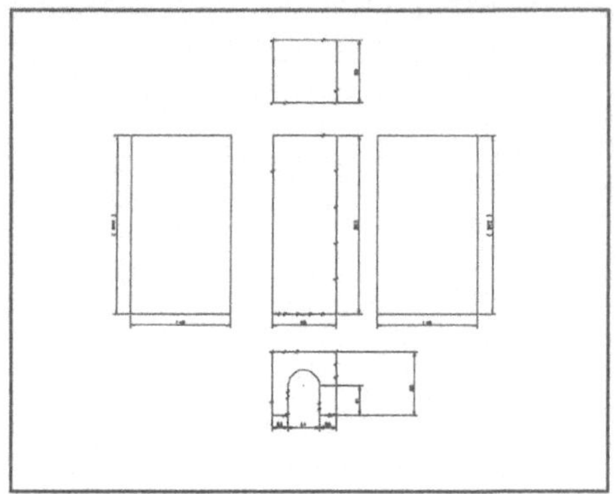

Zuerst wird die Blechgeometrie erstellt.

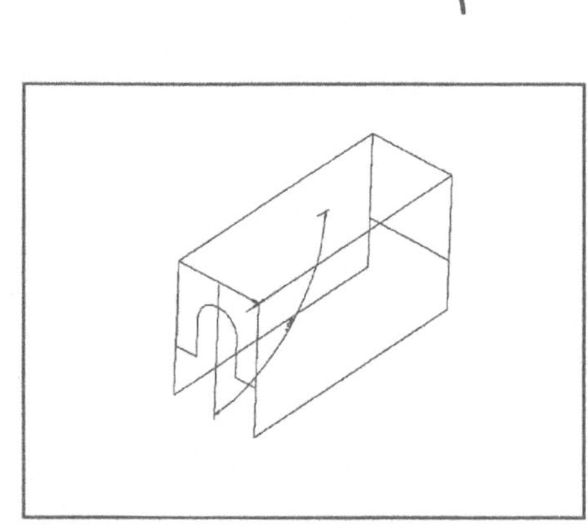

Dann werden die Panels zusammenge-
fügt.

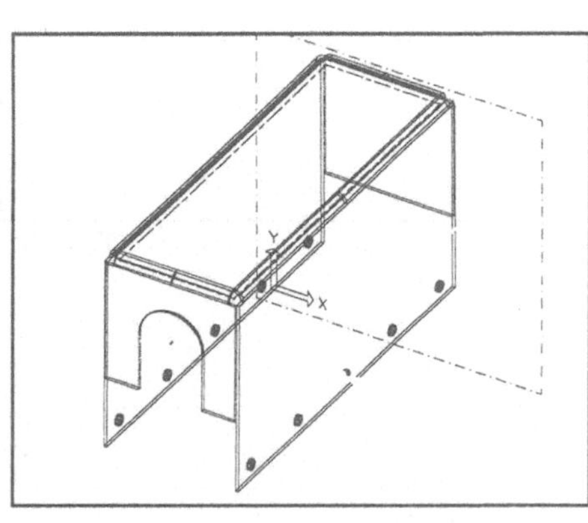

Am Ende dieser Übung wird aus dem
Blechmodell ein 3D-Volumen-Modell.

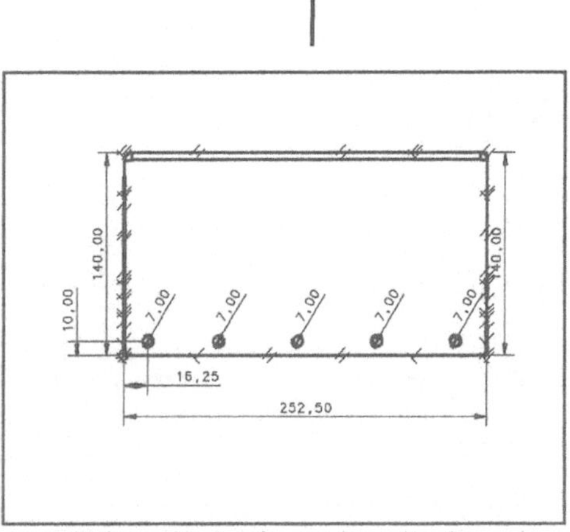

Im weiteren Verlauf werden die Panels
modifiziert

Zuerst erzeugen Sie die Konturen gemäß nebenstehender Skizze. Achten Sie darauf, dass beim Arbeiten mit dem dynamischen Navigator die Zwangsbedingungen Ihre Bemaßung nicht beeinflussen.

Schalten Sie die automatische Bemaßung im NAVIGATOR – Fenster aus und bemaßen Sie alle Maße einzeln!.

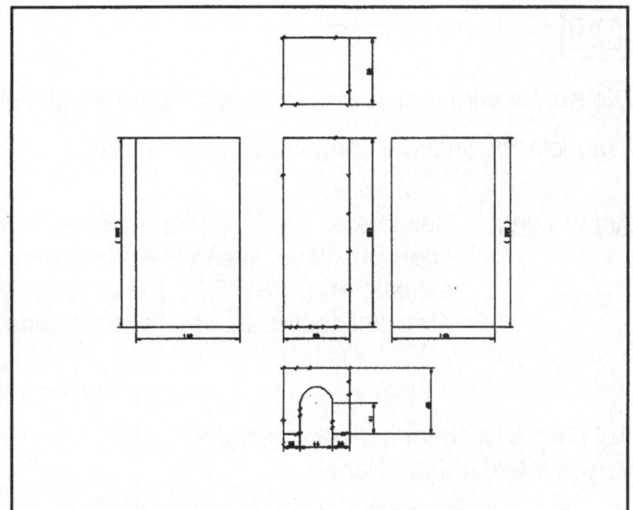

Erzeugen von Blechebenen aus 2D-Skizzen

Nachdem Sie die Konturen maßstabsgerecht erzeugt haben, werden Sie diese nun in Blechebenen, sogenannte „Panels", umwandeln. Wählen Sie dazu:

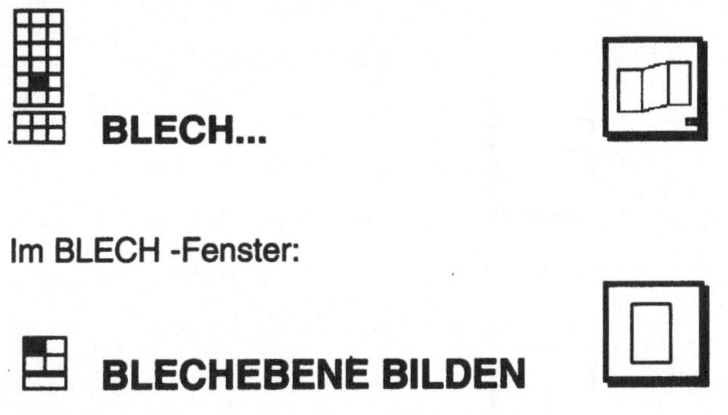

BLECH...

Im BLECH -Fenster:

BLECHEBENE BILDEN

Kurve oder Kontur selektieren

Stellen Sie vorher die **KONTUROPTIONEN** auf **AUTOM. VERKETTEN** und deaktivieren Sie **AN SCHNITTPUNKTEN HALTEN!** Somit wird mit einer Selektion die gesamte Kontur erfasst. Selektieren Sie zunächst eine der 5 Konturen.

Kurve, die hinzuzufügen oder abzuwählen ist, selektieren (Bestätigung)

Die Kontur wird nun in einer anderen Farbe dargestellt.

Wandeln Sie jetzt die übrigen Konturen ebenfalls in Panels um.

Anmerkung: Selektieren Sie in jedem Arbeitsschritt **nur eine** Kontur und bestätigen Sie diese. Wenn Sie nämlich mehrere Konturen gleichzeitig
selektieren (→ SHIFT - Taste betätigen), behandelt I - DEAS die.
Auswahl später als *ein* Teil bzw. *eine* Blechebene.

Auf dem Bildschirm befinden sich die 5
verschiedenfarbigen Panels.

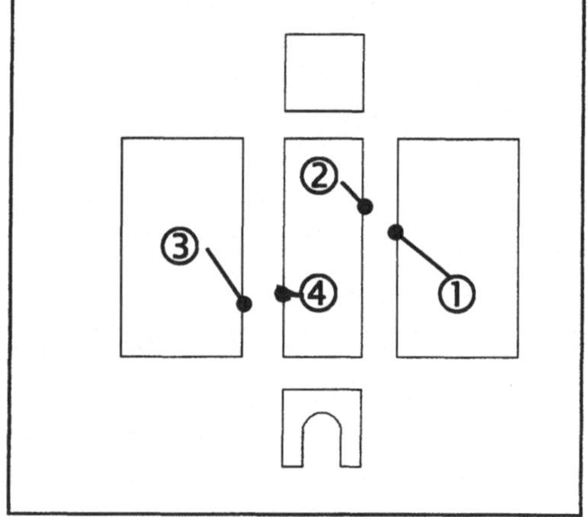

Diese werden Sie jetzt zusammenfügen. Schalten Sie auf **ISOMETRISCHE
ANSICHT** um.

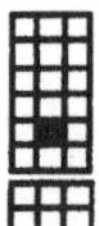 **BLECH...**

Im BLECH -Fenster:

 **BIEGUNG ERZEUGEN**

erste Kante vom stationären Bauteil selektieren

①

zweite Kante vom stationären Bauteil selektieren

②

Winkel zwischen Flächen eingeben (90.0)

Wenn das 'bewegbare' Teil nach „hinten", also in negative Z - Richtung zeigt:

|▯▮▯| sonst   **Inverser Winkel**

und dann : |▯▮▯|

Abstand zwischen Endpunkten eingeben (0.0)

Anmerkung: Falls in dieser Klammer ⬆ eine andere Zahl steht, z.B. 5.5511151D-14, tippen Sie eine '**0**' ein, bevor Sie bestätigen:

|▯▮▯|

erste Kante vom stationären Bauteil selektieren

③   (siehe Abbildung auf vorheriger Seite!)

zweite Kante vom stationären Bauteil selektieren

④   (siehe Abbildung auf vorheriger Seite!)

Winkel zwischen Flächen eingeben (90.0)

usw., s.o.

Jetzt haben Sie das zweite Panel angefügt. Mit den übrigen beiden Panels verfahren Sie analog.

Ihr Bildschirm sieht dann ungefähr
so aus:

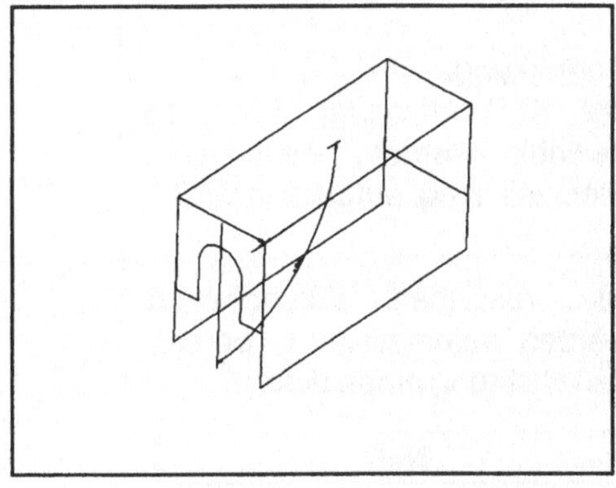

Bevor Sie die Löcher ausstanzen können, müssen Sie der Blechabdeckung zuerst noch bestimmte Attribute zuweisen, insbesondere eine Materialart:

BLECH...

Im BLECH -Fenster:

 **BLECH**

Teil für Sheetmetal selektieren

Selektieren Sie das Blechteil an einer beliebigen Stelle.

Das MATERIALIEN - Fenster erscheint; die Materialvorauswahl bestätigen:

Das BLECH - Formblatt erscheint. Hier sollte AUTOM. ERZEUGUNG DER BIEGUNG <u>deaktiviert</u> sein. Für BIEGERADIUS geben Sie den Wert '7' ein, für den RADIUSTYP wählen Sie AUßEN.

Fläche für fixierte Blechebene selektieren

①

Aufdickrichtung korrekt ?
(Ja)

<u>Anmerkung:</u>
Die Aufdickrichtung muss so gewählt werden, dass vom Blechteil **'weg'** aufgedickt wird.

Die restlichen Blechebenen werden automatisch in derselben Richtung aufgedickt.

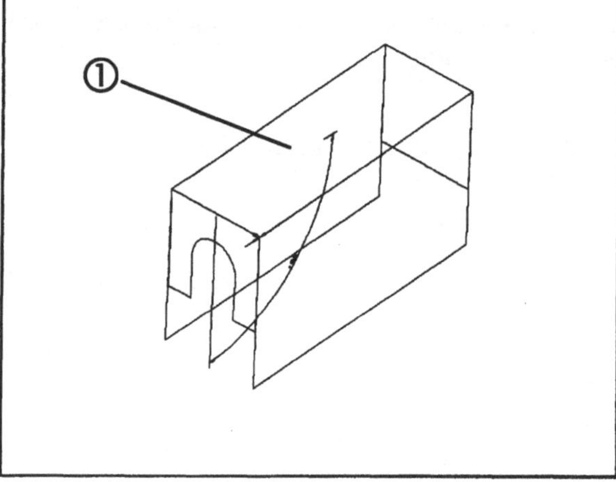

Aufdickrichtung korrekt ? (Ja)

Erzeuge Biegung zwischen diesen Ebenen (Ja)

Änderung wählen (Bestätigung)

Erzeuge Biegung zwischen diesen Ebenen (Ja)

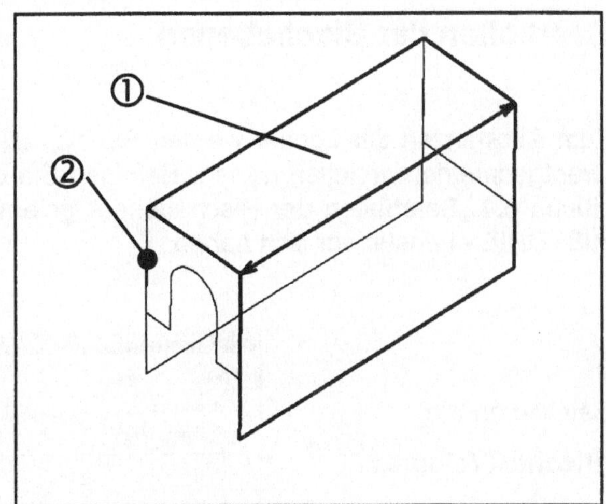

Selektieren Sie nacheinander alle Seiten der Fläche ① als Biegekanten; sollten Sie währenddessen nach anderen Kanten (z.B. ②) gefragt werden:

Nein

Nachdem Sie alle 4 Biegekanten bestimmt haben, erscheint die Aufforderung:

Blechebenenflächen selektieren (Finde_Biegungen)

Blechebenenflächen selektieren

Ihr Bildschirm sollte jetzt folgendes Bild zeigen:

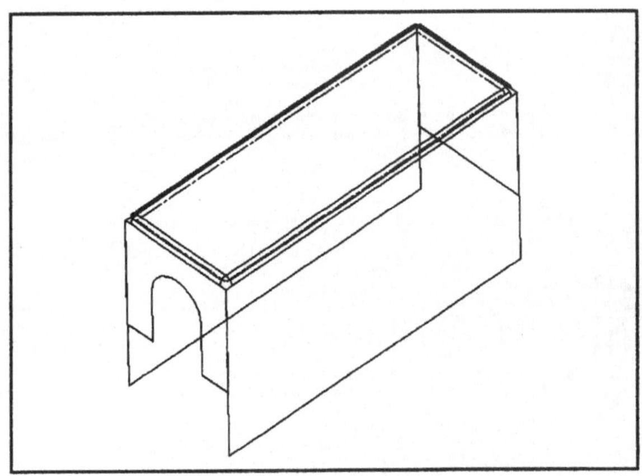

Bearbeiten der Blechebenen

Zum Ausstanzen der Löcher werden Sie sich die Blechabdeckung wieder in der Drahtgeometrie darstellen lassen. Befolgen Sie dazu die Schritte, die Sie in der Übung 6.1 „Bearbeiten der Blechebenen" gelernt haben, bis Sie das ZUGRIFF HISTORIE - Fenster vor sich haben:

Selektieren Sie

'BlechteilVolumen

 Daten [Zahl]',

dann:

Drahtmodell

Beenden

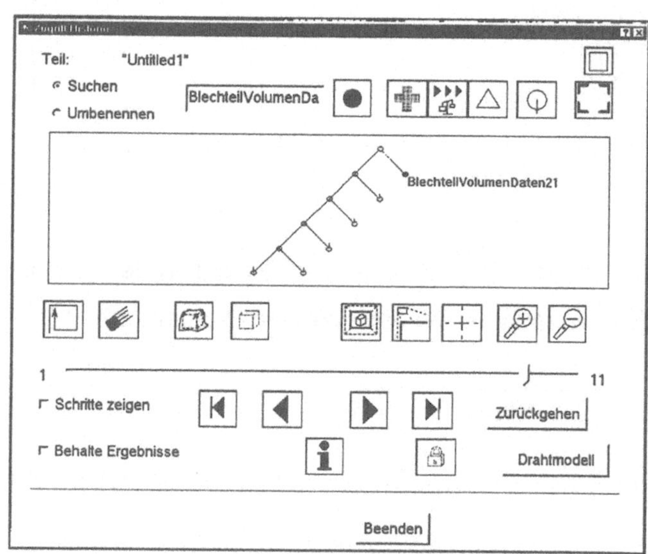

Im Folgenden können Sie so vorgehen, wie in Ü6.1 gezeigt:

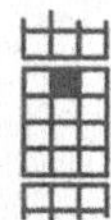 **VERSCHIEBEN**  **(KOPIEREN SCH. auf AN!)**

 **LOCH STANZEN** 

Nachdem Sie alle 5 Löcher ausgestanzt haben, wiederholen Sie diese Schritte auch für die gegenüberliegende Seite! Wie Sie bereits wissen, kann Stanzen im Vergleich zum Extrudieren nur auf eine Fläche angewendet werden:

 **VOLLSTÄNDIGE AKTUALISIERUNG** 

Bauteil – gruppe für vollständige Wiederholung selektieren

Selektieren Sie die Blechabdeckung an einer beliebigen Stelle.

Danach sollte Ihr Bildschirm so aussehen:

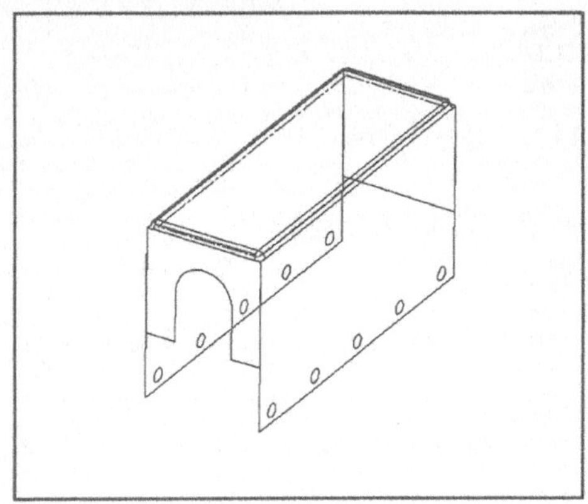

Zum Schluss werden Sie auch diesem Blechteil ein Volumen zuweisen:

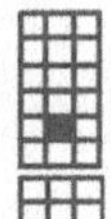 **SCHALE...** 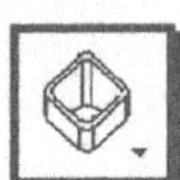

Teil oder Volumen für Schalen selektieren

Selektieren Sie das Blechteil irgendwo

Im SCHALE - Fenster:

OK

Ergebnis:

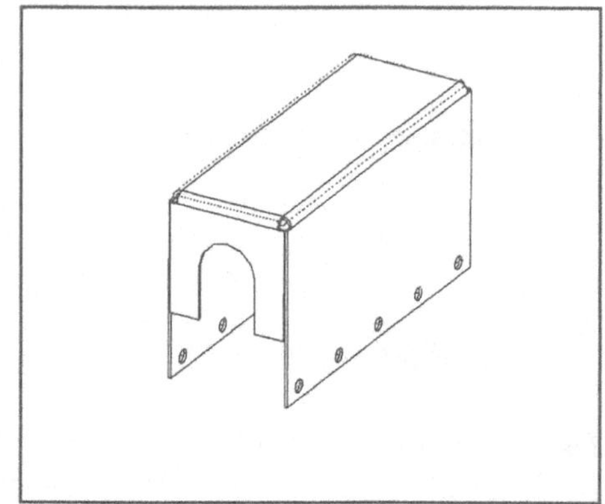

Abwickeln der Blechabdeckung

Zur Fertigung der Blechabdeckung muss sie in eine planare Fläche abgewickelt werden, damit man die Abwicklung aus einer Blechtafel ausschneiden kann.

 BLECH...   

Im BLECH – Fenster:

 BLECHTEIL ABWICKELN   

Blechteil zum Abwickeln selektieren

Selektieren Sie das Blechteil an einer beliebigen Stelle.

 AKTUALISIEREN   

Hierbei haben Sie dann Ihr Blechteil so abgewickelt, wie es in der Abbildung am Ende der letzten Übung zu sehen ist.

Abwinkeln einzelner Blechebenen

Wenn einzelne Blechebenen in einem bestimmten Winkel zur Bezugsebene stehen müssen, kann man sie abwinkeln. Dazu müssen Sie zunächst die Blechabdeckung in ihren Ausgangszustand zurückversetzen. Wählen Sie im BLECH – Fenster:

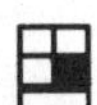 **BLECHTEIL BIEGEN** 

Bauteil für Falten selektieren

Selektieren Sie die Blechabdeckung irgendwo und **AKTUALISIEREN** Sie.

Jetzt wechseln Sie in die Liniendarstellung.

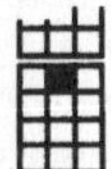 **LINIENDARSTELLUNG** 

Lassen Sie sich die Bemaßung anzeigen, damit Sie sie verändern können.

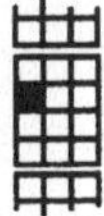 

ELEMENT VERÄNDERN

zu veränderndes Element selektieren

Selektieren Sie das Blechteil irgendwo.

Im BEMAßUNGEN - Fenster selektieren Sie nun einen der 90° Winkel (Bend Angle_(Zahl)) und geben einen Wert Ihrer Wahl ein, z. B. 20°. Wählen Sie danach im BEMAßUNGEN – Fenster

OK

Der Winkel gibt die Lage der Blechebene zur Deckfläche an.

   **AKTUALISIEREN**   

Danach sollte Ihr Bild
so aussehen:

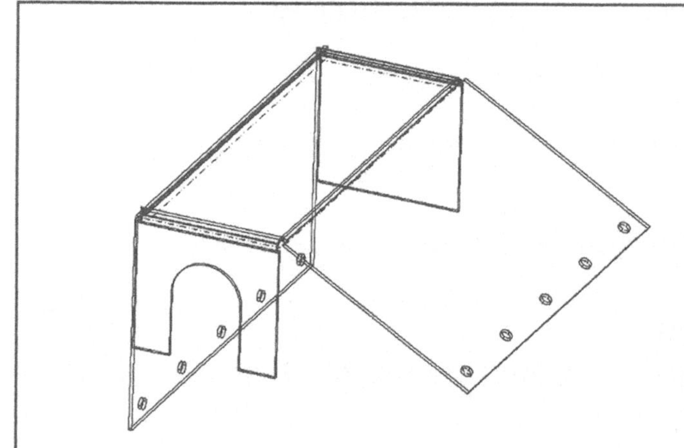

Geben Sie dem Objekt die Farbe **Hellblau**.

Räumen Sie nun das Objekt unter dem Namen **'Blechabdeckung'** Teil **'23'** weg,
und sichern Sie die Datei.

Ü6.3 Kunststoffabdeckung

In dieser Übung werden Sie die Kunststoffabdeckung (Teil 24) für die Baugruppe Zylinder erzeugen. Das Ergebnis zeigt die folgende Abbildung:

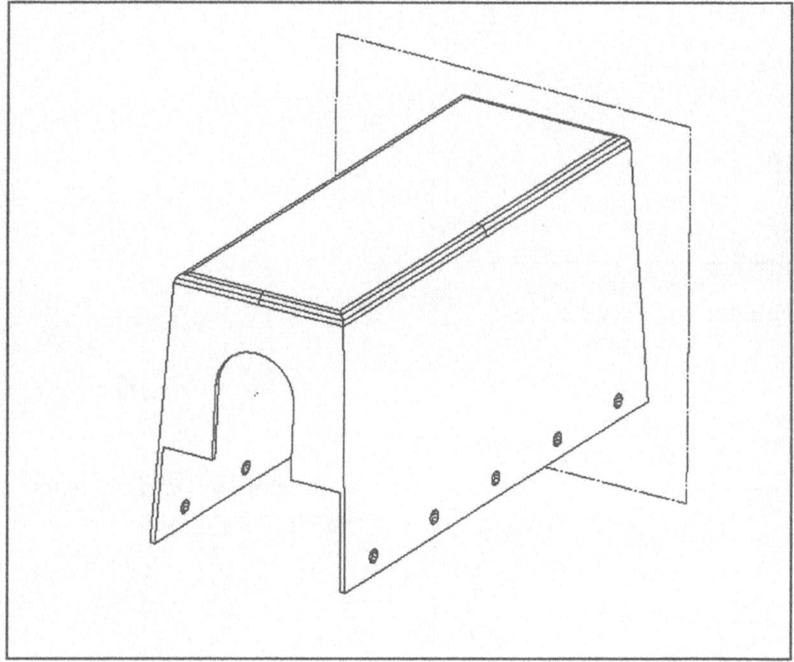

Kunststoffabdeckung   Teil 24

Neben dem Erstellen eines Kunststoffteils aus einem Vollkörper werden Sie folgendes lernen:

- Festigen der gelernten Arbeitsschritte
- Erzeugen eines Hohlkörpers aus einem Vollkörper mit Hilfe der Schalenfunktion
- Bearbeiten des Hohlkörpers
- Anbringen von Aushebeschrägen
- Verrunden von Eckpunkten

Kunststoffmodellierung

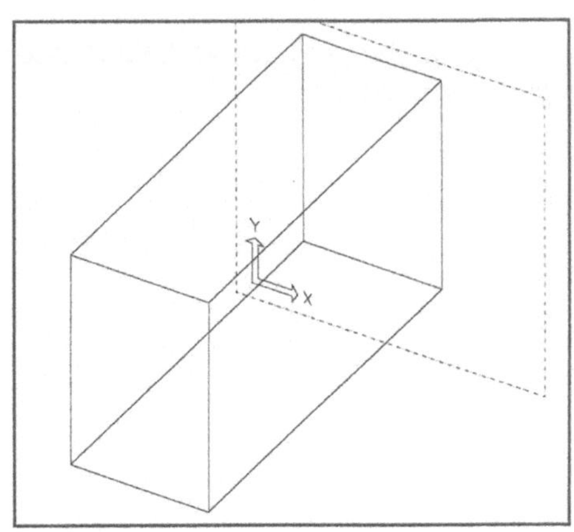

Zuerst wird ein Vollkörper erstellt.

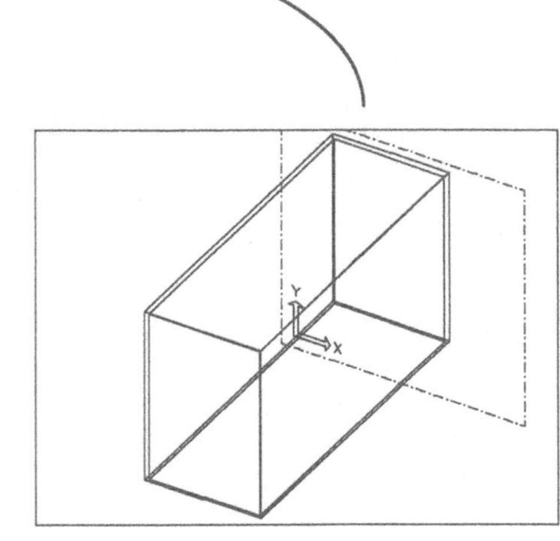

Aus dem Vollkörper wird nun ein Hohlkörper erzeugt.

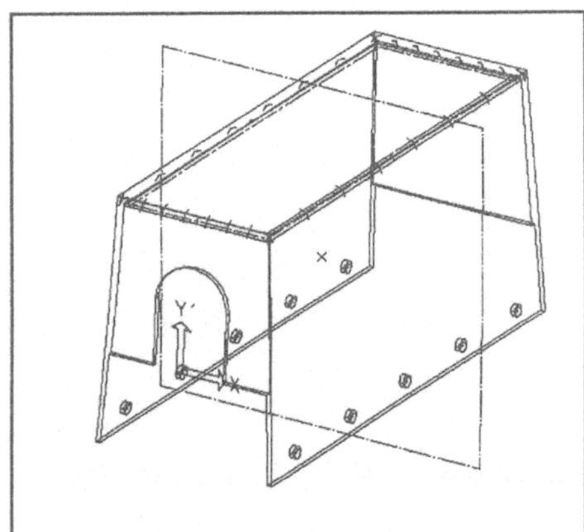

Am Ende dieser Übung werden die Rundungen und die Aushebeschrägen angebracht.

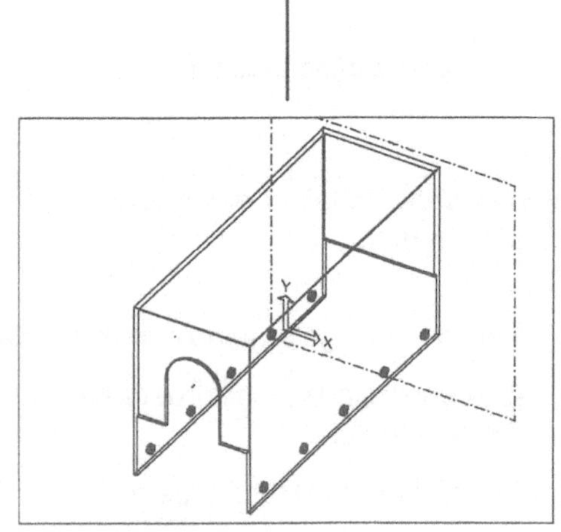

Im weiteren Verlauf werden noch Veränderungen vorgenommen.

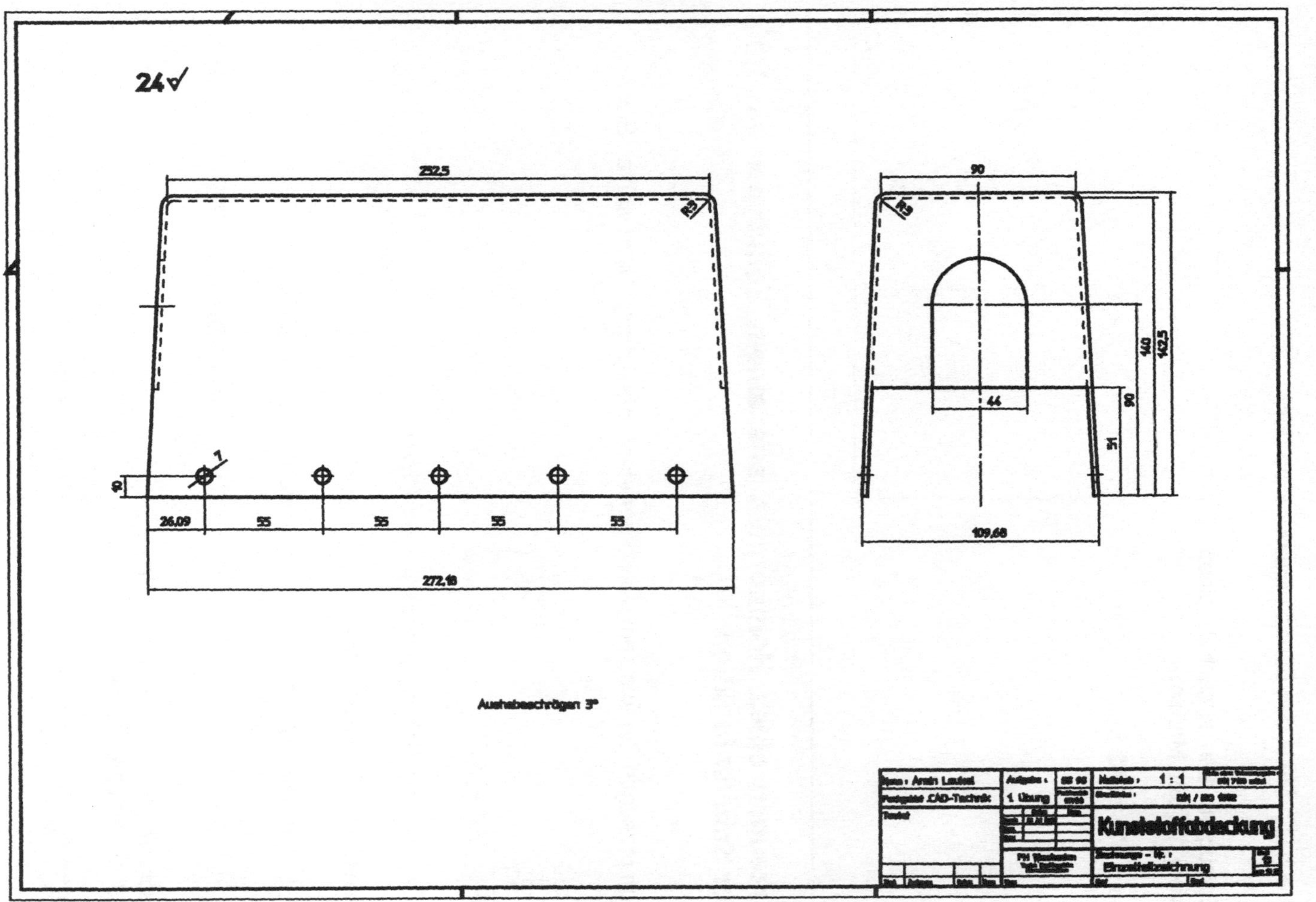

24√
292,5
R5
7
10
26,09
55
55
55
55
272,18
90
R5
140
142,5
44
90
51
109,68
Aushebeschrägen 3°
Name : Armin Leubel
Fachgebiet : CAD-Technik
Text
Aufgabe :
1. Übung
Maßstab : 1 : 1
Kunststoffabdeckung
FH Wiesbaden
Zeichnungs - Nr. :
Einzelteilzeichnung

Wechseln Sie in den Bereich **Master Modeler**

Erzeugen Sie zunächst einen Block mit den Maßen:

90 x 140 x 252.5

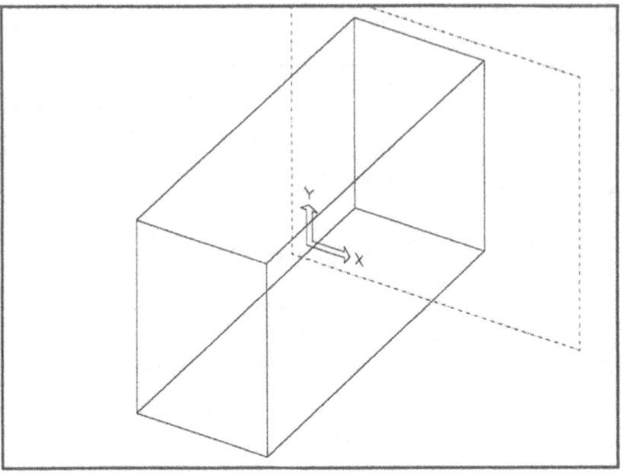

Erzeugen eines Hohlkörpers aus einem Vollkörper mit Hilfe der Schalenfunktion

Nun erzeugen Sie aus dem Vollkörper einen Hohlkörper. Dazu wählen Sie:

 **SCHALE**   

Teil oder Volumen für Schalen selektieren

Selektieren Sie Ihren Block.

Teil oder Volumen für Schalen selektieren (Bestätigung)

Nachdem Sie für Dicke den Wert '**2.5**' eingegeben haben:

(kehrt die Richtung der Schalen- oder Offsetoperation um)

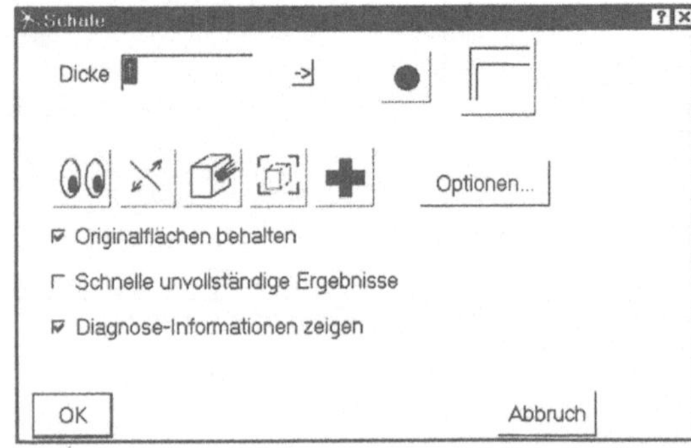

Anmerkung: Der Pfeil muß vom Quader weg zeigen ! Nur dann wird nach außen geschalt.

im SCHALE - Fenster:

 (Wählt die zu entfernenden Flächen)

Oberfläche zum Entfernen selektieren

Wählen Sie die untere Fläche des Vollkörpers aus

Oberfläche zum Entfernen (Bestätigung) selektieren

Da keine weiteren Flächen gelöscht werden müssen, und

OK im SCHALE - Fenster.

Ihr Bild sollte nun so aussehen:

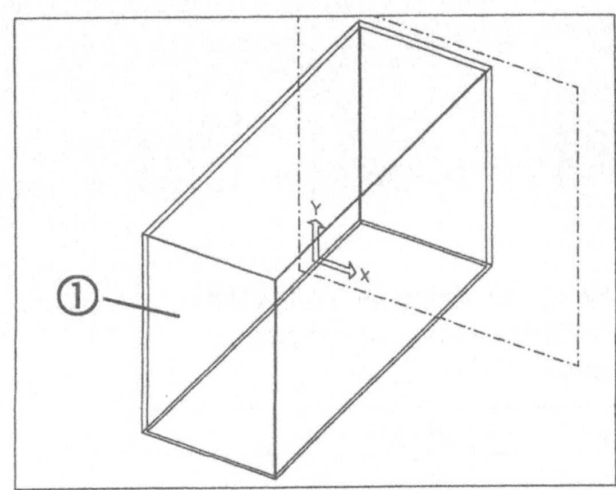

Bearbeiten des Hohlkörpers

Jetzt muss die Vorder- und Hinterseite der Schale noch verändert werden, damit
die Abdeckung später über den Zylinder passt. Gehen Sie dazu wie folgt vor:

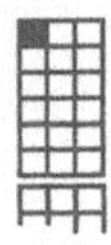 **AUF FLÄCHE SKIZZIEREN** 

Hinweis: Hier sollten Sie die außen liegende Fläche der Vorderseite ① 
                 (siehe Abbildung auf der vorigen Seite!) auswählen.

 **RECHTECK 2 ECKEN**   

Bemaßen Sie das Teil mit Bedingungen, wie Sie es bereits gelernt haben. Das skizzierte Rechteck sollte immer den gleichen Abstand zu den Ecken aufweisen. Die Maße entnehmen Sie der Zeichnung. Beachten Sie dabei die Schalendicke.

Anmerkung: Wenn Sie ihr Rechteck bemaßen, um es zu verändern, könnte eine Fehlermeldung erscheinen, weil zufällig der Mittelpunkt einer Linie bei der Höhenfestlegung der Rechteckskizze gefangen wurde. Löschen Sie die Bedingung 'Mittelpunkt einer Linie' (⊗) oder arbeiten Sie von Beginn ohne automatische Bedingungen!

 **EXTRUDIEREN** 

Unter den Optionen im EXTRU-
DIEREN – Fenster selektieren
Sie.

Durch Alles

Ausschneiden

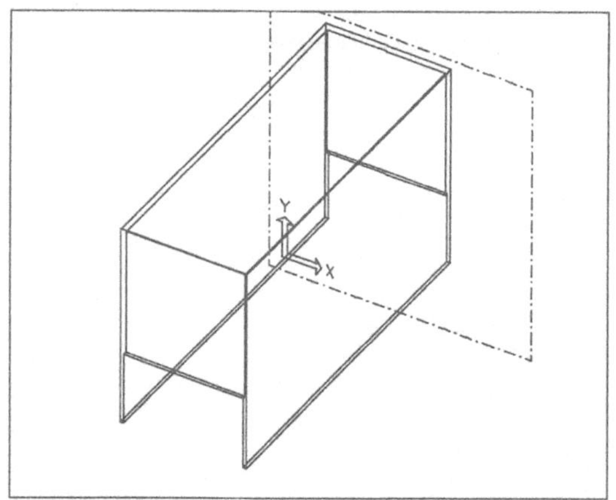

Achten Sie auch hier auf die Richtung des Extrudierens!

Alternative: Block (90/51/257.5) erzeugen und **SCHNEIDEN**   .
                 Dadurch können Sie die Vorder- und Rückseite auch in einem Schritt modifizieren.

Bringen Sie nun die Aussparung an der Vorderseite an.

Benutzen Sie hierzu die Funktionen **LINIENZUG** und **BEGINN ENDE 180**. Zum Skizzieren der Kontur legen Sie diese mit Maßen und Zwangsbedingungen fest. Vergessen Sie nicht, dabei die **KONTUROPTIONEN , AN SCHNITTPUNKTEN HALTEN** zu aktivieren, da sonst die gewünschte Kontur nicht selektiert werden kann. Im EXTRUDIEREN – Fenster wählen Sie dann die Option **BIS ZUR GEWÄHLTEN**. Die ‚Gewählte' sollte dann die hintere Innenfläche der Abdeckung sein. Jetzt können Sie **EXTRUDIEREN**.

Im nächsten Arbeitsschritt werden noch die Bohrungen generiert.

Hinweis: Erzeugen Sie einen Kreis auf der seitlichen Außenfläche[1] mit der Funktion **AUF FLÄCHE SKIZZIEREN**. Mit **VERSCHIEBEN** und **KOPIEREN SCH.** auf **AN** können Sie zügig 4 weitere zeichnen, wie es in Ü6.1 näher beschrieben wurde (‘Verschiebungsdistanz' = 55 mm). Anschließend müssen Sie nur noch **EXTRUDIEREN** (wählen Sie dabei im KONTUR EXTRUDIEREN - Fenster **AUSSCHNEIDEN** und unter **TIEFE   DURCH ALLES** ⇒ die Bohrungen werden auf beiden Seiten gleichzeitig erzeugt!)

Ihr Bildschirm zeigt jetzt folgendes Bild:

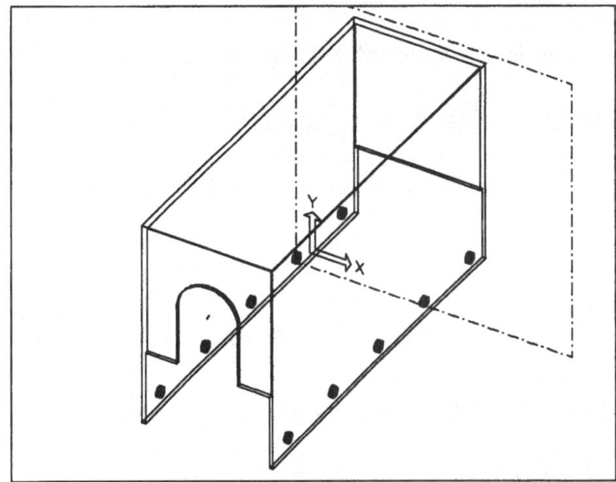

---

[1] Bitte beachten Sie, daß der in der Zeichnung bemaßte Abstand der Bohrung zur Vorderkante (26,09 mm) dem Zustand nach dem Anbringen der Aushebeschrägen entspricht. Das richtige Maß beträgt hier 18,75 mm.

Anbringen von Aushebeschrägen

Da es sich hier um eine Kunststoffabdeckung handelt, müssen noch Aushebeschrägen, welche für die Herstellung des Teiles wichtig sind, angebracht werden. Schalten Sie zur besseren Übersicht in die **LINIENDARSTELLUNG** und beginnen Sie mit den Aushebeschrägen!

 **AUSHEBESCHRÄGE**   

Entformungsrichtung selektieren

Selektieren Sie irgendeine vertikale Kante der Schale

Ist die Richtung OK ? (Ja)

Ja
Nein

(Anmerkung: Ein gelber Pfeil muß nach unten zeigen!)

|Ja|

Fläche für Aushebeschräge selektieren

Selektieren Sie die 4 Außenflächen (SHIFT-Taste gedrückt halten):

weitere Fläche für Schräge (Bestätigung) selektieren

.
.
.

weitere Fläche für Schräge (Bestätigung) selektieren

Wenn alle 4 Flächen von hellroter, gestrichelter Linie umrandet sind: 

Stationäre Kante oder Fläche selektieren

Selektieren Sie die obere Außenfläche. Diese erhält dann eine blaue gestrichelte
Umrandung.

Teilungskurve oder Fläche wählen (Bestätigung) selektieren

Im ALLGEMEINE AUSHEBESCHRÄGE - Fenster geben Sie für **KONSTANTER WINKEL** den Wert '3' ein. Hierbei achten Sie darauf, dass in der Vorschau die kleinen braunen Pfeile nach außen u. oben zeigen. Bei der Eingabe im **Konstanter Winkel**- Feld besteht die Möglichkeit, die Pfeilrichtung zu ändern. Damit wird die Entformungsrichtung umgekehrt. Betätigen Sie zur Übung diese Schaltfläche und betrachten Sie die Auswirkungen!

OK

Bringen Sie die Aushebeschrägen auch an den Innenflächen an, damit die Wandstärke konstant bleibt!

Verrunden von Eckpunkten

Lernen Sie nun, wie man ein Bauteil nach einer neuen Methode verrunden kann. Durch Auswahl der Eckpunkte erreicht man einen größeren Eckenradius. Insbesondere bei gesenkgeformten Teilen (Tiefziehteilen) können Spannungsspitzen minimiert, das Bauteil somit ‚haltbarer' gemacht werden. Schalten Sie dazu zunächst in die **LINIENDARSTELLUNG**.

 **VERRUNDEN** 

Kanten, Ecken oder Flächen, die zu verrunden sind selektieren

Selektieren Sie die vier oberen äußeren Eckpunkte mit Hilfe der SHIFT-Taste.

Kanten, Ecken oder Flächen, die zu verrunden sind selektieren (Bestätigung)

Alle Eckpunkte sind nun mit einem kleinen weißen Kreis markiert. Selektieren Sie im Pop Up Menü:

Optionen...

Im OPTIONEN FÜR
VERRUNDEN – Formblatt
machen Sie dann folgende
Eingaben:

Eckenradius

5.5

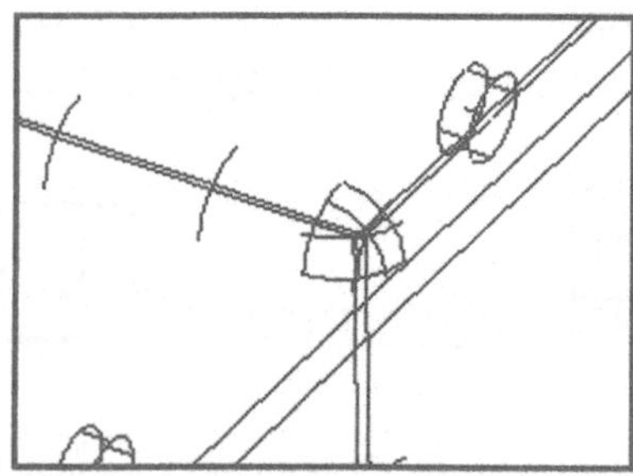

Sehen Sie sich in der ne-
benstehenden Vorschau
die Auswirkungen an. Im
Gegensatz zum Verrun-
den, wie Sie es bisher ken-
nensgelernt haben, können
Sie jetzt kleine ‚Kappen' an
den Ecken erkennen .

OK im OPTIONEN FÜR VERRUNDEN – Formblatt.

2 mal

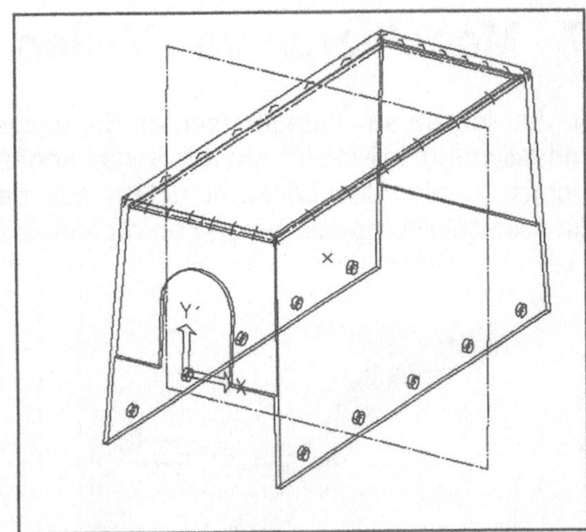

Wiederholen Sie diesen Schritt dann auch für die inneren Eckpunkte mit dem Radius **3** mm!

Geben Sie dem Objekt die Farbe **Graublau**.

Räumen Sie nun das Objekt unter dem Namen '**Kunststoffabdeckung**' Teil **24** weg, und sichern Sie die Datei.

7 Modellieren von Teilen mit Freiformflächen

In den folgenden Übungen werden Sie einige Möglichkeiten der Freiformflächen-
modellierung in I-DEAS Master-Series kennen lernen. Dazu sollen Sie ein ergo-
nomisch geformtes Lenkerhörnchen aus den Teilen Lenkerklemme, Griffstück
und Abschlußkappe für einen Fahrradlenker erstellen.

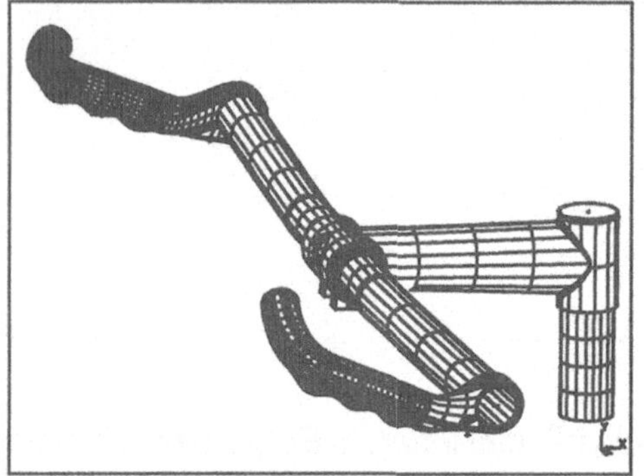

Fahrradlenker

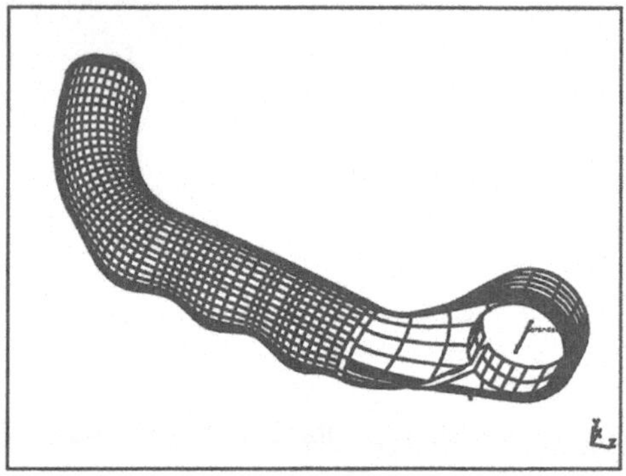

Lenkerhörnchen

Ü7.1 Lenkerklemme

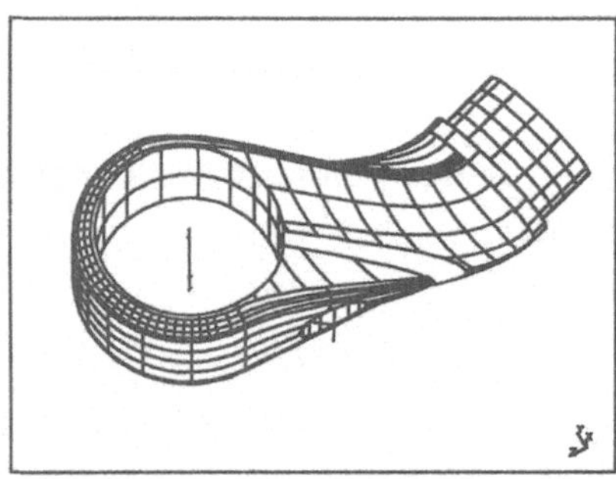

Lenkerklemme

Die Lenkerklemme wird aus zwei Grundelementen und einem dazwischen geformten Freiformkörper erstellt.

Dabei werden Sie die folgenden Fertigkeiten erlernen:

* Erstellen eines Freiformkörpers mit der Funktion **LOFT**
  und Verändern seiner Form

* Vereinen von Grundkörpern mit einem Freiformkörper

* Bearbeiten der Lenkerklemme

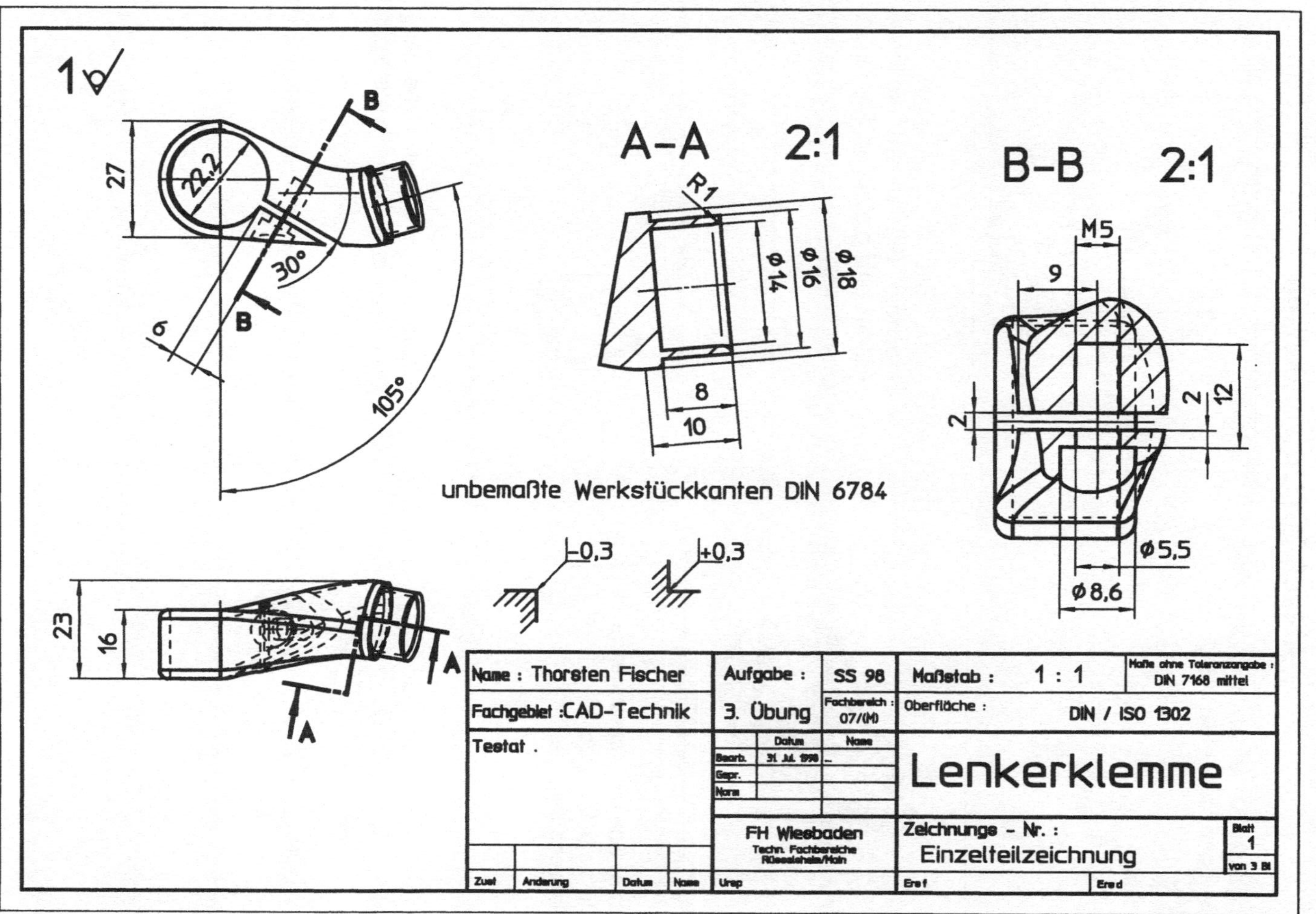

1
B
27
R2,2
30°
6
B
105°
A–A   2:1
R1
Ø18
Ø16
Ø14
8
10
B–B   2:1
M5
9
2
2
12
Ø5,5
Ø8,6
unbemaßte Werkstückkanten DIN 6784
−0,3
+0,3
23
16
A
A
Name : Thorsten Fischer
Fachgebiet :CAD–Technik
Testat .
Aufgabe :
3. Übung
SS 98
Fachbereich :
07/(M)
Maßstab :   1 : 1
Oberfläche :   DIN / ISO 1302
Maße ohne Toleranzangabe :
DIN 7168 mittel
Datum   Name
Bearb.   31. Jul. 1998
Gepr.
Norm
FH Wiesbaden
Techn. Fachbereiche
Rüsselsheim/Main
Lenkerklemme
Zeichnungs – Nr. :
Einzelteilzeichnung
Blatt
1
von 3 Bl
Zust   Änderung   Datum   Name   Urap   Eref   Ered

Ablaufplan Lenkerklemme

Erstellen Sie einen Zylinder, den Sie dann schneiden und verrunden.

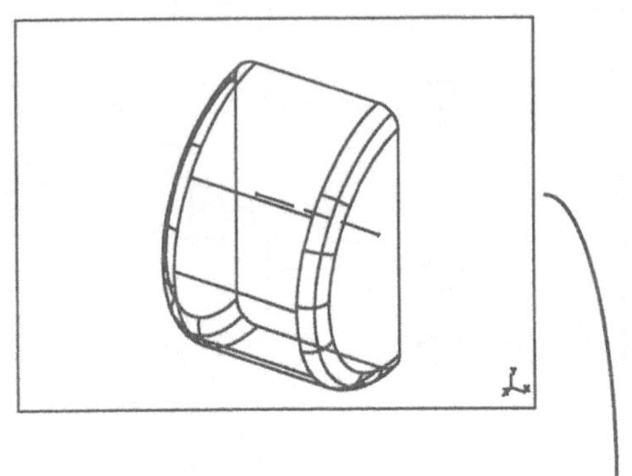

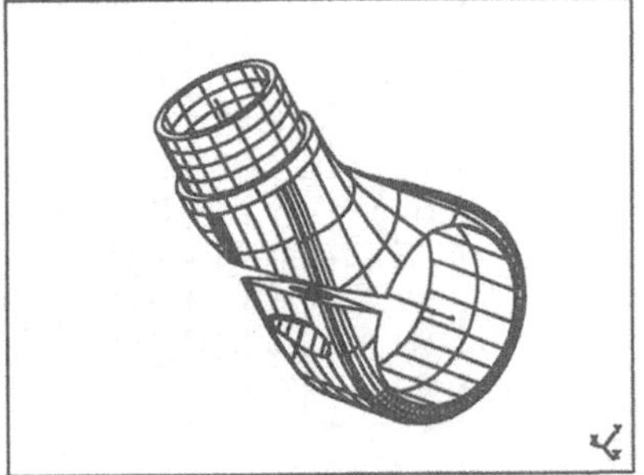

Erzeugen Sie einen weiteren Zylinder und platzieren Sie ihn in dieser Lage.

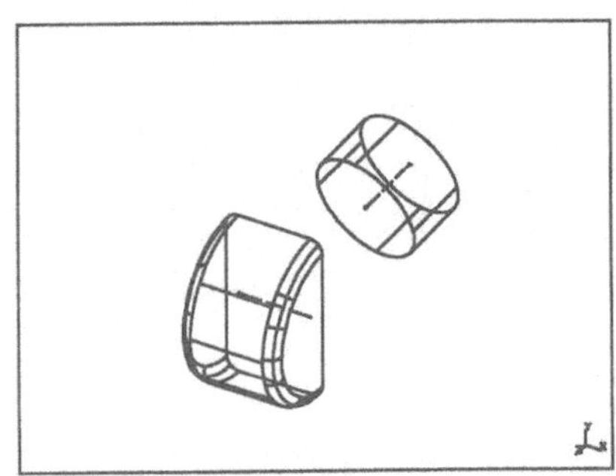

Zum Schluß verschneiden Sie noch zwei weitere Geometrieelemente.

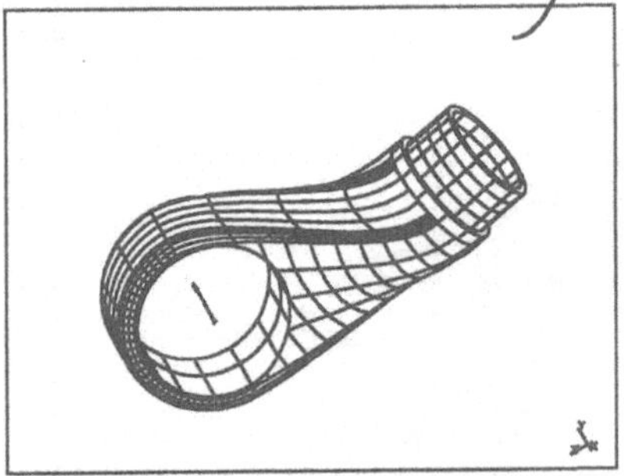

Erzeugen Sie einen Übergang zwischen den beiden erstellten Zylindern.

Verschneiden Sie zwei Zylinder mit dem vorhandenen Freiformkörper.

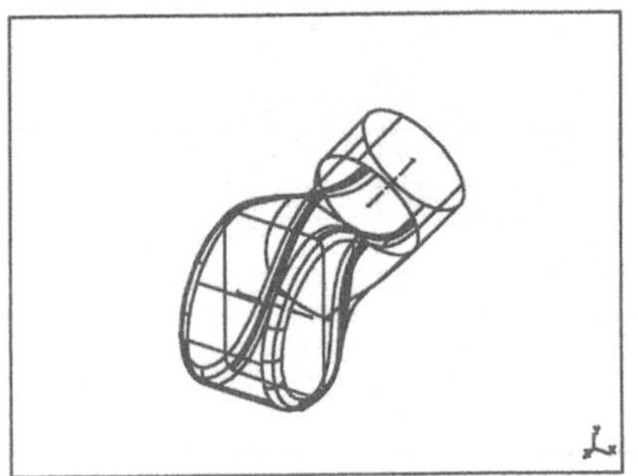

Erstellen eines Freiformkörpers mit der Funktion LOFT und Verändern seiner Form

Für diese Übung stellen Sie beim Starten von I-DEAS die ANWENDUNG auf **Design** und den BEREICH auf **Master Modeler** oder schalten Sie nach dem Start um.

Wählen Sie die Funktionsfolge **DATEI , ÖFFNEN.**

Es erscheint das MODELLDATEI ÖFFNEN – Fenster. Unter MODELLDATEI-NAME im Pfad überschreiben Sie die zuletzt gespeicherte Datei, z. B. „Kunststoffabdeckung.mf1", mit dem neuen Modelldateinamen ´**Lenkerhörnchen**´.

Es erscheint das I-DEAS WARNUNG – Fenster und meldet, dass eine neue Modelldatei erzeugt wird.

<u>Anmerkung</u>: Bei der Modellierung der Lenkerklemme sollten Sie sich genau an die beschriebene Vorgehensweise halten.

Erstellen Sie mit der Funktion **TEILE** einen Zylinder mit den Maßen r = **13.5** mm und h = **16** mm.

Drehen Sie diesen Zylinder mit **90°** um die Z-Achse. Der Pivotpunkt soll im Ursprung liegen.

Wechseln Sie zur besseren Darstellung in die **ISOMETRISCHE ANSICHT.**

Für den folgenden Ebenenschnitt mit der Arbeitsebene sollten Sie zuerst überprüfen, ob der ´*Schalter für Konstruktion mit Beziehungen*´ **AUS** ist.

Wählen Sie **SCHNEIDEN.**

. Wenn im Popupmenü erscheint:

Beziehungen AN stellen

dann sind die Beziehungen **AUS** gestellt. Ansonsten wählen:

| Beziehungen AUS stellen |

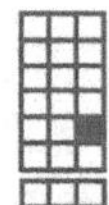 EBENENSCHNITT 

zu schneidendes Teil selektieren

Zylinder selektieren

Schnittebene selektieren

Arbeitsebenenrand selektieren.

Seite wählen, die behalten werden soll (Positive_Seite_Behalten)

   oder | **Positive Seite behalten** |

VERRUNDEN Sie anschließend die beiden gekrümm-
ten Kurven mit dem Radius
2 mm.

Das Ergebnis zeigt das
nebenstehende Bild:

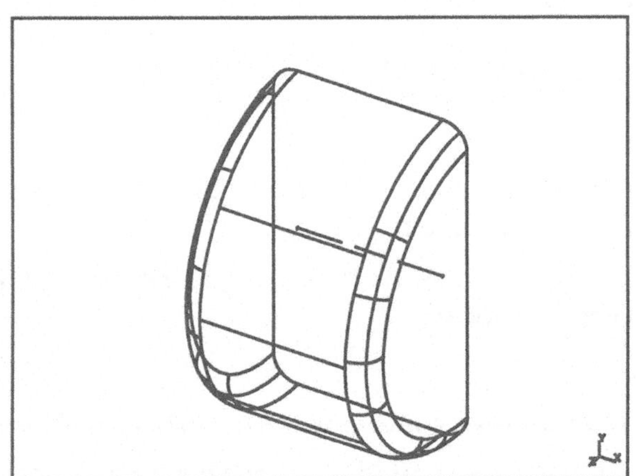

Mit der Funktion **TEILE** ist aus dem Teile Katalog ein weiterer Zylinder mit den
Maßen r = **9** mm und h = **10** mm zu erzeugen und auszurichten.

Dieser Zylinder ist folgendermaßen im Raum zu platzieren:

DREHEN um den **Pivotpunkt** mit dem Drehwinkel (**105,-10,0**)°
und anschließend

 **VERSCHIEBEN** 

Zu bewegendes Element selektieren

den Zylinder selektieren und bestätigen

Verschiebung X,Y,Z eingeben (0.0,0.0,0.0)

-5,-5,-40 ↵

Danach sollten Sie nach **ZOOM ALLES** folgendes Bild auf Ihrem Bildschirm sehen:

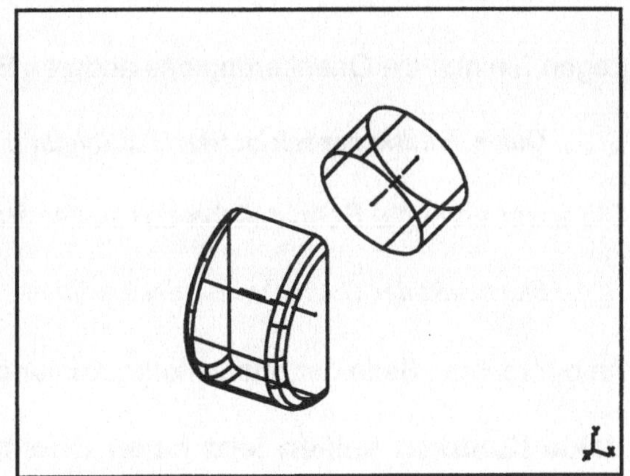

SICHERN Sie jetzt zuerst Ihre Arbeit, bevor Sie fortfahren.

Ihre Aufgabe ist es nun, einen Freiformkörper zwischen den beiden im Raum zuvor plazierten Geometrieelementen zu modellieren. Wählen Sie dazu die Funktion Loft:

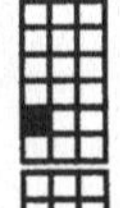 **LOFT** 

Querschnittskurve selektieren

Selektieren Sie die vordere ebene <u>Fläche</u> des kleinen Zylinders.

Startpunkt der Querschnittsschleife wählen

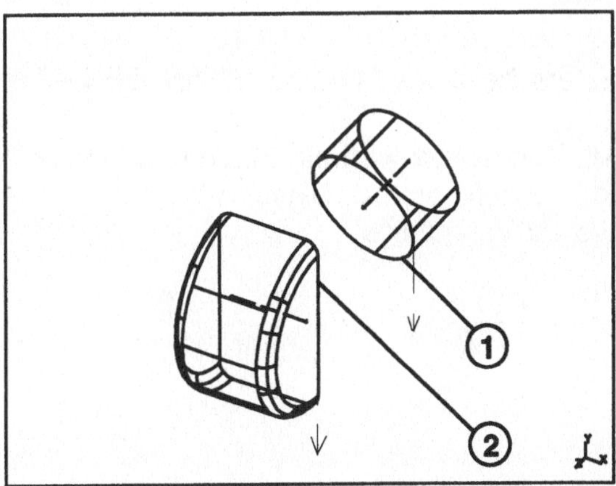

Selektieren Sie die erleuchtete Kontur in der <u>unteren rechten</u> Hälfte. ①

<u>Anmerkung</u>: Ein Pfeil sollte jetzt in der Nähe der selektierten Stelle nach unten zeigen. Dies ist die Orientierung der Kontur. Sie ist eine wesentliche Information für das System zur Erstellung des Freiformkörpers.

Zeigt der Pfeil in Ihrem Fall nicht nach unten, wiederholen Sie die Selektion

mit:    !

zurück

Legen Sie nun die Orientierung des anderen Bauteils fest.

Querschnittskurve selektieren (Bestätigung)

Die zuvor erzeugte Schnittfläche des ersten Bauteils selektieren.

Startpunkt der Querschnittschleife wählen

An der rechten Seite der erleuchteten Kontur im oberen Bereich selektieren ②.

Beide Konturen sollten jetzt einen Orientierungspfeil in die gleiche Richtung haben!

Querschnittskurve selektieren (Bestätigung)

Es erscheint das FLÄCHE ERZEUGEN – Fenster.

Mit Voranzeige wird ein Freiformkörper zwischen den beiden Geometrieelementen vorläufig erstellt. Dieser kann jetzt noch einfach geändert werden. Selektieren Sie zur Voranzeige:

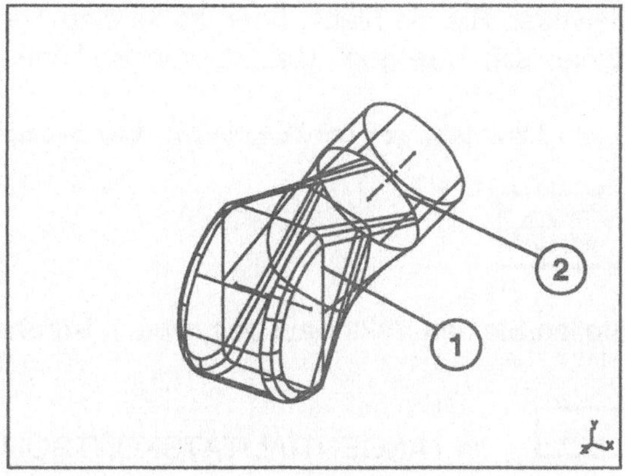

Wie im Bild nebenan zu sehen, ist der Übergang zwischen dem Freiformkörper und den beiden Geometrieelementen ziemlich scharfkantig. Dieser Übergang soll nun mit der Funktion Tangentialkontrolle modifiziert werden.

Wählen Sie unter Optionen im FLÄCHEN OPTIONEN- Fenster:

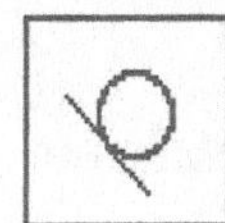

Schnittkontur, an der die Tangentialität modifiziert werden soll selektieren (B)

Selektieren Sie die Kontur ① (siehe Bild auf der vorherigen Seite!). Daraufhin erscheint das TANGENTIALKONTROLLE - Fenster. Stellen Sie dort **TANGENTIALITÄT** auf **ANWENDERDEFINIERTE RICHTUNG**.

Ein Vektor erscheint an der Kontur im DESIGN - FENSTER. Dieser hat eine Orientierung, die über die Vektorkoordinaten editiert werden kann, momentan senkrecht zur Kontur ist und in die richtige Richtung zeigt. Über **EINFLUß** kann der Vektor, und somit die Form des Loftteils im Übergangsbereich, verändert werden.

Vorsicht:

Ein zu großer Vektor führt zwar nicht zum Absturz, kann jedoch das Bauteil unerwünscht deformieren wie nebenstehend gezeigt!

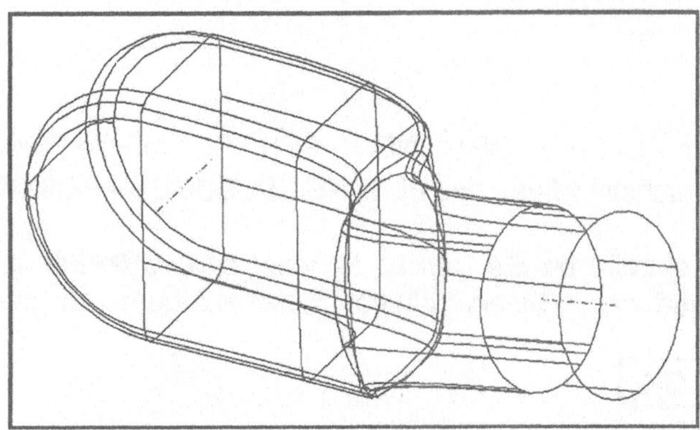

Bewegen Sie die Maus, ohne dabei eine Taste zu drücken. Hierbei wird der Pfeil dynamisch ´gezogen´, die Änderungen können direkt verfolgt werden:

Maus bewegen um Tangentenvektor zu skalieren

Stellen Sie den Vektor auf das etwa **1,5-fache** der ursprünglichen Größe ein.

 im TANGENTIALITÄTSKONTROLLE- Fenster

Schnittkontur, an der die Tangentialität modifiziert werden selektieren (B)

Kontur ② selektieren.

Im TANGENTIALKONTROLLE - FENSTER die **TANGENTIALITÄT** ebenfalls auf **ANWENDER DEFINIERTE RICHTUNG** einstellen.

Schnittkontur, an der die Tangentialität modifiziert werden soll selektieren (B)

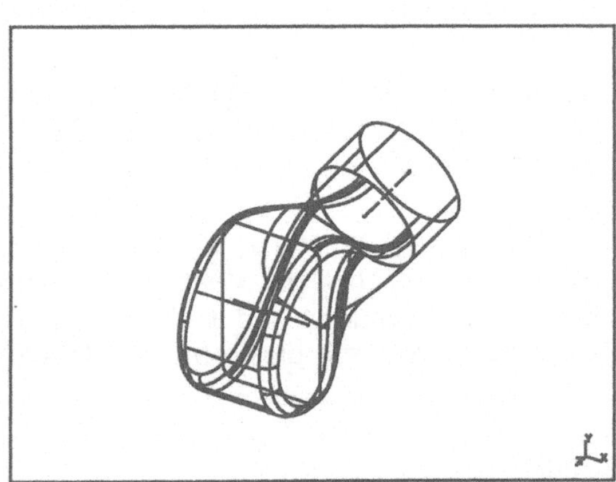

Im FLÄCHEN OPTIONEN - FENSTER müssen Sie nun OK auswählen, dann erscheint wieder das FLÄCHE ERZEUGEN - FENSTER.

Kontrollieren Sie, ob die Schalter **ENDKAPPEN** und **ANSETZEN** eingeschaltet sind, damit Sie ein Volumenmodell erzeugen. Anschließend selektieren Sie:

 .

Lassen Sie sich die Elemente in der **SCHATTIERTEN HARDWARE** zeigen.

Vereinen von Grundkörpern mit einem Freiformkörper.

<u>Anmerkung:</u>

Es sollten zwei Bauteile vorhanden sein (das Loftteil wurde bereits mit einem Körper vereinigt).
Es besteht aber auch die Möglichkeit, dass bereits alle drei Bauteile vereinigt wurden. Kontrollieren Sie dies durch Selektieren der Bauteile. Der weiße Begrenzungsrahmen umschließt dann das jeweilige Bauteil.

VEREINEN

1. Teil zum Vereinen selektieren

①

2. Teil zum Vereinen selektieren

②

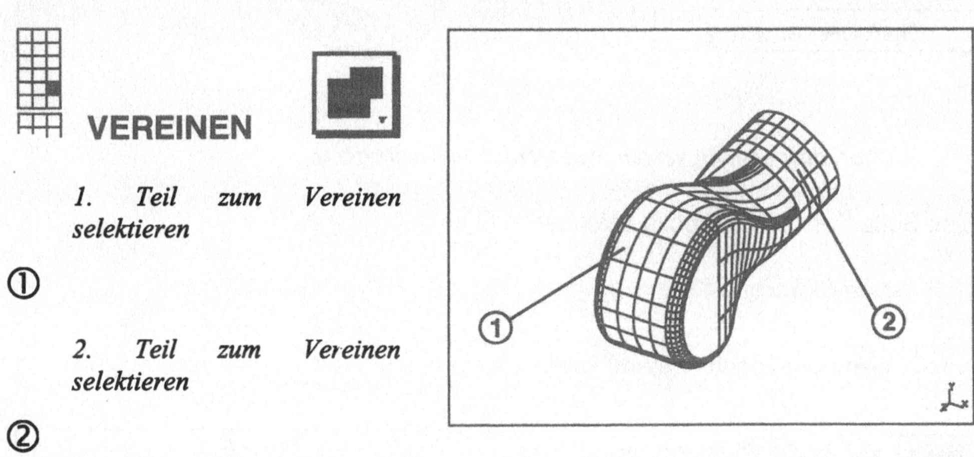

Bearbeiten der Lenkerklemme

Die Vorgehensweise wird dabei freigestellt. Die entsprechenden Maße entnehmen Sie bitte der Zeichnung. Lediglich bei der Erzeugung des Klemmschlitzes sollen einige Hilfestellungen die Arbeit erleichtern.

Erzeugen Sie einen Block mit den Maßen **30 x 2 x 50** mm.

DREHEN Sie diesen um den Pivotpunkt und um die X-Achse mit **- 30°**.

Verschieben Sie ihn entlang einer Seite um **25** mm.

VERSCHIEBEN

Zu bewegendes Element selektieren

Selektieren Sie den Block

> *Zu bewegendes Element selektieren (Bestätigung)*

Bewegen entlang

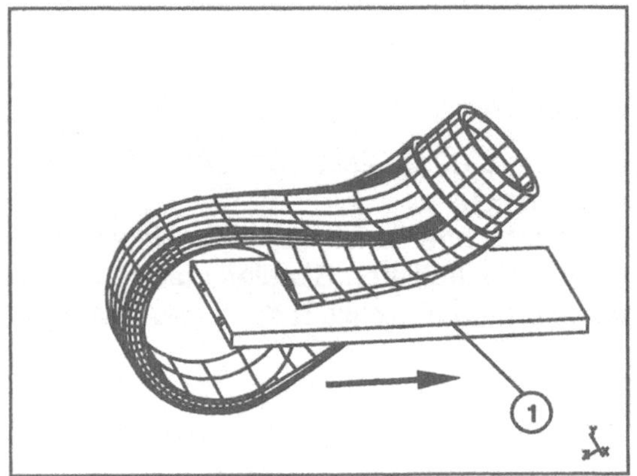

> *Vektor, dem entlang verschoben werden soll selektieren*

Eine Seitenkante des Blocks selektieren ①.

> *Ist die Richtung OK? (Ja)*

[□■□] , wenn der Richtungspfeil stimmt,

Nein klappt die Richtung um.

> *Verschiebungsdistanz einge-ben (0.0)*

25 ↵

VERSCHNEIDEN Sie diesen Block mit dem Körper, so dass nebenstehendes Bild erscheint.

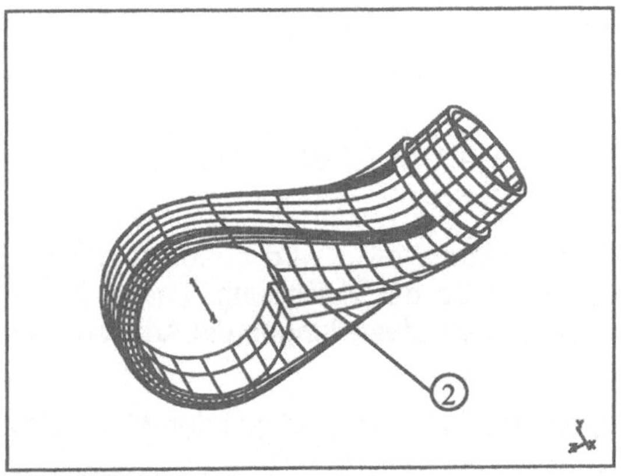

Erzeugen Sie nun ein Werkzeug zur Erstellung der Gewindebohrung

Positionieren Sie dieses mit

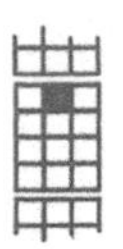 **AUSRICHTEN** 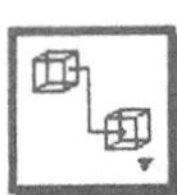

so dass die Kopfauflagefläche ①
auf der kleineren Schlitzfläche ②
(siehe vorherige Seite!) zu liegen
kommt. Mit

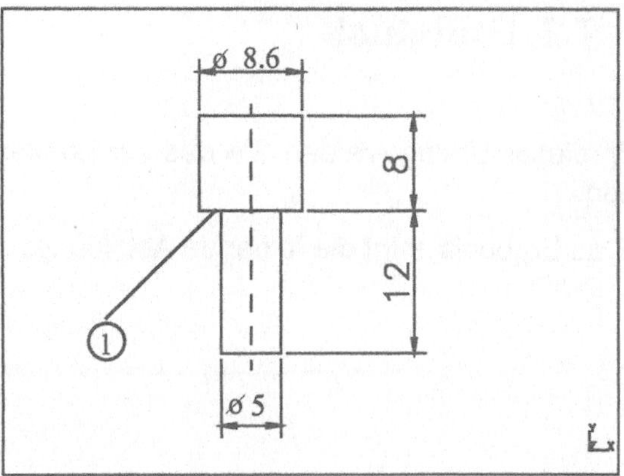

von & entlang Kante

positionieren Sie das Werkzeug
6 mm von der größeren Durch-

gangsbohrung entfernt und **9** mm von der Seitenkante entfernt. Folgen Sie hierzu
im I–DEAS List – Fenster der Eingabeaufforderung!

VERSCHIEBEN Sie anschließend das Schnittwerkzeug entlang seiner Mittellinie
um **2** mm in das untere Klemmstück, und **VERSCHNEIDEN** Sie es mit diesem.

Das Endergebnis sollte so
aussehen:

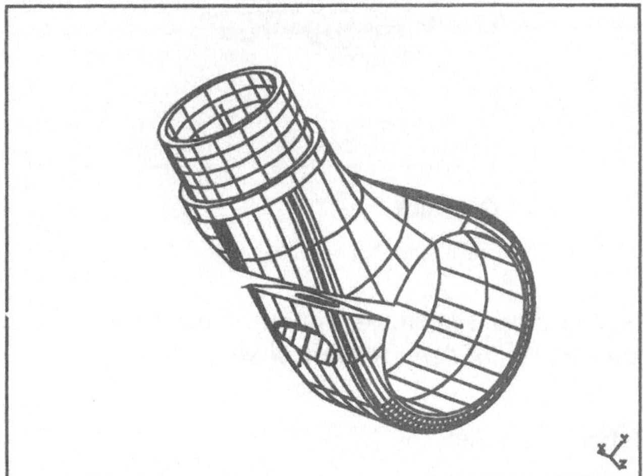

Geben Sie dem Objekt die Farbe **GOLDORANGE** .

Räumen Sie nun das Objekt unter dem Namen ´**Lenkerklemme**´ weg.

Zum Schluss Ihrer Arbeitssitzung sichern Sie Ihre Modelldatei.

Ü7.2 Griffstück

In dieser Übung werden Sie das zur Lenkerklemme gehörende Griffstück erstellen.

Das Ergebnis zeigt die folgende Abbildung:

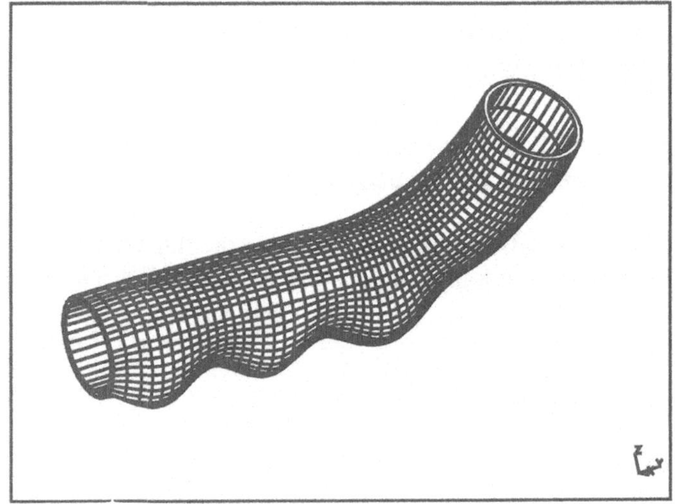

Griffstück

Entlang einer Pfadkurve werden verschiedene Konturen erzeugt, die als Stützquerschnitte für den Freiformkörper dienen.

Dabei lernen Sie:

- Definieren eines 3D-Splines als Pfadkurve

- Definieren der Stützquerschnitte für den Freiformkörper

- Erzeugen eines Freiformkörpers mit der Funktion **SWEEP**

- Verändern eines Freiformkörpers

Ablaufplan Griffstück

Erzeugen Sie einen
dreidimensionalen
Spline als Pfad.

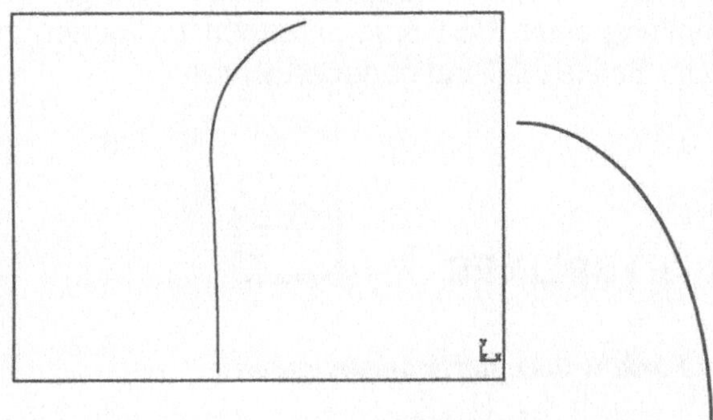

Erstellen Sie die Kreis-
und Ellipsenkonturen für
die Pfadkurve.

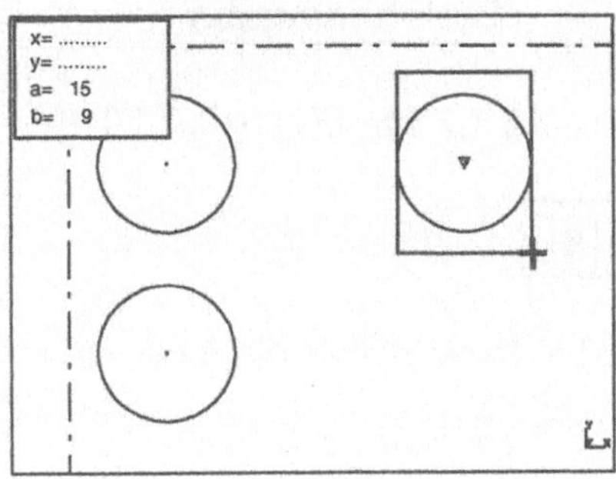

Erstellen Sie nun den
Freiformkörper entlang
des 3D-Splines.

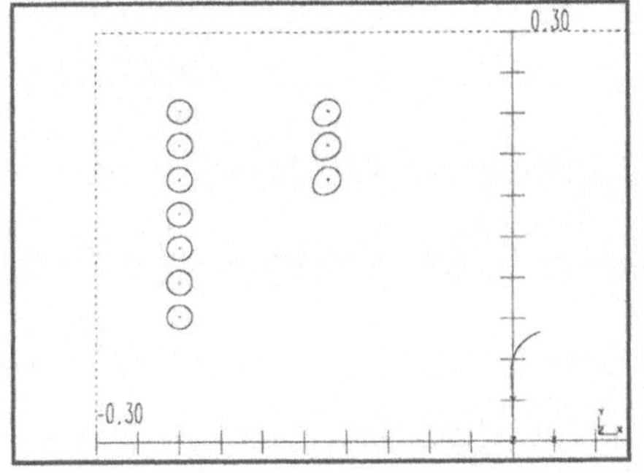

Vervielfältigen Sie den Kreisquer-
schnitt sechsmal und den
Ellipsenquerschnitt zweimal.

Definieren eines 3D-Splines als Pfadkurve

Um mit der Funktion Sweep aus offenen und geschlossenen Konturen einen Körper entlang einer Pfadkurve erzeugen zu können, muss zunächst ein dreidimensionaler Spline als Pfad generiert werden.

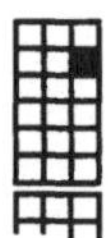 **3D SPLINES**   

Punkt wählen für Splinedefinition

Punkt (Voreinstellung) selektieren

Tastatureingabe

X,Y,Z eingeben (0.0,0.0,0.0)

Punkt wählen für Splinedefinition

X,Y,Z eingeben (0.0,0.0,0.0)

0,60,0 ⏎

Punkt wählen für Splinedefinition

X,Y,Z eingeben (0.0,60.0,0.0)

20,80,20 ⏎

Bestätigung

Das SPLINE OPTIONEN -
Fenster erscheint:

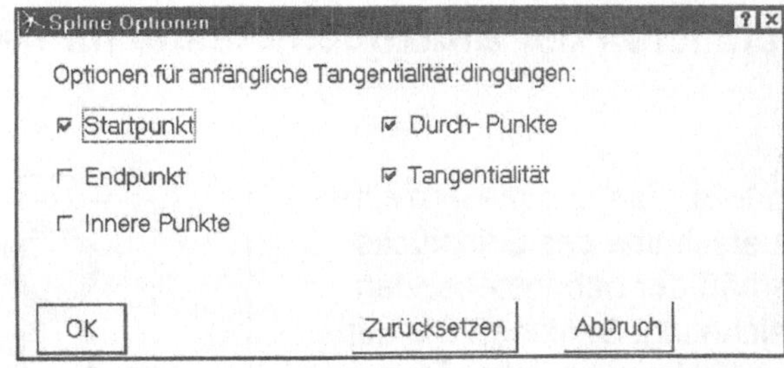

Selektieren Sie dort die nebenstehenden Felder.

Drehen Sie den Spline mit
der F3 Taste.

 **OK**

> *Tangentenvektor für*
> *Anfangspunkt wählen:*
>
> *Linie (Voreinstellung)*
> *selektieren*

Den Arbeitsebenenrand für
einen Pfeil nach oben
selektieren.

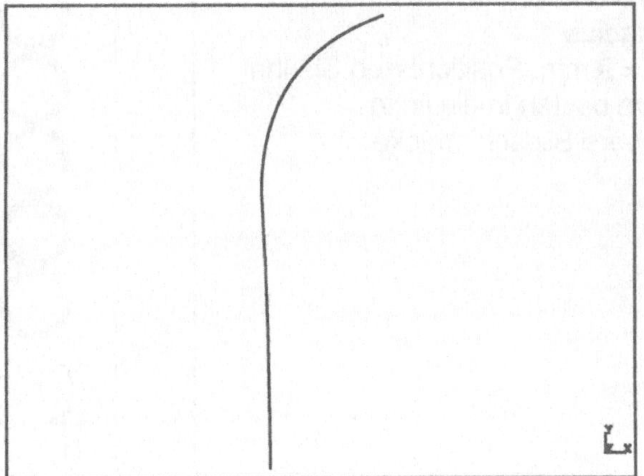

> *Ist die Richtung Ok? (Ja)*

, wenn der Pfeil nach oben weist.

Bestätigung

Definieren der Stützquerschnitte für den Freiformkörper

Erstellen Sie nun die einzelnen Querschnitte des Griffstücks gemäß der nebenstehenden Zeichnung. Beginnen Sie mit den Kreisringen links. Erzeugen Sie dazu einen Kreis mit dem Radius
r = 9 mm. Positionieren Sie ihn am besten in die linke obere Bildschirmecke.

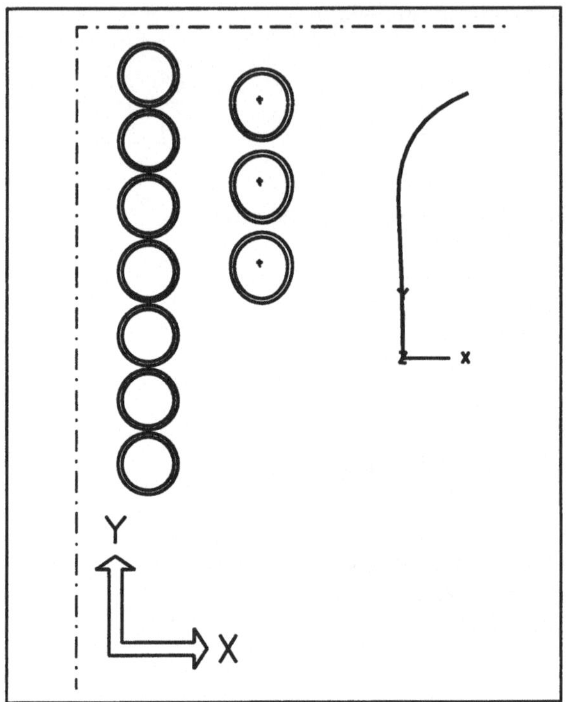

 **MITTE UMFANGSPUNKT**

Erstellen Sie den zweiten Kreis mit der Funktion

 **OFFSET**

Kontur oder Kurve für Offset selektieren

Selektieren Sie den Kreis.

Im OFFSET – Fenster geben Sie im Feld für den Abstand '1' ein. Mit diesem Wert bestimmen Sie die Materialstärke des Griffstücks.

Stellen Sie den Schalter ⟼ an.

Entfernen Sie das Häkchen vor **ASSOZIATIVITÄT**.

Falls der neue auf dem Bildschirm gelb angezeigte Kreis außerhalb des ursprünglichen Kreises liegt

OK

Erzeugen Sie aus beiden Kreisen <u>eine</u> **Kontur**.

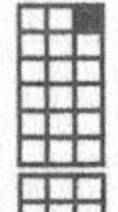
KONTUR ERZEUGEN

Selektieren Sie dazu beide Kreise und bestätigen Sie diese. Anschließend kopieren Sie mit **VERSCHIEBEN** und **KOPIEREN SCHALTER AN** die eben erzeugte Kontur **6**-mal.

Stellen Sie nun die zweite Querschnittsform aus einem Kreis mit dem Radius r = **9** mm und einer Ellipse her.

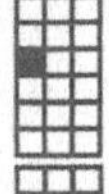
MITTE UMFANGSPUNKT

Markieren Sie den Mittelpunkt des Kreises. Dieser ist für eine spätere **Koordinatenkreuz-Transformation** notwendig.

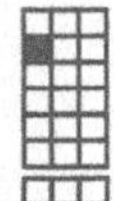
PUNKTE

Erzeugen Sie die Ellipse mit folgender Funktion.

ELLIPSE MITTELPUNKT
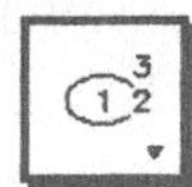

Mitte festlegen

Die Mitte des Kreises selektieren, dabei wird ein Balken
aufgezogen.

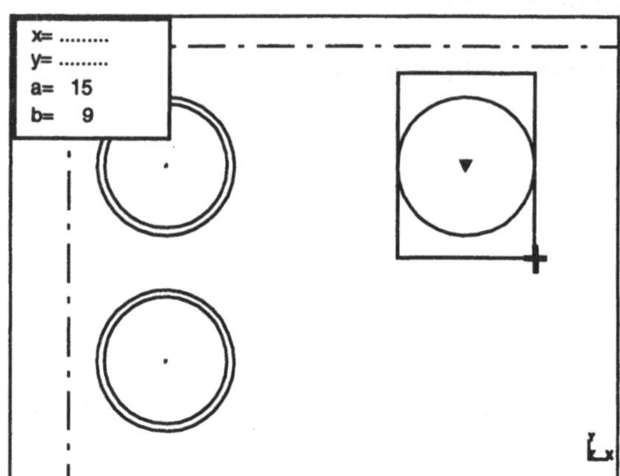

Seite festlegen

Den Balken in der Horizontalen
auf den Durchmesser aufziehen.

Ecke festlegen

<u>Hinweis:</u> In der linken oberen Bildschirmecke zeigt ein Fenster die momentane
Mausposition an. Darin wird mit **b** der Abstand Mitte Ellipse zur Seite angegeben
und mit **a** der Abstand des Mittelpunktes zur Mausposition. Sie sollten nun versuchen, mit dem Fadenkreuz der Maus genau auf der unteren rechten Ecke des
aufgezogenen Rechteckes (siehe Bild) **a=15** einzustellen. Dabei kann es sehr hilfreich sein, den Kreis größer zu zoomen und mit

Navigator

im NAVIGATOR STEUERUNG - Fenster den Fangradius zu verkleinern (z.B. 0,1
statt 1)

Trimmen Sie die Ellipse mit:

 **KÜRZEN/VERLÄNGERN**   

Kurve, die getrimmt werden soll selektieren

Am Kreis soll die untere Hälfte gekürzt werden, deshalb dort selektieren. Ein
gelber Kreis erscheint am rechten Rand der Geometrie. Diesen benutzt I-DEAS
als Startpunkt bei der Trimmung.

Element zu dem gekürzt wird selektieren

Selektieren Sie die Ellipse in der linken Hälfte oder den Kreis am äußersten linken
Punkt (gegenüber dem gelben Kreis).

Nun sollte die untere Kreishälfte gelöscht sein.

<u>Anmerkung</u>: I-DEAS teilt Geometrieelemente in zwei Hälften (siehe Zeichnung). Wird das Element in einer der Hälften selektiert, liegt gleichzeitig der Startpunkt (Endpunkt) und die Richtung (siehe Pfeile) für das Trimmen fest. Diese Form der Definition gilt auch für andere Funktionen (z.B. Festlegung der Querschnittskurven eines Sweep-Teils).

Gehen Sie genauso bei der oberen Ellipsenhälfte vor.

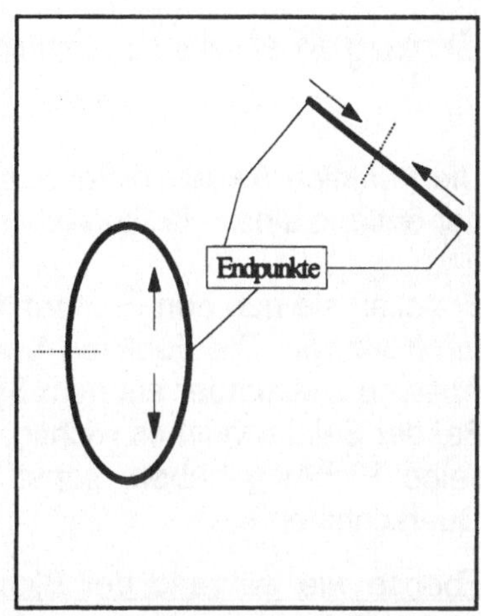

Vereinigen Sie beide Kurvenhälften wie weiter unten gezeigt. Dabei ist es wichtig, dass zuerst die obere Kreishälfte und dann erst die Ellipsenhälfte selektiert wird, <u>da sonst der definierte Anfangspunkt des Querschnittes für spätere Operationen auf der falschen Seite liegt</u>. Überprüfen Sie noch einmal, ob die Vereinigung der Linien erfolgreich verlaufen ist. Dazu bewegen Sie den Cursor entlang der beiden Linien. Wenn beide Linien die gleiche Bezeichnung tragen (z.B. C60), sind diese auch miteinander verbunden.

 ## KURVEN VEREINIGEN 

Erstellen Sie einen zweiten ovalen Linienzug mit **OFFSET** nach innen im Abstand 1 mm.

Erzeugen Sie auch hier **eine Kontur** aus beiden „Eiern".

Verdreifachen Sie noch die Kontur <u>einschließlich des Kreismittelpunktes!</u>
Ziehen Sie einen Rahmen um die Kontur und kopieren Sie dann die Ellipsen.

Achten Sie darauf, daß die kopierten „Eier" eine Kontur besitzen! Sollten die kopierten „Eier" keine Kontur besitzen (an den grünen Linen erkennbar), müssen diese **unbedingt** noch einmal mit der Funktion KONTUR erzeugt werden.

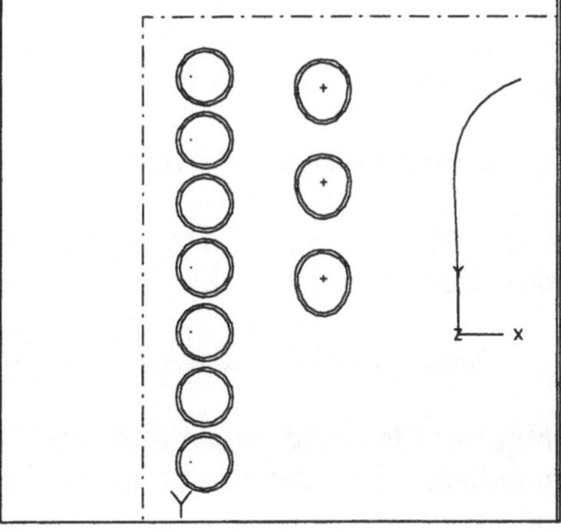

Erzeugen eines Freiformkörpers mit der Funktion SWEEP

Die Funktion Sweep bildet aus offenen und geschlossenen Konturen einen Körper entlang einer Pfadkurve.

Erstellen sie nun den Freiformkörper längs des 3D-Splines aus den zehn erzeugten Konturen. Die Funktion Sweep plaziert dabei alle zehn Konturen im gleichen Abstand zueinander auf dem Spline.
Bei der Selektion ist es wichtig, dass alle Konturen einen Orientierungspfeil in dieselbe Richtung haben, sonst findet eine Verdrehung zwischen den einzelnen Querschnitten statt.

<u>Ebenso wie während der Blechbearbeitung darf auch hier die Befehlskette auf keinen Fall unterbrochen werden, sonst müssen Sie erneut von vorn beginnen!</u>

Sichern Sie zwischendurch Ihre Arbeit.

 **SWEEP**   

Pfadkurve selektieren

Selektieren Sie den 3D Spline an seinem unteren Ende.

Ein gelber Pfeil zeigt dann vom Ursprung nach oben.

Querschnittskurve selektieren

Fangen Sie mit dem Kreis links oben an. Wählen Sie die <u>äußere</u> Kreisringkontur am rechten oberen Viertel.

Querschnittskurve selektieren (Übernehmen)

Ein gelber Pfeil zeigt an der äußeren Kontur nach oben. Erscheint der Pfeil nicht am äußeren Ring der Kontur sondern am Inneren, wählen sie **ZURÜCK** um die Eingabe zu korrigieren.

Startpunkt der Querschnittsschleife wählen

Selektieren Sie die innere Kreisringkontur am oberen rechten Viertel.

Beide Pfeile an der Kreiskontur zeigen nach oben. Selektieren Sie jetzt abwechselnd ein „Ei" und einen Kreis wie im nächsten Bild beschrieben. Andernfalls können Sie mit  und **ZURÜCK** immer einen Schritt rückgängig machen und das Element erneut selektieren.

Zum Schluss selektieren Sie noch die vier übrigen Kreisringkonturen nacheinander.

Querschnittskurve selektieren (Bestätigung)

Lassen Sie sich die vorläufige Kontur des Griffstückes mit

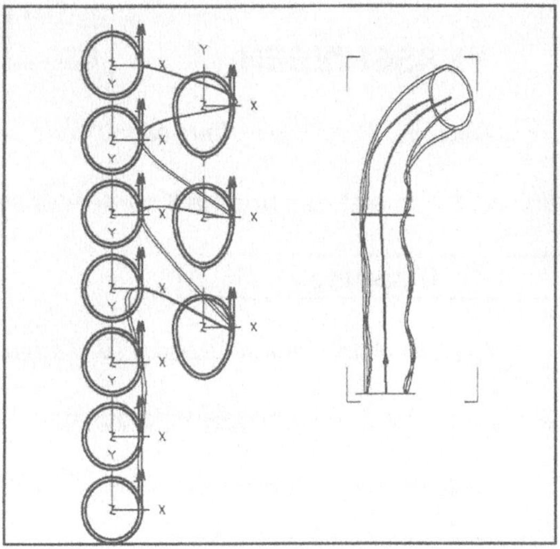

zeigen.

Sweep plaziert an jeder Kontur in Ihrem Schwerpunkt ein Koordinatenkreuz. Dieses bestimmt die Lage der Kontur im Element. Das Koordinatenkreuz kann nun innerhalb der Funktion Sweep in seiner Ursprungsposition und in seiner Achsenorientierung geändert werden.

Verändern eines Freiformkörpers

Da die drei elliptischen Konturen noch nicht richtig platziert sind – der Schwerpunkt ist hier <u>ungleich dem Mittelpunkt des Halbkreises</u> –, sollen Sie deren Position verändern.

Wählen Sie jetzt im FLÄCHE ERZEUGEN - Fenster

OPTIONEN

Es erscheint das FLÄCHEN OPTIONEN - Fenster.

Wählen Sie die Option

VERSCHIEBEN

Punkt der Verbindungslinie oder Triade zum Bewegen selektieren

Wählen Sie zuerst das braune Koordinatensystem einer Ellipse an und dann mit

Ursprung

Ursprungsdefinition selektieren (Bestätigung)

selektieren Sie den <u>Halbkreismittelpunkt</u>.

zu definierende Komponente wählen (Bestätigung)

Bestätigung

Diesen Vorgang müssen Sie für die beiden übrigen elliptischen Konturen wiederholen.

Danach selektieren Sie im FLÄCHEN OPTIONEN - Fenster:

OK

Es erscheint wieder das FLÄCHE ERZEUGEN - Fenster.

Lassen Sie sich die neue Kontur mit Voranzeige darstellen.

Stellen Sie den Schalter für die Endkappen **AN**. Anschließend beenden Sie das Fenster mit:

| OK |

Zum Schluss erzeugen Sie noch an der Oberseite eine Fase von **0,5 mm x 45°**, damit man die Abschlußkappe, die Sie anschließend erstellen, besser montieren kann.

Geben Sie dem Element die Farbe **ORANGE,** und räumen Sie es unter dem Namen ´**Griffstück**´ weg.

LÖSCHEN Sie noch die 3 Punkte auf Ihrer Arbeitsebene, und lassen Sie sich das GRAFIK - Fenster mit **ZURÜCKSETZEN** zeigen.

Zum Schluss Ihrer Arbeitssitzung sichern Sie die Modelldatei.

Ü7.3 Abschlußkappe

In dieser Übung werden Sie die zum Lenkerhörnchen noch fehlende Abschlußkappe erstellen.

Das Ergebnis zeigt die folgende Abbildung:

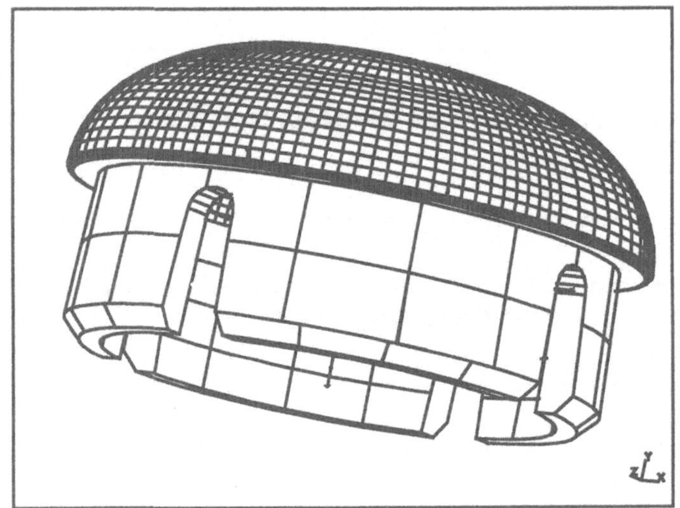

Abschlußkappe

Diese Kappe ist als Kunststoffteil konzipiert, das in das Griffstück geklemmt wird
und durch seine Formgebung selbst hält. Die Abschlußkappe wird aus einer freigeformten Kontur erzeugt, die so verändert wird, dass obiges Teil entsteht. Sie
werden dabei folgende Fertigkeiten erlernen:

- Erstellen einer freigeformten Kontur

- Verändern einer freigeformten Kontur

- Erstellen eines Freiformkörpers

- Verfeinern von Freiformkurven durch Iteration

- Fertigstellen der Abschlusskappe

Ablaufplan Abschlußkappe

Erzeugen Sie die
Grundkontur mit
den schon bekannten
Methoden.

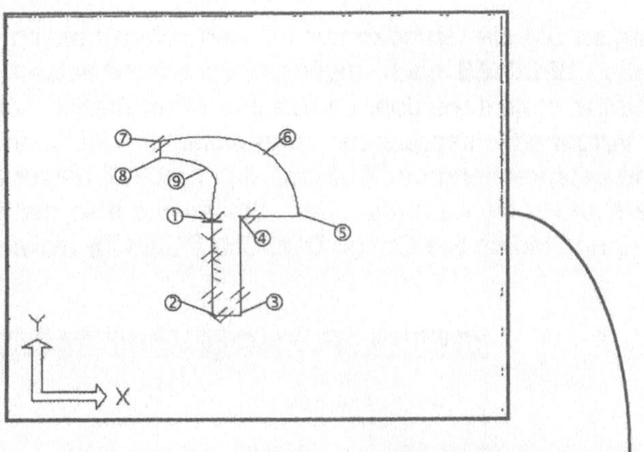

Bringen Sie an die
Kontur nun Bedingungen
und Maße an.

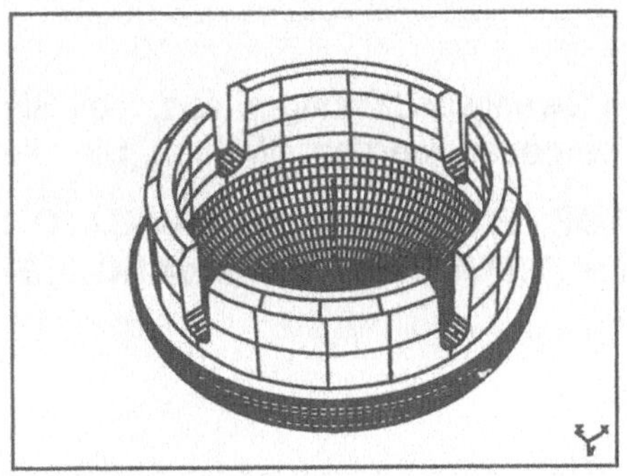

Verschneiden Sie die Abschlußkappe mit dem Schnittwerkzeug.

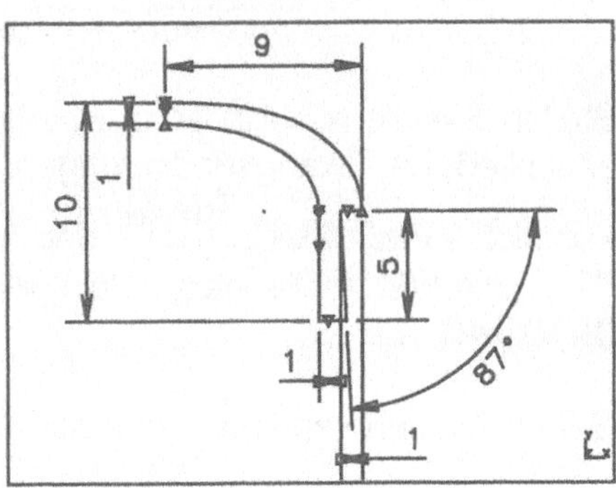

Erstellen Sie aus der Kontur einen Körper

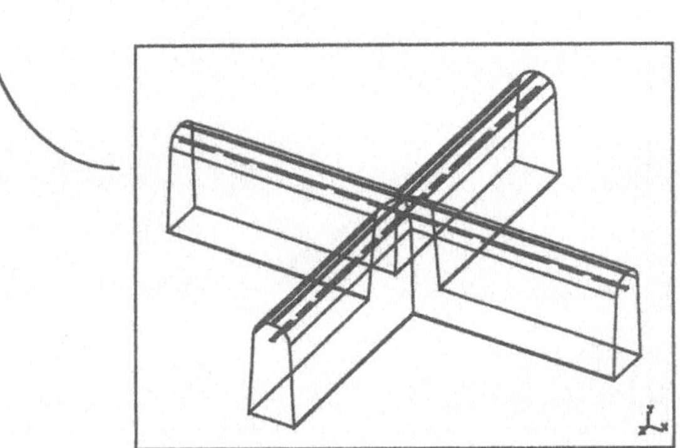

Erstellen Sie ein
Schnittwerkzeug für
die Erzeugung der
Klemmschlitze.

Erstellen einer freigeformten Kontur

Erzeugen Sie die Grundkontur mit den schon bekannten 2D-Funktionen und der Funktion **SPLINES** nach folgender Vorgehensweise. Hierbei soll nur die Grundgeometrie erstellt werden. Größe und Form dieser Geometrie werden erst später den Vorgaben entsprechend angepasst. In der vorigen Übung hatten Sie den Spline entsprechend der Aufgabe definiert. Mit dieser Einstellung würden schnell die ersten Probleme auftauchen. Stellen Sie also die SPLINE OPTIONEN zuerst wieder um, indem Sie Option **DURCH- PUNKTE** aktivieren.

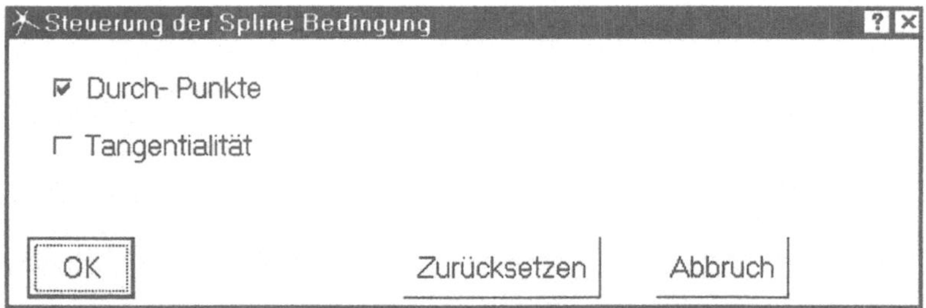

Stellen Sie die automatische Erkennung von Zwangsbedingungen aus, weil Sie anschließend Zwangsbedingungen gezielt vergeben werden: Wählen Sie die Funktion **LINIENZUG,** und **NAVIGATOR**. Es erscheint das NAVIGATOR STEUERUNG – Fenster. Schalten Sie hier **ERKENNEN** und **ZWANGSBE-DINGUNG** aus.

Gehen Sie dann entsprechend der Skizze vor:

- **LINIENZUG** von den Punkten ① bis ⑤, dabei sollte die Linie zwischen ③ und ④ <u>nicht parallel</u> oder senkrecht zu einer anderen stehen.

- **SPLINE** zwischen ⑤ und ⑦, mit ⑥ als Stützpunkt.

- Linie ⑦ - ⑧ .

- Spline von ⑧ bis ①.mit ⑨ als Stützpunkt.

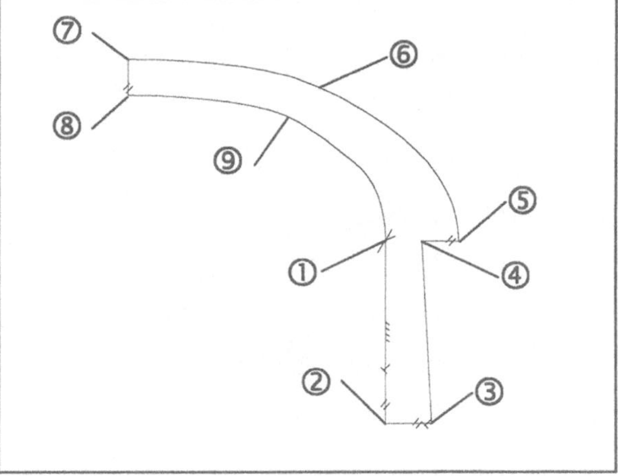

Verändern einer freigeformten Kontur

Holen Sie sich jetzt die Paletten für

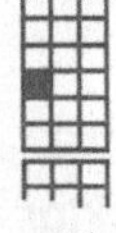 

BEDINGUNGEN & MAßE

und

FORM-DESIGN

auf den Bildschirm.
Plazieren Sie beide am Bildschirmrand so, dass Sie auf alle Icons zugreifen können. Bringen Sie nun an der Rohgeometrie Bedingungen an. Wählen Sie dazu im FORMEN - Fenster

TANGENTIAL

Kurvenende selektieren

①, ② siehe Abbildung rechts unten!

TANGENTE FIXIEREN   (Pfeile = Tangentenrichtungen)

Kurvenende selektieren

③

Wählen Sie im FIXPUNKT - ATTRIBUTE - Fenster das Rechteck hinter **TANGEN-TIAL.**

Linie selektieren

Wählen Sie eine horizontale Linie der Arbeitsebene an ihrem rechten Ende.

Ist die Richtung Ok? (Ja)

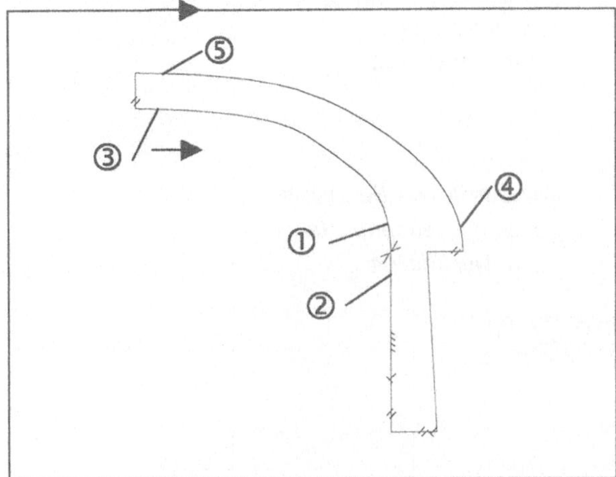

<u>Anmerkung</u>: Bei Linie wird die Richtung jeweils von den Endpunkten zur Mitte definiert (hier in positive x-Richtung).

   wenn der Pfeil nach rechts zeigt.

Fixieren Sie ebenso beide Enden ④ und ⑤ des oberen Splines tangential. (Endpunkt ④ natürlich an einer vertikalen Linie, wobei der Ausrichtungsvektor dann nach oben zeigen muss.)

Für die folgenden Operationen fixieren Sie zuerst den obersten linken Punkt ⑦ der Geometrie auf der Arbeitsebene.

Selektieren Sie dazu im ZWANGSBEDINGUNGEN - Fenster Fixpunkt.

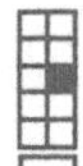   **FIXPUNKT**   

Erzeugen Sie jetzt noch eine Beziehung zwischen Punkt ① und Linie ④-⑤. Selektieren Sie dazu im ZWANGSBEDINGUNGEN - Fenster.

   **KOINZIDENT & KOLINEAR**   

das Erste mit Bedingungen zu versehende Element selektieren

das Zweite mit Bedingungen zu versehende Element selektieren

Linie ④-⑤

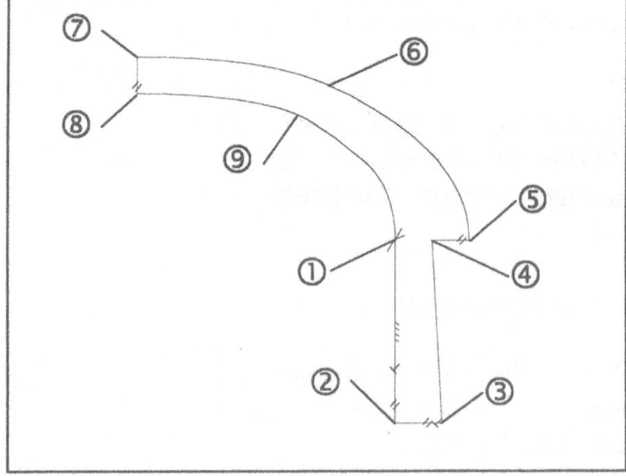

Verändern Sie nun mit der Funktion **ZIEHEN** die Form und die Größe der Kontur. Probieren Sie die unterschiedlichen Einflüsse je nach Angriffspunkt an der Geometrie aus.

Zum Schluss formen Sie die beiden Splines **etwa** so, wie sie in der Zeichnung zu sehen sind.

ZIEHEN

Bringen Sie noch die Bemaßung an der Kontur an, und verändern Sie diese auf die angegebenen Werte.

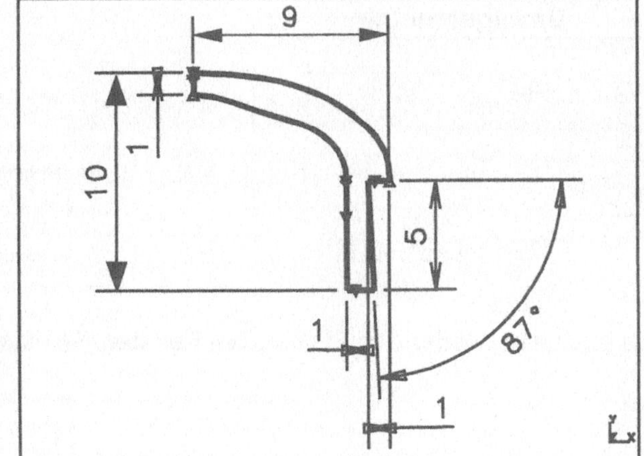

Erstellen eines Freiformkörpers

Nach dem **DREHEN** der Kontur mit 360° um die Gerade durch den Fixpunkt sollten Sie folgenden Körper auf Ihrem Bildschirm sehen:

Die gekrümmten Flächen können dabei ruhig anders aussehen, denn diese sind noch nicht eindeutig bestimmt.

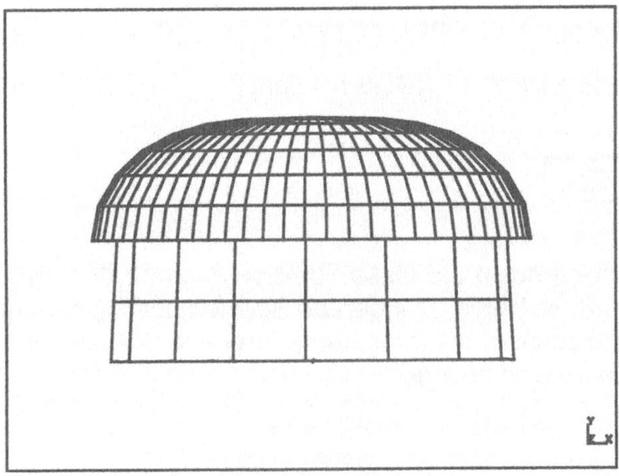

Verfeinern von Freiformkurven durch Iteration

Sie werden nun die mit den Splines definierten Flächen verfeinern. Selektieren Sie dazu die Abschlußkappe.

ELEMENT VERÄNDERN

Drahtgeometrie

Wählen Sie

FORM-DESIGN

Es erscheint wieder das FORMEN - Fenster. Selektieren Sie

PROTOTYPGEOMETRIE

Kurve selektieren

Selektieren Sie einen der beiden Splines.

Stellen Sie im PROTOTYPGEOMETRIE - Fenster unter **PROTOTYP FORM** [/] eine **KURVENLÄNGE** mit dem [→] Pfeil **KREISBOGENLÄNGE** ein.

OK

Wiederholen Sie diese Funktion auch für den zweiten Spline. Mit dieser Funktion wird die Kurve über gerade Streckenabschnitte angenähert. Bisher hatten Sie fünf Stützpunkte auf Ihrer Kurve, drei aus der Splinedefinition und zwei aus den Tangentenbedingungen.

Um die beiden Freiformkurven noch weiter zu glätten, selektieren Sie die Funktion **VOLLSTÄNDIG VERFEINERN** im FORMEN - Fenster.

 VOLLSTÄNDIG VERFEINERN   

Kurve selektieren

Wählen Sie einen Spline. Geben Sie im GLOBALE KURVE VERFEINERN - Fenster bei **ZAHL ZUSÄTZLICHER FREIHEITSGRADE 5** ein.

Somit wird Ihr Spline jetzt über 10 Stützpunkte approximiert.

| OK |

Verfahren Sie ebenso
mit dem zweiten Spline.

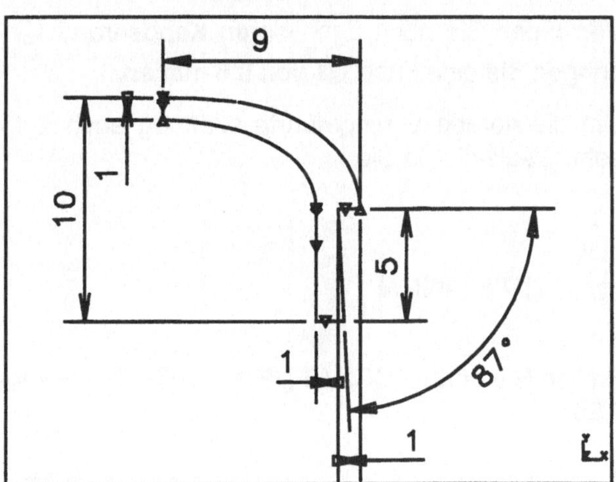

Kontur nach dem Verfeinern

Rufen Sie nochmals für beide Splines die Funktion **PROTOTYPGEOMETRIE** auf, und lassen Sie dieselbe Iteration mit der **KREISBOGENLÄNGE** durchführen. Bei dieser Iteration beachten Sie die Veränderung der Kurve sowie die der Zahlenwerte. Sollten Sie nun noch eine dritte Iteration durchführen wollen, stellen Sie fest, dass bald ein Punkt erreicht ist, an dem dieser Vorgang keine ‚erkennbaren' Ergebnisse mehr liefert.

| **Ausführen** |

Wählen Sie erst OK, wenn sich der Wert für die Kreisbogenlänge nicht mehr verändert!

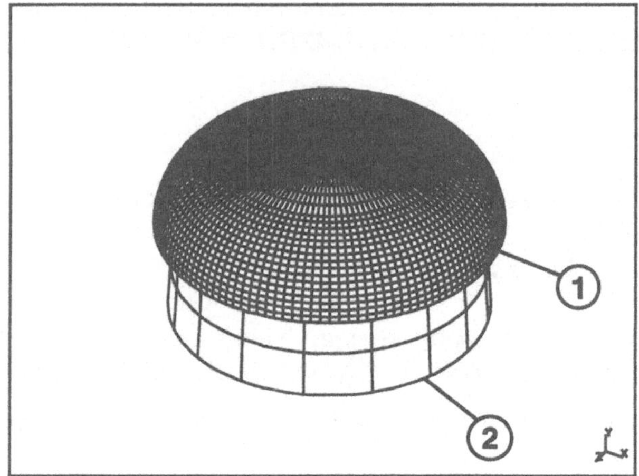

| OK |

Lassen Sie sich wieder
Ihren 3D-Körper zeigen
durch **AKTUALISIEREN.**

Verrunden Sie noch den oberen Kappenrand ① mit dem Radius **0.2** mm, und
bringen Sie eine Fase ② von **0.6** mm an.

Um die gerade durchgeführte Glättung auch auf dem Bildschirm vollständig zu
sehen, selektieren Sie

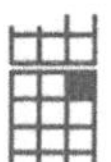 OPTIONEN   

Stellen Sie dort im SCHATTIERT OPTION - Fenster die ANZEIGEQUALITÄT auf
FEIN.

Räumen Sie den Körper unter dem Namen ´**Abschlußkappe**´ vorläufig weg.

Fertigstellen der Abschlußkappe

Da die Kappe zum eigenen Halt mit einer Schräge und einem Übermaß an ihrer
Aufnahme konstruiert ist, müssen noch Klemmschlitze angebracht werden.

Skizzieren Sie dazu ein Schnittwerkzeug entsprechend der Zeichnung.

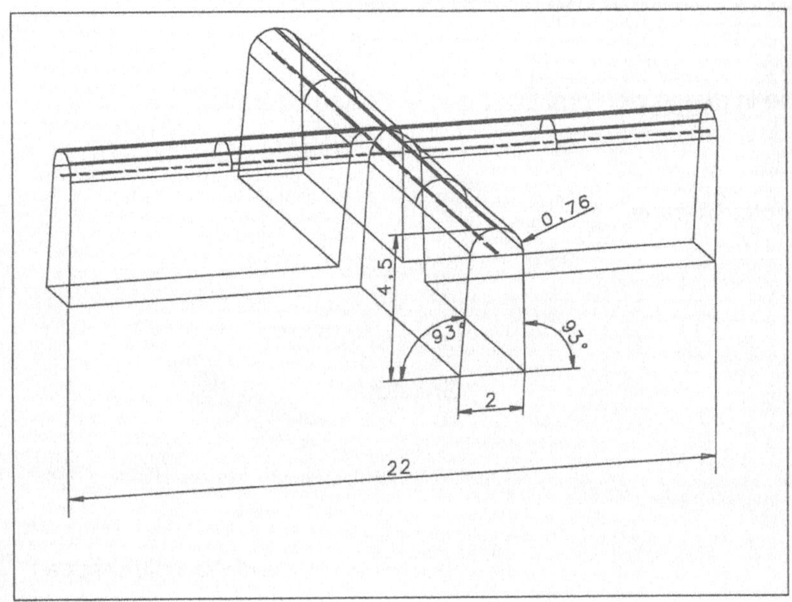

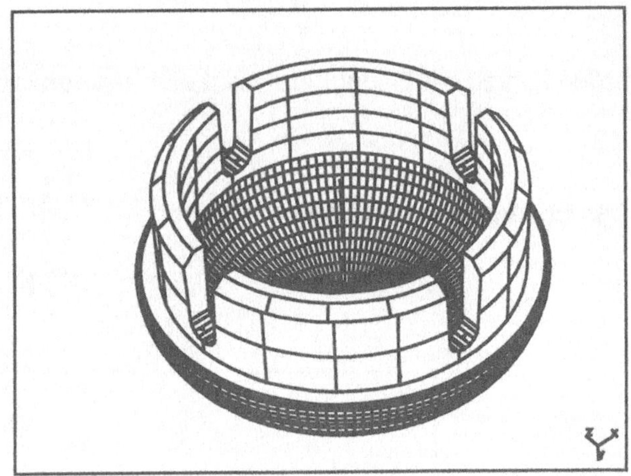

HOLEN Sie die Abschlußkappe, positionieren Sie diese mit ihrer Grundfläche auf der Grundfläche des Schnittwerkzeugs und verschneiden Sie die Teile. Das Ergebnis sollte dann so aussehen:

Geben Sie der Abschlußkappe die Farbe **DUNKELGRÜN** und räumen Sie diese weg.

Zum Schluß Ihrer Arbeitssitzung sichern Sie die Modelldatei.

Ü7.4 **Lenkerhörnchen** (Zusammenbau)

Die in den letzten drei Übungen erstellten Bauteile,

Lenkerklemme 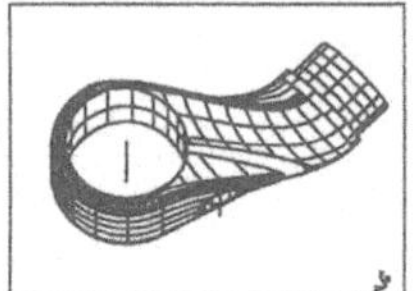,

Griffstück 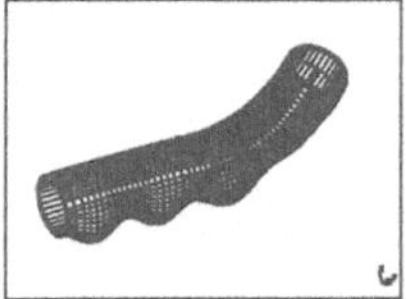,

und Abschlußkappe 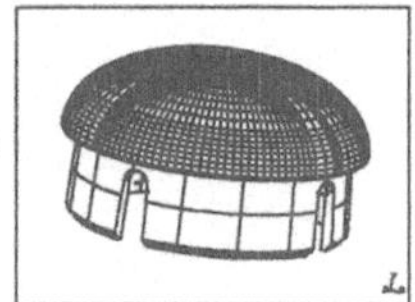

sollen nun zu der Baugruppe **Lenkerhörnchen**´zusammen gefügt werden.

Das Endergebnis sollte dabei nicht so 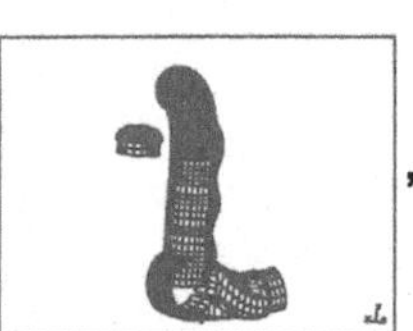, sondern so aussehen:

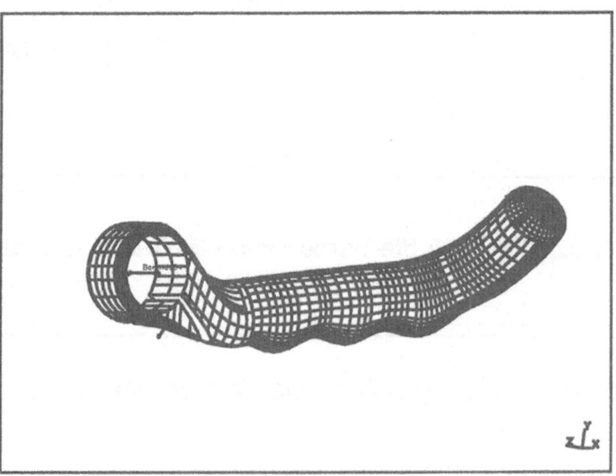

Ü7.5 Fahrradsattel

In dieser Übung soll Ihnen gezeigt werden, wie man eine relativ komplizierte Fläche mittels einer Anzahl von Punkten einfach erstellen kann. Das Ergebnis sollte dann so aussehen:

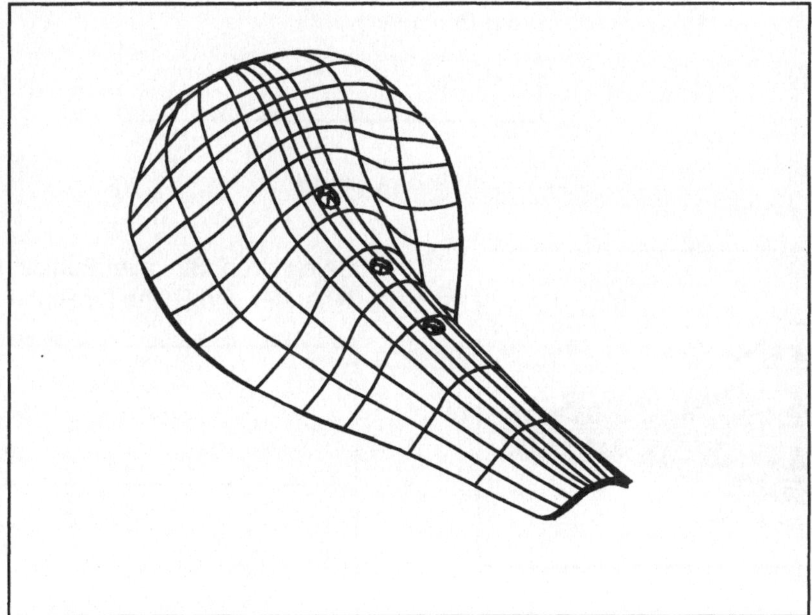

Sie werden dabei folgende Funktionen kennen lernen:

- Erstellen einer Freiformfläche durch Messpunkte
- Ändern der Form der Freiformfläche
- Erzeugen eines dreidimensionalen Freiformkörpers

Ablaufplan Fahrradsattel

Holen Sie die Punkte aus einer Bibliothek und spiegeln Sie sie.

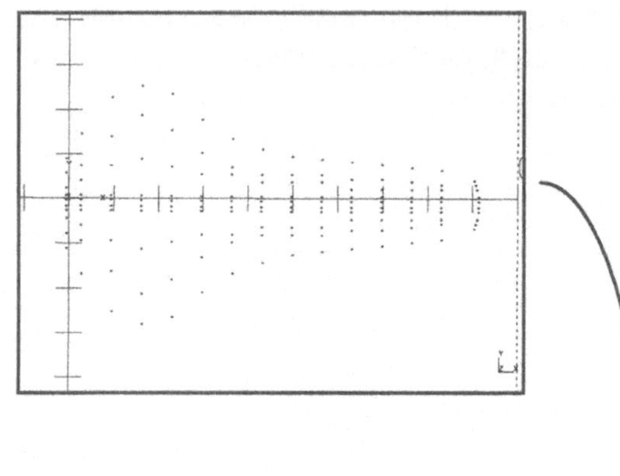

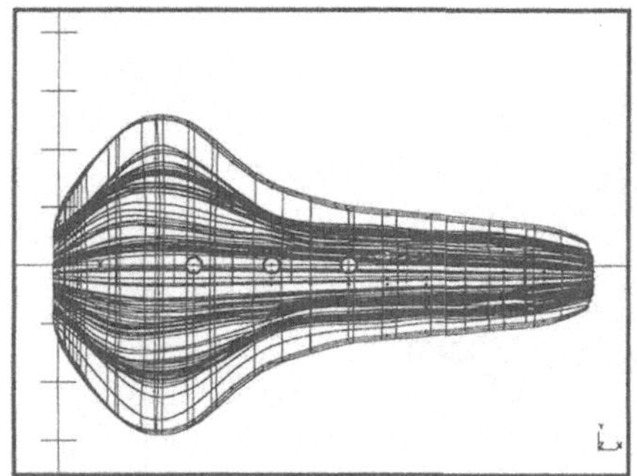

Selektieren Sie alle Punkte nacheinander und Reihe für Reihe.

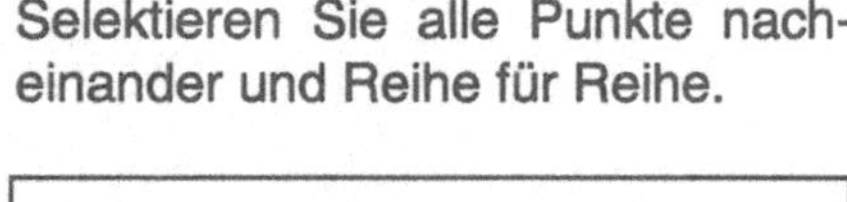

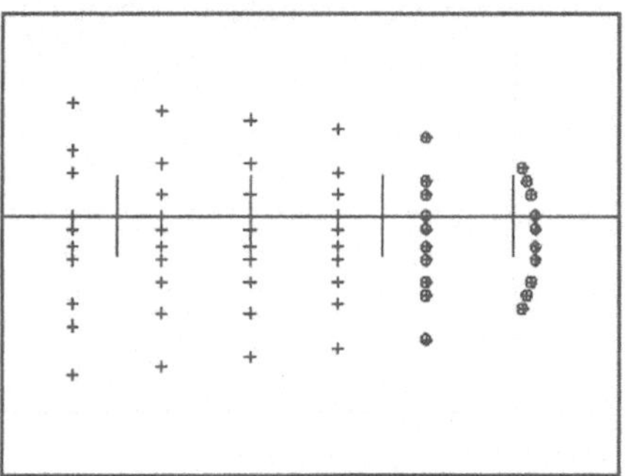

Erzeugen Sie im Anschluß noch drei Löcher in der Satteloberseite.

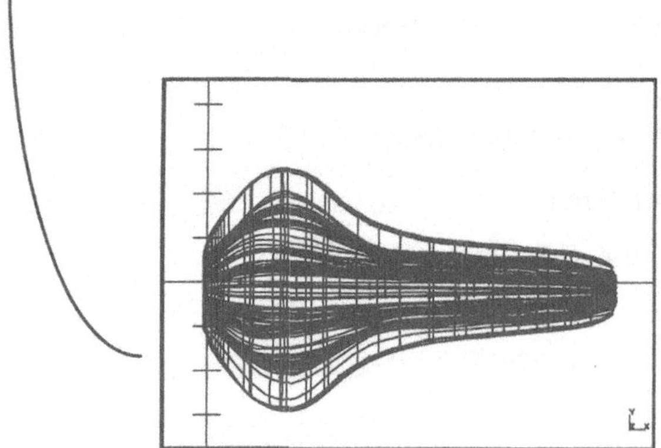

Bearbeiten Sie die Fläche, und schalen Sie sie dann.

Erstellen einer Freiformfläche durch Messpunkte

Damit der Sattel in der Arbeitsebene gut dargestellt werden kann, ändern Sie die Größe Ihrer Arbeitsebene mit

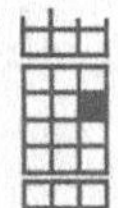 **ARBEITSEBENENDARSTELLUNG** 

auf eine Koordinatengröße von +/- 300 für die X und Y Achse.

Holen Sie die mit einer Koordinatenmessmaschine aufgenommenen Punkte aus der Bibliothek. Für den Fall, dass Ihnen die Punkte über das Internet oder anders nicht zugänglich sind, müssen Sie sie einzeln eingeben. Die Koordinatenwerte für eine reduzierte Anzahl der Punkte sind im Anhang B aufgelistet.

 **FÄCHER VERWALTEN** 

Wählen Sie im FÄCHER VERWALTEN - Fenster: **(AUS BIBLIOTHEK HOLEN)**. Es öffnet sich das AUS PROJEKTBIBLIOTHEK HOLEN - Fenster.

Durch einen Doppelklick auf das Projekt **T_CAD** erscheint zunächst die Bibliothek (LIBRARY) **Sattel**. Wenn nach dem Namen noch drei Punkte erscheinen (z. B. Sattel ...) , sind noch weitere untergeordnete Dateien vorhanden.

Nach einem weiteren Doppelklick auf Sattel wird das Bibliothek - Teil (LIB PART) **Sattelpunkte** sichtbar.

Durch das Selektieren dieser Datei wird sie blau unterlegt dargestellt. Sie können dann mit **KOPIEREN** ein Duplikat der Sattelpunkte anfertigen. Wählen Sie $\boxed{\textbf{OK}}$ im AUS PROJEKTBIBLIOTHEK HOLEN – Fenster und BEENDEN im FÄCHER VERWALTEN - Fenster .

Jetzt können Sie die Sattelpunkte unter der Option **HOLEN** aufrufen. Vervollständigen Sie nun noch die Punkte folgendermaßen:

 **SPIEGELN** 

Teil oder Kontur zum Spiegeln selektieren (Bestätigung)

Ziehen Sie einen Rahmen um die Punkte, und bestätigen Sie mit der mittleren Maustaste.

Ebene, an der gespiegelt werden soll selektieren

Wenn **alle** Punkte auf einer Seite der Arbeitsebene liegen und sich kein Punkt direkt **auf** der Arbeitsebene befindet, selektieren Sie den Arbeitsebenenrand.

Sonst:

ACHSENEBENE

X-Y Ebene

Die eingeblendete gelbe Spiegelungsebene sollte von den Punkten weg zeigen, ansonsten mit **ZURÜCK x-y Negativ** wählen.

Abstand eingeben (0.0)

Der Wert sollte so gewählt werden, dass der Abstand zwischen den Punkten und der Spiegelungsebene etwa 2 mm beträgt (evtl. vorher **MESSEN**).

<u>Hinweis:</u> In der Draufsicht zeigt sich, dass die Punkte nicht alle auf einer Linie liegen. Messen Sie die 2 mm also vom nächstgelegenen Punkt zur Spiegelungsebene. Ein größerer Werte verbreitert die Sattelfläche.

Spiegelungsoption (Beides_Behalten)

Beides behalten

Auf Ihrem Bildschirm müssten sich nun 150 gelbe Punkte befinden, die bereits die Form des Sattels erahnen lassen.

Damit Sie die Punkte nicht einzeln abzählen müssen, ziehen Sie einen Rahmen um alle Punkte; im I-DEAS Ausgabe-Fenster (I-DEAS List-Fenster) erscheint die Meldung *„151 Elemente ausgewählt."* (Das 151. Element ist die Arbeitsebene).

<u>Hinweis:</u> Sie können sich die ausgewählten Elemente auch ‚zeigen' lassen. Wählen Sie dazu:

Auswahl hervorheben

Alle gewählten Elemente werden somit auf Ihrem Bildschirm weiß abgebildet.

Legen Sie nun eine Fläche über die Punkte.

Damit Sie später beim Selektieren der Punkte nicht immer die Shift-Taste gedrückt halten müssen, selektieren Sie mit der rechte Maustaste

Bereichsoptionen

und schalten die **Shift-Tasten Automatik** an.

Um die Fläche erzeugen zu können, müssen Sie zuvor die hervorgehobenen Punkte wieder abwählen. Selektieren Sie mit der rechte Maustaste

Auswahl zurücknehmen

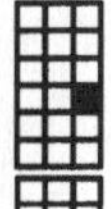 **FLÄCHE DURCH PUNKTE** 

Alle Punkte um Fläche abzuleiten selektieren (Bestätigung)

Matrix der Punkte

Alle Punkte der ersten Zeile für Fläche zum Anpassen selektieren (Bestätigung)

Selektieren Sie nun die ersten **10 Punkte** der rechten Reihe systematisch **von oben nach unten.**

Achtung: Für die spätere Ausrichtung der Fläche ist es von großer Bedeutung, dass die Reihenfolge von oben nach unten eingehalten wird! Wählen Sie auf <u>keinen Fall</u> die Möglichkeit der <u>Mehrfachselektion</u>, z. B. durch Ziehen eines Rahmes um mehrere Punkte zugleich.

Sollten Sie einen Punkt vergessen haben, beginnen Sie bitte erneut.

Alle 10 Punkte in Zeile 2 für Fläche zum Anpassen selektieren (Bestätigung)

Selektieren Sie nun die 2. Reihe von rechts von oben nach unten. Danach **nicht** mit der mittleren Maustaste bestätigen !

Ihr Bildschirm müsste jetzt so aussehen:

Alle 10 Punkte in Zeile 3 für Fläche zum Anpassen selektieren `(Bestätigung)`

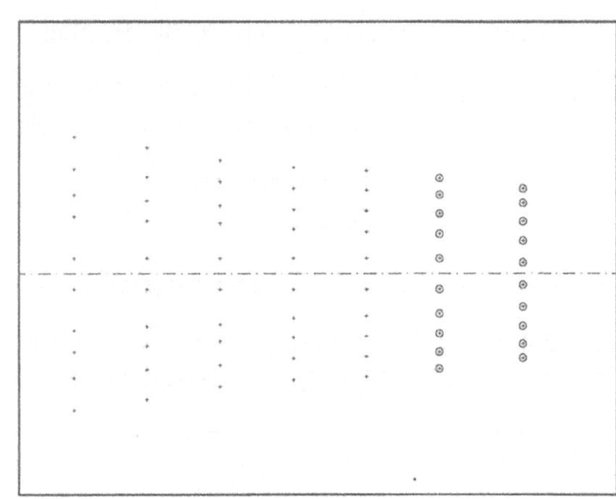

Bearbeiten Sie alle weiteren Reihen genauso, immer von **oben** nach **unten**. Falls Sie einen Punkt ausgelassen haben, besteht die Möglichkeit mit **ZURÜCK** zu korrigieren. Das funktioniert aber nur dann, wenn Sie es sofort bemerken, ansonsten müssen Sie nochmals von vorne beginnen.

Wenn Sie alle 150 Punkte selektiert haben:

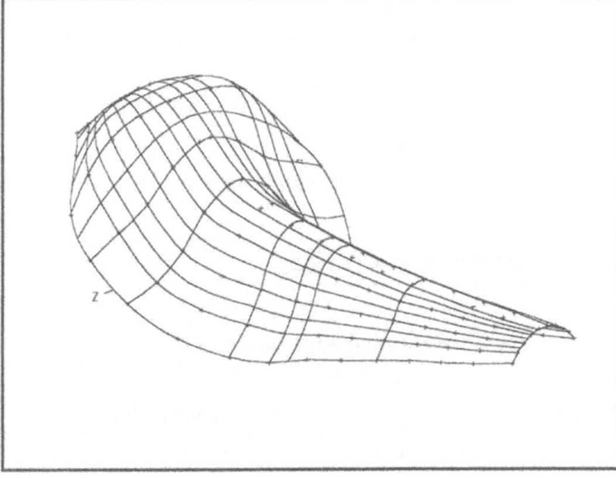

Sichern Sie jetzt zuerst Ihre Arbeit.

Ändern der Form der Freiformfläche

Im folgenden werden Möglichkeiten beschrieben, die es Ihnen erlauben, die soeben erzeugte Fläche zu variieren.

Editieren Sie die Fläche mit **Element verändern**

Selektieren Sie die erzeugte Oberfläche.

| Drahtgeometrie |

Öffnen Sie das FORMEN - FENSTER.

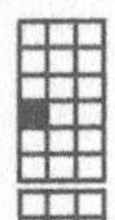 **FORM-DESIGN** 

Wie Sie es bereits in der Übung **Abschlußkappe** erlernt haben, können Sie nun damit beginnen, die Fläche zu formen. Damit Sie Ihre Veränderungen besser erkennen können, wechseln Sie in die **Vorder-** oder **Seitenansicht**.

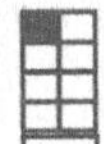 **PUNKT ZIEHEN** 

Versuchen Sie auch die Funktion **TANGENTIALITÄT** .

Nachdem Sie das Drahtmodell in eine geeignete Form gebracht haben, **AKTUALISIEREN** Sie die Fläche. (Falls Ihnen Ihre Änderungen nicht zusagen, können Sie jederzeit mit **DATEI ÖFFNEN** – ohne zu sichern – wieder den ursprünglichen Zustand der Fläche herstellen).

Beim Generieren der Fläche besteht auch die Möglichkeit, diese mit der Funktion **FORM-DESIGN** direkt zu verändern, ohne die Funktion **ELEMENT VERÄNDERN** zu benutzen.

Zur Bearbeitung bestimmter Flächenausschnitte kann Ihnen die Funktion

| TEILBEREICH |

sehr nützlich sein.

Erzeugen eines dreidimensionalen Freiformkörpers

Erzeugen Sie nun aus der Fläche einen dreidimensionalen Freiformkörper.

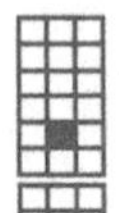 SCHALE   

Geben Sie dem Sattel eine Gesamtschalendicke von **3** mm.

Hinweis: Mit der Funktion kann man erkennen, ob die geplante Operation überhaupt möglich ist.

Verrunden Sie die beiden Ecken vorne am Sattel mit einem Radius von 10 mm.

Ihr Bildschirm müsste jetzt so aussehen:

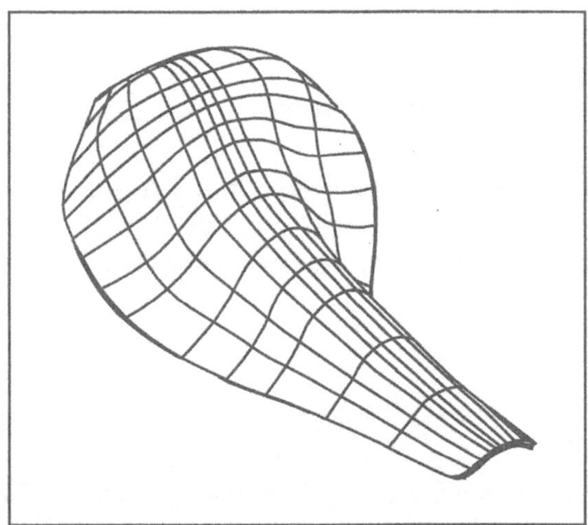

Falls jetzt noch das Punkteraster aus der Freiformfläche zu erkennen ist, wechseln Sie in das SICHTBARKEITSFILTER - Fenster

 SICHTBARKEITSFILTER   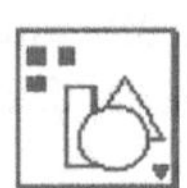

unter **SICHTBARKEIT , DRAHTGEOMETRIE** kann die Sichtbarkeit der Punkte deaktiviert werden.

Fügen Sie nun noch drei Sattellöcher mit einem Durchmesser von **8** mm ein. Diese positionieren Sie ca. **70** mm von der hinteren Sattelkante und mit einem Abstand von ca. **40** mm von Bohrung zu Bohrung. Die Einhaltung der genauen Abstände ist dabei weniger wichtig als eine mittige Ausrichtung der Sattellöcher.

Zum Schluss verrunden Sie die Bohrungen an der Oberseite mit einem Radius von **0,5** mm.

Der fertige Sattel sollte dann so aussehen:

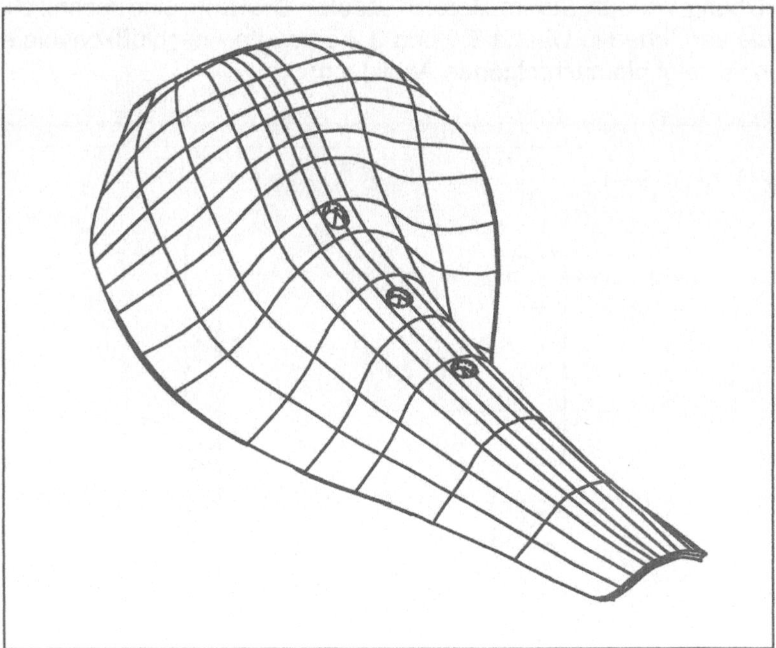

Räumen Sie Ihren Sattel weg.

Zum Schluss Ihrer Arbeitssitzung sichern Sie Ihren Modelfile.

8 Erstellen einer technischen Zeichnung

Gegenstand dieser Schulungsunterlagen ist die Einführung in das dreidimensionale Arbeiten mit I-DEAS Master Series. In diesem Abschnitt soll aber auch gezeigt werden, wie einfach es ist, Technische Zeichnungen zu erstellen, wenn ein dreidimensionales Modell vorhanden ist.

Ü8.1 Anschlußkonsole

In dieser Übung werden Sie im Bereich **Master Drafting** eine technische Zeichnung für die von Ihnen in Übung 3.1 und 3.2 erzeugte Anschlußkonsole erstellen. Das Ergebnis zeigt die nachfolgende Abbildung:

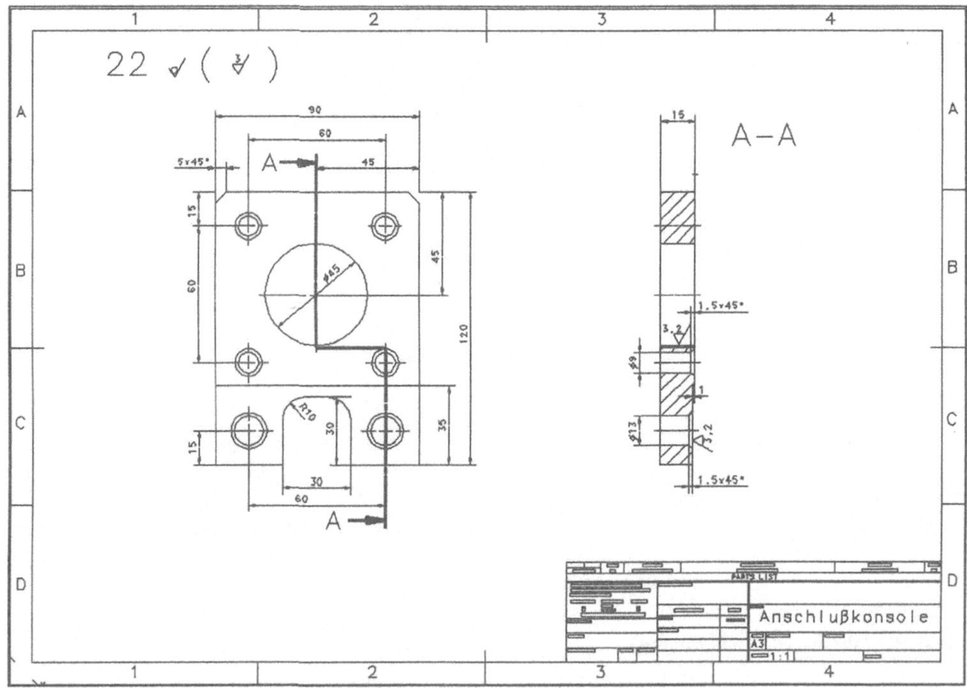

Technische Zeichnung der Anschlußkonsole

Folgende Arbeitstechniken werden Sie in dieser Übung erlernen:

- Erzeugen eines Layouts von einem Einzelteil

- Erzeugen eines abgesetzten Schnitts

- Bewegen und Modifizieren der Ansichten und Bemaßen der Anschlußkonsole

- Bearbeiten der Zeichnung im Detailing Panel

Ablaufplan für die Erstellung von technischen Zeichnungen

Holen Sie im Bereich Master Drafting ein erstelltes 3-D Teil und erzeugen Sie davon ein Layout.

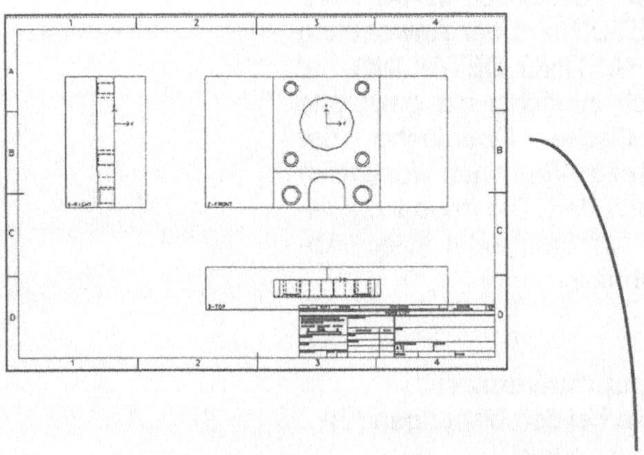

Erzeugen Sie die erforderlichen Teilansichten und Schnitte.

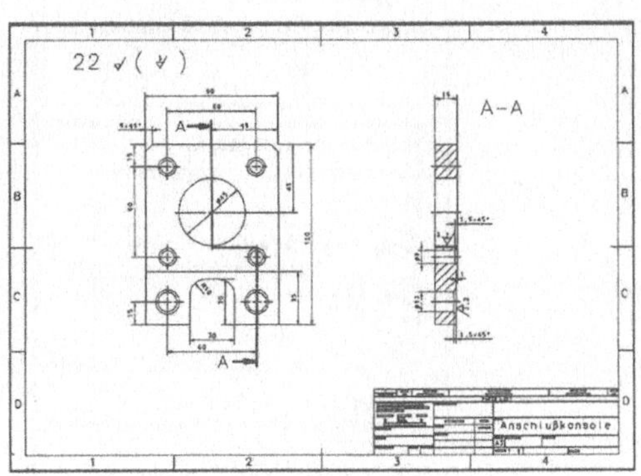

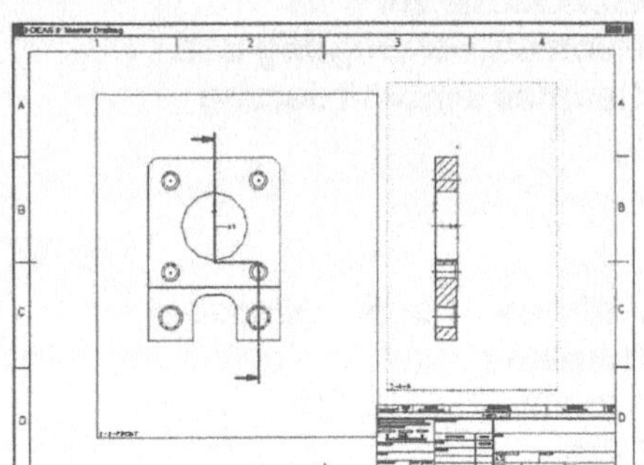

Bearbeiten Sie die angefertigten Zeichnungen im Detailing Panel.

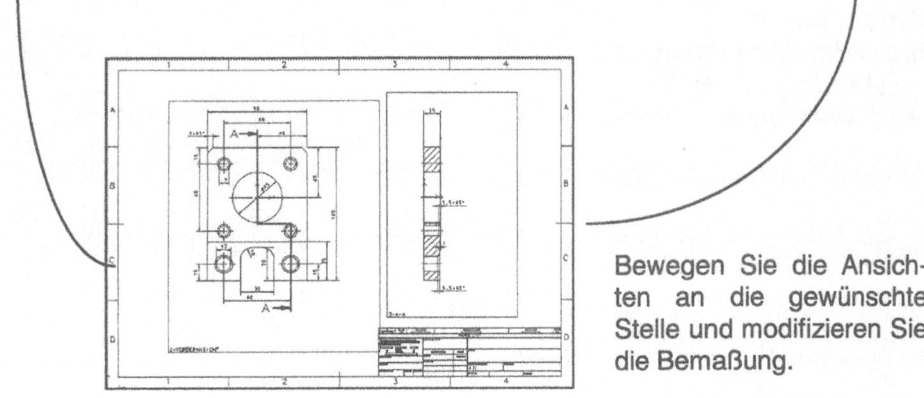

Bewegen Sie die Ansichten an die gewünschte Stelle und modifizieren Sie die Bemaßung.

Durch die Zusammenlegung
der Bereiche DRAFTING
SETUP und der Anwendung
DRAFTING DETAILING hat
sich zunächst die gewohnte
grafische Oberfläche der
älteren Versionen wesentlich
verändert. Die neue Iconleiste unterscheidet vier Ab-
schnitte.

Hauptfunktionen
(wie bei den bisherigen Anwendungen)

**Werkzeuge zur
Geometrieerzeugung und
Geometriemodifizierung**

**Abfrage-   und   Eingabe-
Bereich**
(Command   Option   Area
COA)

**Werkzeuge zur
Bildschirmdarstellung**
  unabhängig von Bereich
  und Anwendung

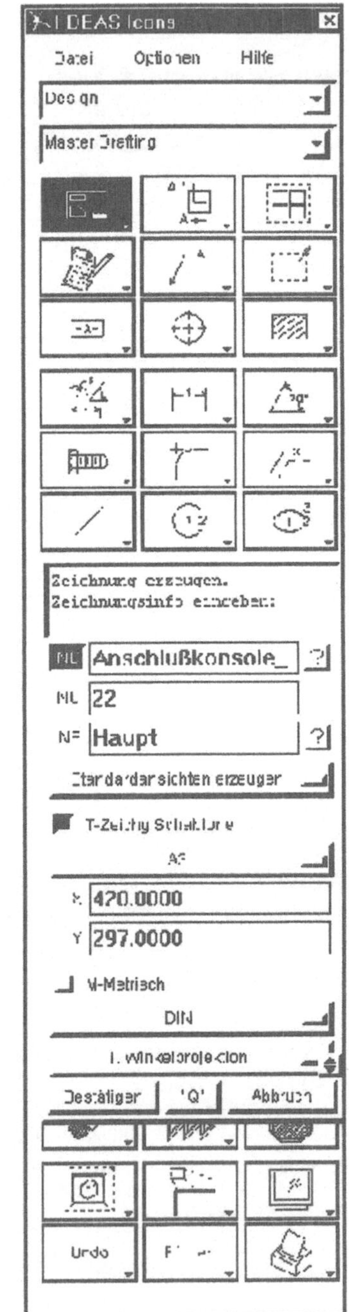

Erzeugen eines Layouts von einem Einzelteil

Öffnen Sie Ihre Datei ‚Zylinder' und wechseln Sie in den Bereich
Master Drafting.

Erzeugen Sie sich ein Layout für die Anschlußkonsole:

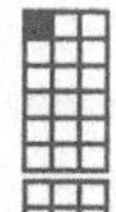

DQ – ZEICHNUNG ERZEUGEN

Wenn eine Abfrage erfolgt, ob Sie eine neue Zeichnung erzeugen wollen, bestätigen Sie mit **JA**!

Der Bereich Master Drafting arbeitet in drei
Schritten.

1. Einrichten der
   Zeichnungsvorgaben

2. Einstellen der
   Ansichtsoptionen

3. Einstellen der
   Ansichtseigenschaften

In der nebenstehenden Abbildung sehen
Sie die Abfrage der COA innerhalb eines
Formblattes.

Durch Selektion der Felder öffnen sich weitere Pulldown Listen – hier machen Sie
weitere Eingaben.

1. Zeichnungsvorgaben.

Selektieren Sie das ? hinter der Namensleiste (ND steht für Name Document).
Im geöffneten MODEL WÄHLEN – Fenster selektieren Sie die ‚**Anschlußkonsole**' und beenden das **Fenster** mit OK .

Die folgenden Zeilen bedeuten bzw. bieten folgende Auswahl:

NU (Number): Zeichnungsnummer

NB (Name Bin): Name des Fachs, aus dem das Teil geholt wurde

In der nächsten Zeile wählen Sie: **STANDARDANSICHTEN ERZEUGEN**

und markieren Sie das Feld **T – ZEICHG. SCHABLONE**. Sie können zwischen einem Zeichnungsblatt mit oder ohne Schriftfeld wählen.

In der nächsten Zeile bestimmen Sie noch die Zeichnungsgröße mit **A3**.

Ihr System ist auf **METRISCHE** Abmessungen eingestellt.

Bei den Bemaßungsstandards wählen Sie **ISO**.

Legen Sie dann noch die **1. WINKELPROJEKTION** fest, die die DIN Klappregeln betreffen.

BESTÄTIGEN Sie Ihre Eingaben.

Ein DIN A3-Rahmen mit Schriftfeld erscheint und der Abfrage- und Eingabebereich (COA) hat sich geändert.

2. *Ansichtsoptionen*:

Markieren Sie das Kästchen vor **UM-MODELL VERWENDEN**, um anzuzeigen, dass eine vorhandene 3D-Geometrie für die Zeichnungserstellung verwendet wird.

Im **GW-VIEWER** könnten Sie bestimmen, welche Ansicht der Vorderansicht entsprechen soll.

Mit **SP** (Space) legen Sie den Abstand der einzelnen Standardansichten mit **50** mm fest.

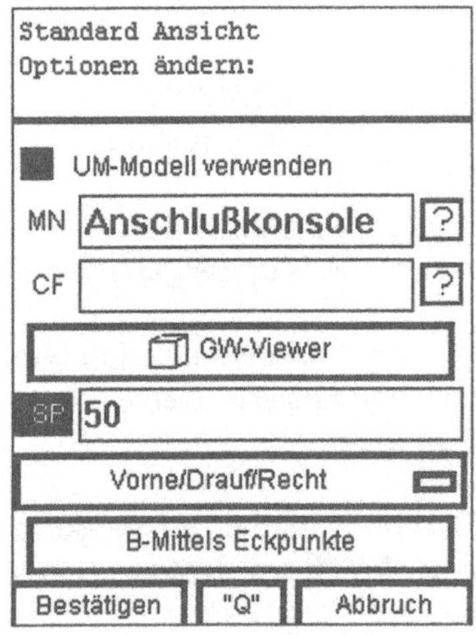

In der nächsten Zeile stellen Sie Ansichten **(R3) VORNE/DRAUF/RECHT** ein.

Die Schaltfläche **B-MITTELS ECKPUNKTE** ermöglicht Ihnen, einen definierten Bereich der Zeichnung zu nutzen. Andernfalls verteilt das System die Standardansichten über den gesamten Zeichnungsbereich.

Zum Schluss **BESTÄTIGEN** Sie Ihre Eingaben. Es erscheint die Vorschau der Standardansichten.

3. *Ansichtseigenschaften*:

VN bezeichnet den Namen der Ansicht, den Sie später ändern können.

SC (Scale) definiert den Maßstab der Darstellung. Geben Sie **1,000** ein. Das bedeutet M 1:1.

Nachträgliche Änderungen des Maßstabes sind ebenfalls möglich und begegnen Ihnen noch in diesem Beispiel.

BESTÄTIGEN Sie Ihre Eingaben!

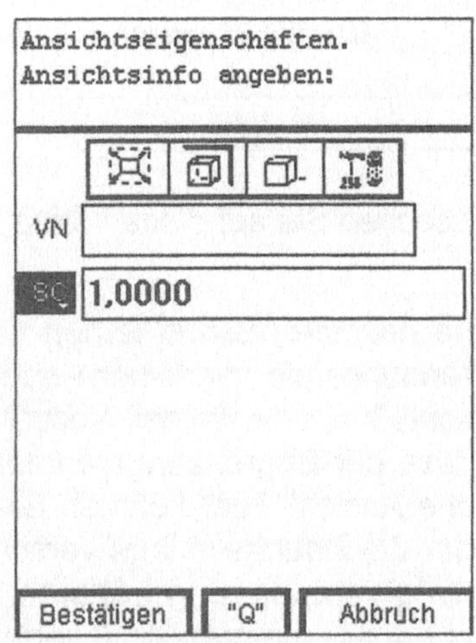

Das Ziel dieser Übung ist es, die Anschlußkonsole in der Vorderansicht und in der Seitenansicht im Schnitt darzustellen, wie es auf der ersten Seite dieser Übung gezeigt wurde. Deshalb müssen jetzt zunächst die Ansicht von rechts und die Draufsicht gelöscht werden:

Wenn Sie mit der Maus das Feld der zu löschenden Ansicht selektieren, ist diese Ansicht aktiv. Das gilt auch für alle anderen Befehle. Die **aktive Ansicht** erkennen Sie immer an der gestrichelten Umrandungslinie.

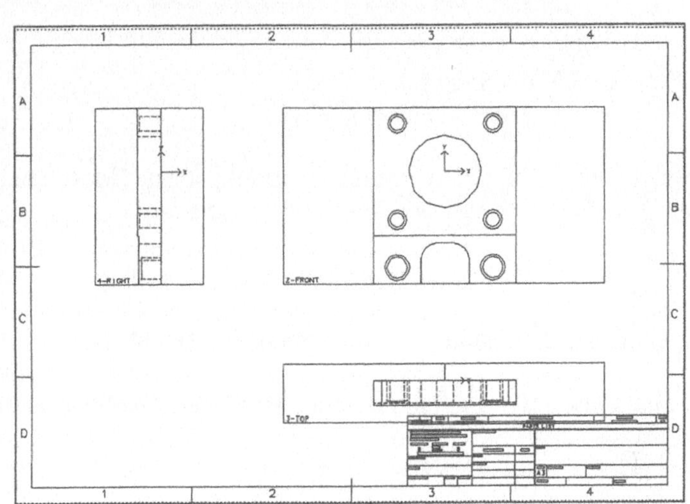

Markieren Sie also die Ansicht **4-RIGH** und wählen Sie:

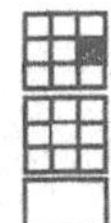

VD-ANSICHT LÖSCHEN

Ansicht löschen
Aktuelle Arbeitsansicht löschen?

Y-Ja

Löschen Sie auf diese Weise auch die Ansicht 3-TOP!

Im nächsten Schritt lernen Sie, wie man eine Ansicht verschiebt und deren Berandungsfeld verkleinern oder vergrößern kann. Nachdem Sie nur noch die Anschlußkonsole in der Vorderansicht auf Ihrer Zeichnung haben, kann es sein, dass der Begrenzungsrahmen wesentlich größer oder kleiner ist als die eigentliche Ansicht. Hier könnten Sie die Ansicht nicht wie gewünscht in die linke Hälfte der Zeichnungsvorlage verschieben. Für diesen Fall müssen Sie noch die Berandung verändern. In früheren Versionen war eine automatische Randbegrenzung abrufbar – bei Version 8 verfahren sie wie folgt.

Aktivieren Sie die Vorderansicht und wählen:

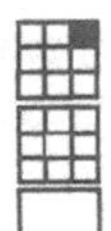 **VB – ANSICHT BERANDUNG** 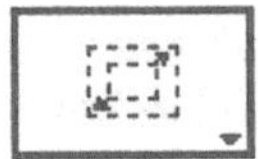

Ansicht Berandung
erste Ecke des Rahmens festlegen:

Selektieren Sie einen neuen Eckpunkt Ihres Begrenzungsrahmens, der etwas größer als die Kontur der Anschlußkonsole ist.

zweite Ecke des Rahmens festlegen:

Ziehen Sie den Rahmen zum zweiten Endpunkt.

Verschieben Sie nun die Ansicht gemäß der Zeichnungsvorgabe.

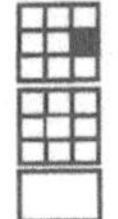 **VM-ANSICHT VERSCHIEBEN** 

Ansicht verschieben .
Anfangspunkt der Verschiebung angeben:

Selektieren Sie einen Anfangspunkt und bewegen die Ansicht zum gewünschten Ort. Den Endpunkt müssen Sie wieder durch eine Punktselektion bestimmen.

Hinweis: Im Gegensatz zum den Bereichen Master Modeler oder Master Assembly sind die Funktionen der Maus unterschiedlich belegt. Die rechte Maustaste ist immer identisch dem Befehl **ABBRUCH** (die **ESC** Taste wäre auch wählbar). Die linke Maustaste wählt die **Menüs** und die mittlere bedeutet **BESTÄTIGUNG**.

Erzeugen eines abgesetzten Schnitts

Damit Sie nun die Schnittlinie für den Schnitt A–A so platzieren können, wie es in der Abbildung auf der ersten Seite dieses Kapitels gefordert ist, werden Sie zuerst die Ansicht mit der F2-Taste entsprechend vergrößern.

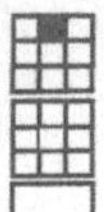

VZ – SCHNITTANSICHT

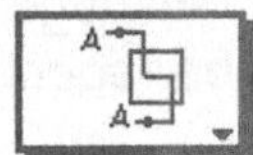

Schnittansicht.
Übergeordnete Ansicht wählen:

Wählen Sie hier das Feld **C –AKTUELL**

Selektieren Sie in diesem Feld die Schaltflächen

K-RECHTWINKLIG FIX sowie

NV-VERTIKAL.

Mit der Bedingung NV-VERTIKAL haben Sie dem System mitgeteilt, dass ein vertikaler Schnitt erzeugt werden soll.

Schnittebene
Punkt bestimmen, um Linie durchzuführen:

Legen sie nun die vertikale Schnittlinie fest. Mit dem kleinen Kreuz auf dem Bildschirm selektieren Sie die Mitte der großen Bohrung Ø 45.

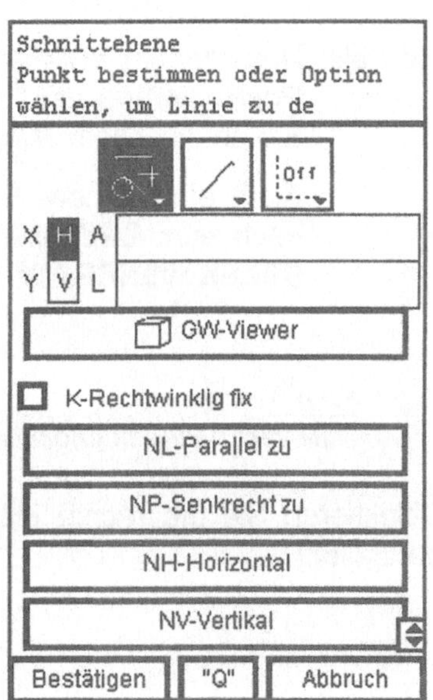

Es erscheint eine weiße vertikale punktierte Linie durch den Bohrungsmittelpunkt.

Schnittebene
Startpunkt für Schnittebenenkurve bestimmen

Wählen Sie als Startpunkt einen
Punkt oberhalb des nebenan
gezeigten Mittelpunktes der
Oberkante außerhalb der
Anschlußkonsole.

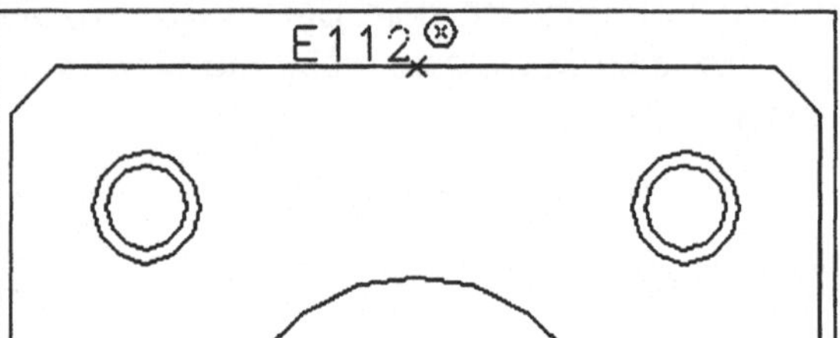

Schnittebene
Punkt bestimmen oder Option wählen für nächste Linie

Durch die Selektion der Option **K-RECHTWINKLIG FIX** haben Sie eine Festlegung für den Schnittverlauf getroffen. Das Auswahlkreuz lässt sich nur noch horizontal im 90° Winkel bewegen.

Selektieren Sie die weiße punktierte Linie kurz unterhalb der Bohrung Ø 45,
dann den Mittelpunkt der Bohrung Ø 9, und
zum Abschluss das Ende des Schnittverlaufs außerhalb der Anschlußkonsole.

BESTÄTIGEN

Hinweis: Das System erkennt markante Punkte. Sollten Sie Probleme mit der
Positionierung der Umkehrpunkte des Schnittverlaufs haben, so denken
Sie an die Zoom-Möglichkeit mit F2.

Auch eine feinere Einstellung des dynamischen Navigators kann hilfreich sein: **OPTIONEN , SYSTEMEINSTELLUNGEN , AUSWAHL ,
SELEKTIONSRADIUS** auf das Minimum einstellen.

Schnittebene
Seite zum Behalten angeben:

Selektieren Sie die rechte Hälfte der Kontur, denn diese sollen Sie im Schnitt
darstellen!

Bestimmen Sie in der nebenstehenden Abbildung die zahlreichen Möglichkeiten der Schnittdarstellung über diverse Pulldown-Menüs.

Wählen Sie aus, indem Sie die Kürzel bzw. die Schaltflächen selektieren:

VOLL-Schnitt

ISO

RO-Gefüllte Pfeilspitze

für die Schnittlinie **DICK**.

SI: Pfeilgröße = Länge des Pfeils **8**

NL: Länge der langen Linie in der Schnittebene **30**

SH: Länge der kurzen Linie in der Schnitt ebene **3**

GP: Länge der Lücke zwischen langen und kurzen Linien **1**

BESTÄTIGEN

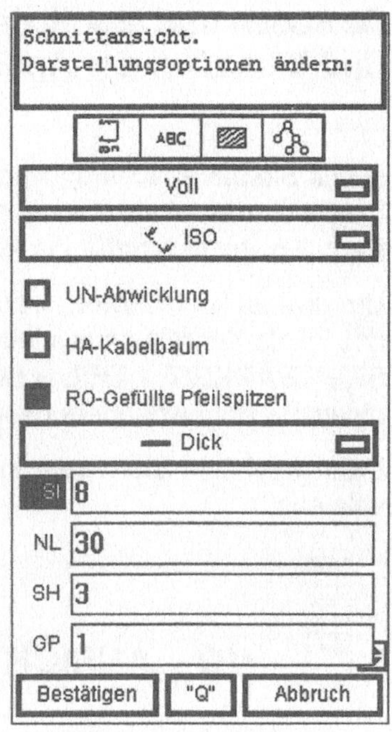

Danach bestimmen Sie die Ansichtseigenschaften der Schnittansicht im nebenstehenden Fenster:

Tragen Sie den gewünschten Ansichtnamen **A-A** ein, indem Sie VN selektieren und den vorhandenen Namen überschreiben.

Bestimmen Sie die Skalierung der Darstellungsgröße. Beide Ansichten sollen gemäß der Zeichnung im Maßstab 1:1 dargestellt werden.

Nach dem **BESTÄTIGEN** können Sie die erzeugte Schnittansicht auf Ihrer Zeichnung platzieren.

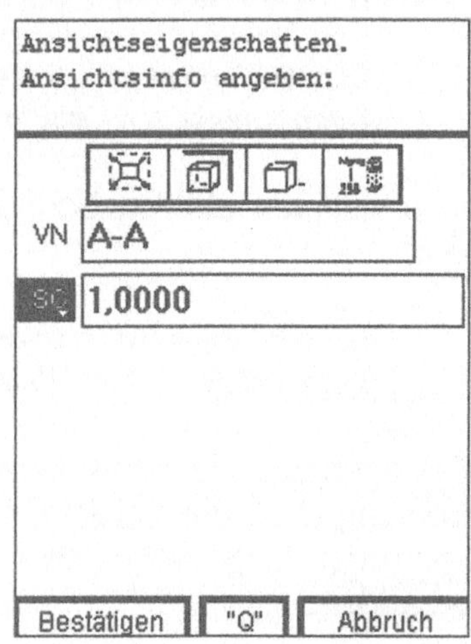

Auf der Zeichnung erscheint jetzt ein Umrandungsfeld, welches Sie platzieren müssen. Sollte die Platzierung der neuen Ansicht nicht wie gewünscht (normgerecht) erscheinen, werden Sie die Ansichten noch ausrichten.

Bewegen und Modifizieren der Ansichten und Bemaßen der Anschlußkonsole

Damit Sie die Anschlußkonsole problemlos ausrichten können, ist es erforderlich, dass sich das lokale Koordinatensystem an definierter Stelle befindet. Bei diesem Bauteil bietet sich dafür die Mitte der Bohrung ø 45^{H8} an.

Um dies zu kontrollieren, wechseln Sie in den **Master Modeler** und aktivieren Sie das lokale Koordinatensystem mit der Funktionsfolge **SICHTBARKEITSFILTER – SICHTBARKEIT – TEIL – LOKALER URSPRUNG**. Wenn sich das lokale Koordinatensystem woanders befindet, verschieben Sie es in die Bohrungsmitte.

Dann wechseln Sie wieder in das **Master Drafting** und richten die Anschlußkonsole aus:

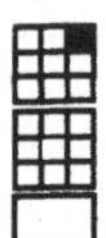 **VO – ANSICHT REFERPKT** 

Ansicht Ursprung verschieben.
Ansicht wählen:

Wählen Sie den Schnitt A-A.

Ansicht Ursprung verschieben.
Anfangspunkt der Verschiebung angeben:

Innerhalb der aktiven Schnittansicht markieren Sie z.B die Mitte der Bohrung Ø 45.

Ansicht Ursprung verschieben.
Endpunkt der Verschiebung angeben:

Bewegen Sie die Maus innerhalb des Begrenzungsrahmens auf die Höhe der Bohrung Ø 45 der Vorderansicht. Hierbei ist wichtig, dass Sie den Rahmen nicht verlassen. Gegebenenfalls müssen Sie in der neuen Ansicht den Rahmen neu beranden.

Ebenso können Sie auch über die Funktion **VO – ANSICHT REFERPKT** und über die Schaltfläche **AUSRICHTEN NULLPKT** die Ansicht mit **NX-AUSRICHTEN X** oder **NY-AUSRICHTEN Y** ausrichten.

Das Ergebnis der Ausrichtung zeigt folgendes Bild:

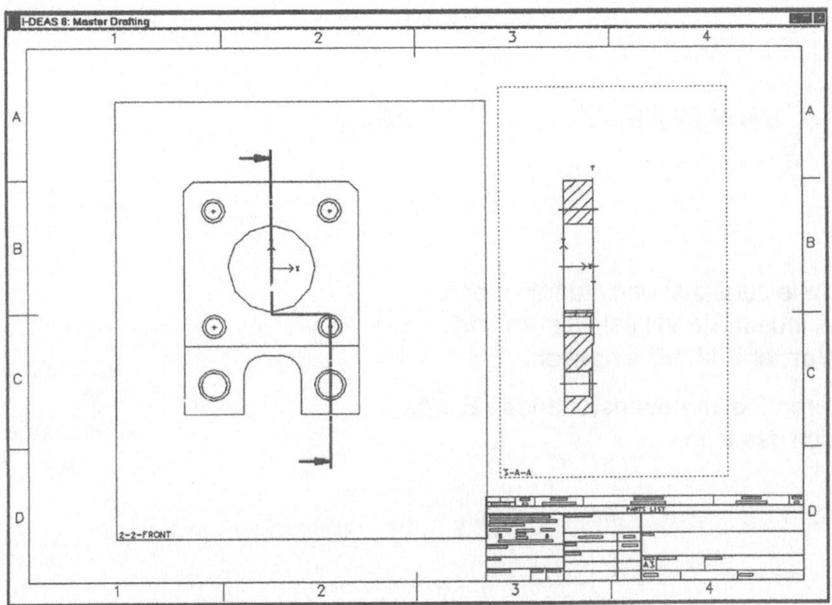

Jetzt werden noch die Maße und Hinweise eingetragen.

Grundsätzlich gibt es zwei Möglichkeiten:

1. Die Anschlußkonsole wird neu über die Bemaßungs-Icons bemaßt.

2. Die Maße werden aus dem 3D-Bereich des Master Modeler übernommen.

Zu 1: Wenn sich die Fertigungsmaße von den Konstruktions-Nennmaßen unterscheiden, ist es zweckmäßig, nachträglich neu zu bemaßen. Außerdem kann der Aufwand bei komplexen Teilen, alle 3D-Maße normgerecht zu platzieren, höher sein, als neu zu vermaßen.

Zu 2: Andererseits sind die Maße aus dem 3D-Bereich assoziativ zur 3D-Geometrie. Sie können auch gelöscht, verdeckt und ihre Eigenschaften geändert werden.

In jedem Fall sind diese Überlegungen vor der Einführung der Software gründlich auf die Belange des Unternehmens abzustimmen und in den firmenspezifischen Modellierungsrichtlinien festzulegen!

Wenn Sie die Bemaßung aus dem Bereich Master Modeler übernehmen möchten, wählen Sie die Vorderansicht (2-FRONT) aus und dann:

VS-EIGENSCHAFTEN SEHEN

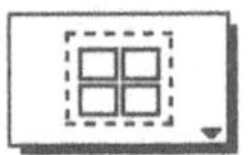

Ändern Sie zunächst den Namen dieser
Ansicht, indem Sie VN selektieren und
dann ‚**Vorderansicht**' eingeben.

Selektieren Sie im nebenstehenden Eingabebereich das Icon

Der Eingabebereich ändert sich in:

In der Schaltfläche für
Verdeckte Linie verarbeiten

wählen Sie **GROB VERDECKT**.

Aktivieren Sie dann:

HL-VERARBEITEN VERD. LINIEN

KD-HAUPT/TREIBENDE MAßE.

AN-BESCHRIFTUNG/DOKMAß

Mittellinien: **CL ALLES AUßER**
            VERRUNDUNG

Bezugsgeometrie: **RG ALLE**

Drahtgeometrie: **WF ALLE**

Stil der verdeckten Linien: **VERDECKTE**
            ENTFERNT

Tangentiale Kanten: **KEINE**
            TANGENTIALE KANTEN

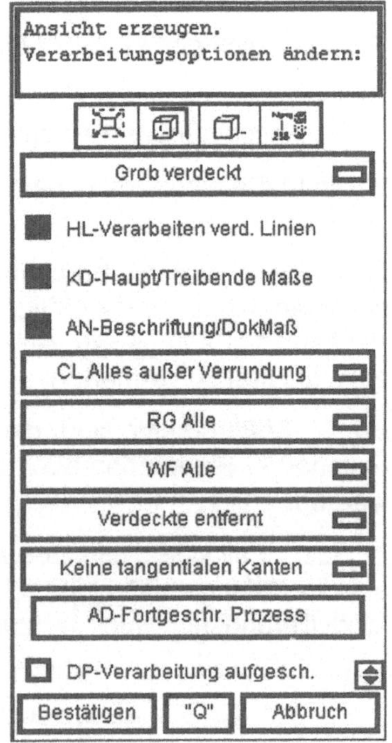

BESTÄTIGEN

 **UP - AKTUALISIEREN** 

In der Vorderansicht erscheinen alle Maße. Jetzt müssen Sie die Maße so verändern, dass sie normgerecht angeordnet sind. Gegebenenfalls müssen Sie die Ansichts-Berandung etwas vergrößern, damit alle Maße sichtbar sind.

 **EE – ELEMENT ÄNDERN** 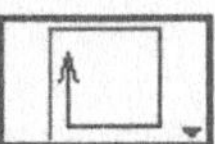

Element ändern
Element wählen:

Wählen Sie das zu verändernde Maß und platzieren Sie es an die neue Stelle und **BESTÄTIGEN** Sie den Vorgang. Bei der Platzierung sind die Funktionen **CC-MITTIG** und **W_AUSRICHTEN MIT** im erscheinenden BEMAßUNG ÄNDERN – Eingabebereich sehr hilfreich.

Verfahren Sie so, bis allen Maße korrekt platziert sind.

Überflüssige Maße, wie z.B. Radien, können ausgeblendet werden mit der Funktion:

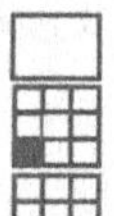 **EH – UNSICHTBAR** 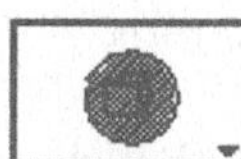

BESTÄTIGEN nicht vergessen!

Wenn Sie mit einem Maß die Ansicht wechseln wollen, aktivieren Sie die Ansicht, aus der das Maß verschoben werden soll. Dann wählen Sie:

 **VT – VERSCHIEBEN** 

Verschieben
Kette(n) von Elementen wählen:

Wählen Sie das zu verschiebende Maß.

BESTÄTIGUNG

Verschieben
Ausgangspunkt der Übertragung festlegen:

Selektieren Sie die Körperkanten z.B. der Gesamthöhe 120 in der Vorderansicht rechts unten.

Verschieben
Zielansicht der Übertragung wählen:

Wählen Sie den Schnitt A-A.

Verschieben
Zielpunkt der Übertragung festlegen:

Selektieren Sie die Körperkanten der Anschlußkonsole rechts unten.

Die gewünschte Bemaßung ist jetzt zusätzlich im Schnitt A-A vorhanden und muss deshalb in der Vorderansicht gelöscht werden.

Anmerkung: Sie können natürlich auch zusätzliche Bemaßungen einfügen. Das geschieht mit den Bemaßungs-Iconen. Bei der Anschlußkonsole fehlen z.B. die Maße für die Senkung der Bohrungen ⌀ 9 und die Lochabstände 60 mm.

Dies ist erforderlich, wenn die im Master Modeler angebrachten Maße im Master Drafting nicht dargestellt werden oder nicht Ihren Wünschen entsprechen, wie z.B. die Bohrungen ⌀ 45^{H8} in der Vorderansicht mit Durchmesserzeichen.

Diese Bemaßung erscheint im Gegensatz zu den parametrischen zyanfarbenen Maßen rot, wenn die Grafik Attribute entsprechend voreingestellt oder gewählt sind, und hat nur Textcharakter. Das heißt, wenn Sie die zyanfarbene Bemaßung ändern, verändert sich die Geometrie und, falls rote Maße betroffen sind, auch diese. Ändern Sie jedoch rote Maße, so ändert sich der „Zahlenwert", nicht aber die Geometrie.

Vervollständigen Sie in gleicher Weise den Schnitt A-A.

Bearbeiten der Zeichnung im Detailing Panel

In der Funktion **OPTIONEN** wechseln Sie in
den Bereich **Detailing Panel**.

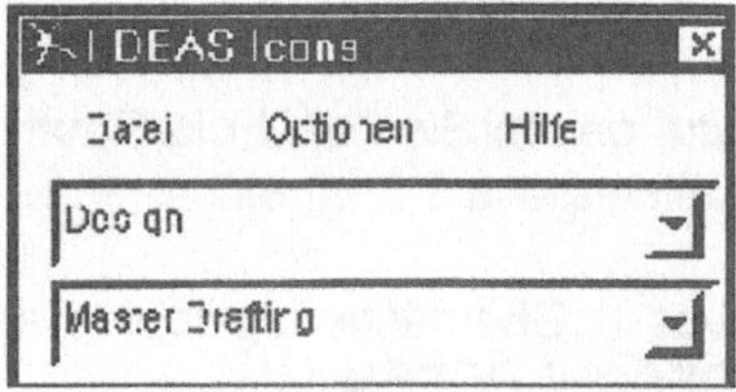

Sie haben jetzt das Hauptpanel verlassen.
Ab sofort stehen Ihnen im ersten Icon-Block
die Funktionen zur Zeichnungsnachbearbei-
tung zur Verfügung.

Anmerkung: Alternativ zu I-DEAS Detailing können Sie Ihr Layout auch zu anderen 2D-CAD-Systemen übertragen z.B. zu Variant Engineering (Sigraph),
CADAM, Medusa, ME 10, Auto CAD usw. .

Als **ein Beispiel** einer notwendigen Nacharbeit zur Erstellung einer normgerech-
ten Zeichnung sollen noch Oberflächenzeichen angebracht werden.

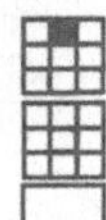 DU-OBERFLÄCHENGÜTE 

Oberflächengüte
Fläche bestimmen:

Wählen Sie die Linie aus, auf der das Oberflächenzeichen stehen soll z.B. im
Schnitt A-A die um 1mm abgesetzte Fläche rechts unten.

Wenn im Eingabebereich folgendes Fenster erscheint, schalten Sie auf **EIN WERT** um

und geben Sie bei U die Rauhigkeitsangabe **3,2** •m ein.

Das Oberflächensymbol soll **GESCHLOSSEN** sein.

Zum Schluss **BESTÄTIGEN** Sie Ihre Auswahl.

Jetzt muss das Symbol noch gedreht werden.

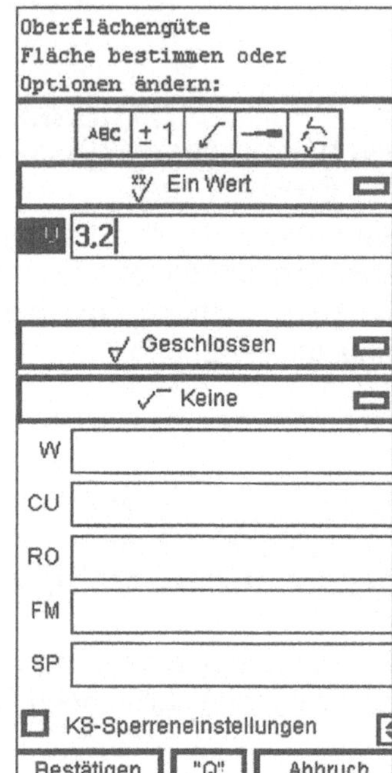

ER - DREHEN

Drehen.
Kette(n) von Elementen wählen:

Selektieren Sie das zu drehende Symbol und

Drehen.
Drehpunkt festlegen:

selektieren Sie den Fußpunkt des Oberflächenzeichens!

Hinter der Auswahlfläche **RA** geben Sie den Drehwinkel im Gegenuhrzeigersinn an (270).

BESTÄTIGEN Sie wie immer am Ende der Abfrage.

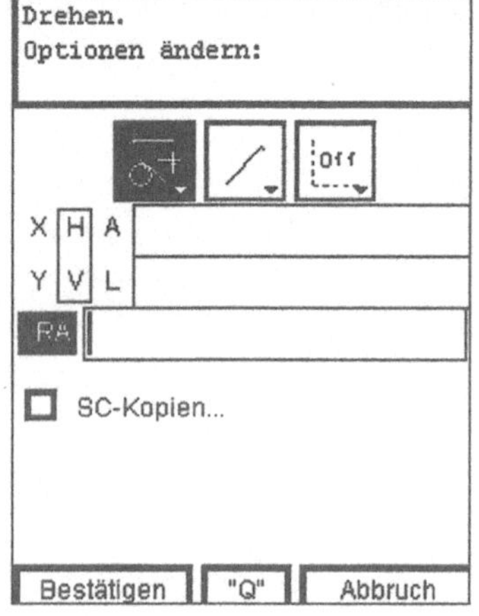

Technische Zeichnung enthalten in der Regel auch textliche Informationen. Dazu gehen Sie folgendermaßen vor:

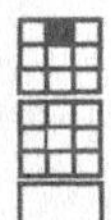 **NN - HINWEIS** 

Hinweis Anfang bestimmen

Hier können Sie jetzt eine ungefähre Position auf Ihrer Zeichnung angeben, die exakte Position legen Sie dann später fest. In einer Ecke des Bildschirms öffnet sich das EDITOR – Fenster, in das Sie den gewünschten Text eingeben können, z.B. die Teile Nummer 22. Wählen Sie dazu die Texthöhe H **10**.

Am unteren Ende des Eingabefensters müssen Sie dann noch **BESTÄTIGEN.**

Der Text kann dann innerhalb der Zeichnung an die gewünschte Position verschoben werden. Der Vorgang wird abgeschlossen durch **BESTÄTIGEN.**

Zum Ausplotten der technischen Zeichnung müssen Sie nur noch die Begrenzungsrahmen ausblenden.

Wählen Sie dazu

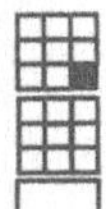 **W-SICHTBARKEIT** 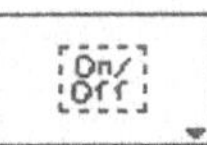

Die Filter für die Sichtbarkeit der Rahmen, der Ansichtnamen, eines Rasters und der Beschriftungs-Inhalte können Sie in folgendem Formblatt bestimmen.

Deaktivieren Sie die Tasten

SB-RAHMEN DARSTELLEN u.

SN-NAMEN DARSTELLEN.

Nach dem **BESTÄTIGEN** werden der Begrenzungsrahmen und sein Name im aktiven Fenster nicht mehr dargestellt.

Sichtbarkeit Ansicht
Optionen ändern:

☐ SB-Rahmen darstellen

■ SN-Namen darstellen

☐ SG-Raster darstellen

■ SV-Inhalt darstellen

Da der Plotter die Strichstärke den dargestellten Farben zuordnet, müssen diese entsprechend geändert werden. Klären Sie die Zuordnung mit Ihrem Systemadministrator ab.

Wenn Sie alle Informationen eingetragen haben, können Sie jetzt die Zeichnung ausplotten.

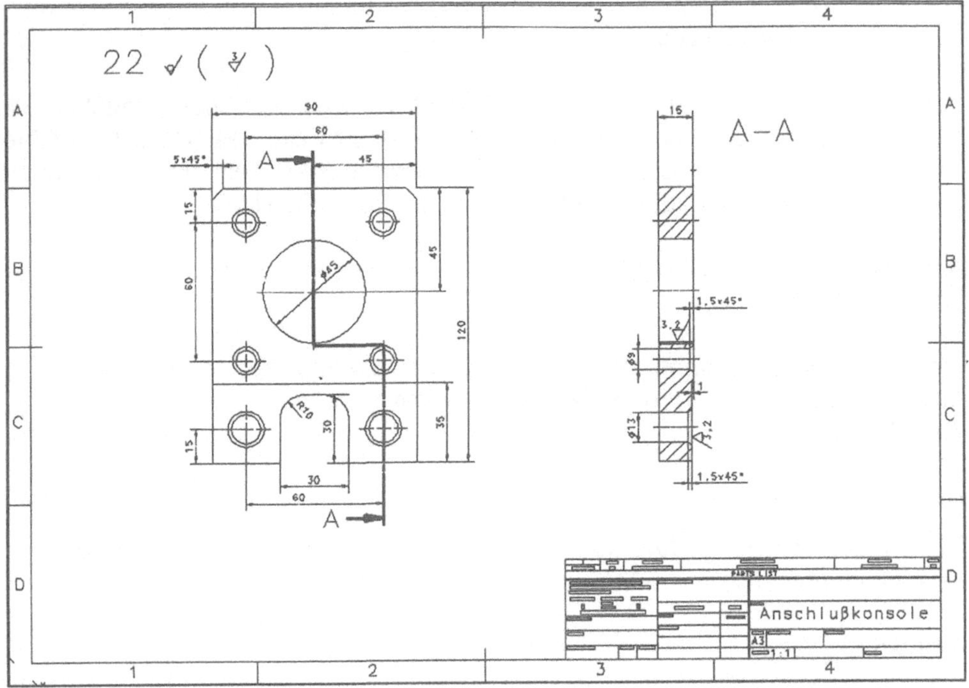

Um wieder ins **Master Drafting** zurück zu kommen, wählen Sie in den Hauptfunktionen **OPTIONEN** das **HAUPTPANEL**.

Zum Schluss ihrer Arbeitssitzung sichern Sie Ihre Zeichnung mit den Befehlen

DATEI

FS-SICHERN

Ü8.2 Weitere Zeichnungen

In Ü8.1 wurde eine Einführung in die Zeichnungsableitung eines 3D-Modells und damit auch in die Arbeitsweise des 2D-CAD-Systems Master Drafting gegeben. Der Umfang dieser Schulungsunterlagen erlaubt es nicht, näher auf die Bedienung dieses Moduls von I-DEAS Master Series einzugehen.

Es wird deshalb empfohlen, spezielle Schulungsunterlagen dieses 2D-Paketes zur weiteren Einarbeitung zu benutzen.

Als modernes flexibel-parametrisches CAD-System verfügt I-DEAS Master Drafting über alle gängigen Eigenschaften zur effektiven Zeichnungserstellung.

Bei der Zeichnungsableitung eines dreidimensionalen Modells können natürlich auch Einzelheiten in verschiedenen Maßstäben dargestellt werden, wie es am Beispiel des Deckels aus Übung 4.5 in folgender Abbildung zu sehen ist.

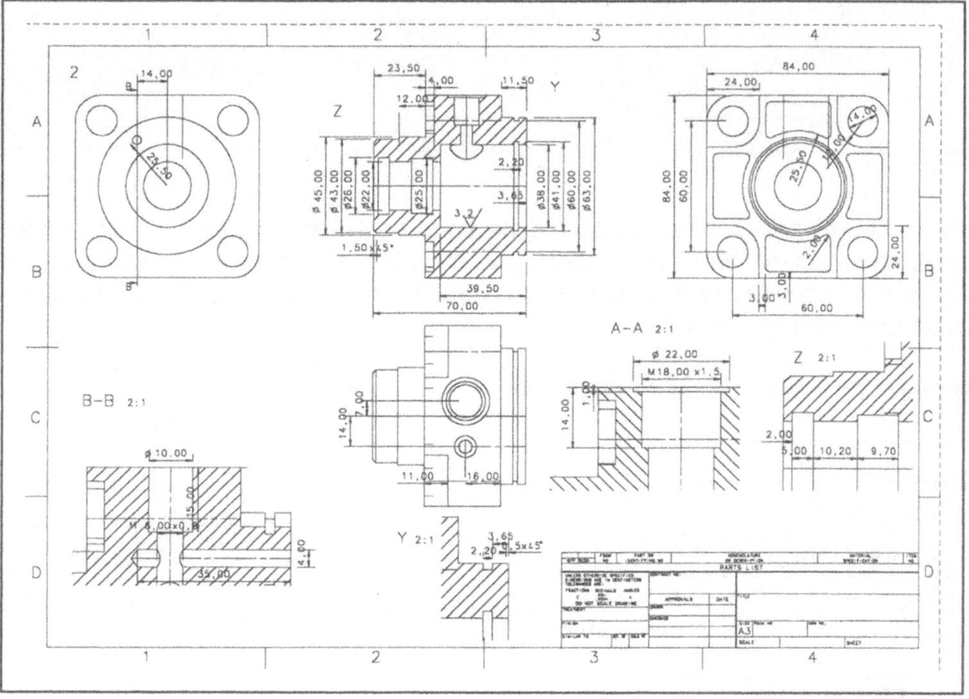

Natürlich können auch Baugruppen und Unterbaugruppen beliebiger Komplexität aus 3D-Modellen sehr einfach und zeitsparend abgeleitet werden, wie die nachfolgende verkleinerte Zeichnung des Zylinders zeigt:

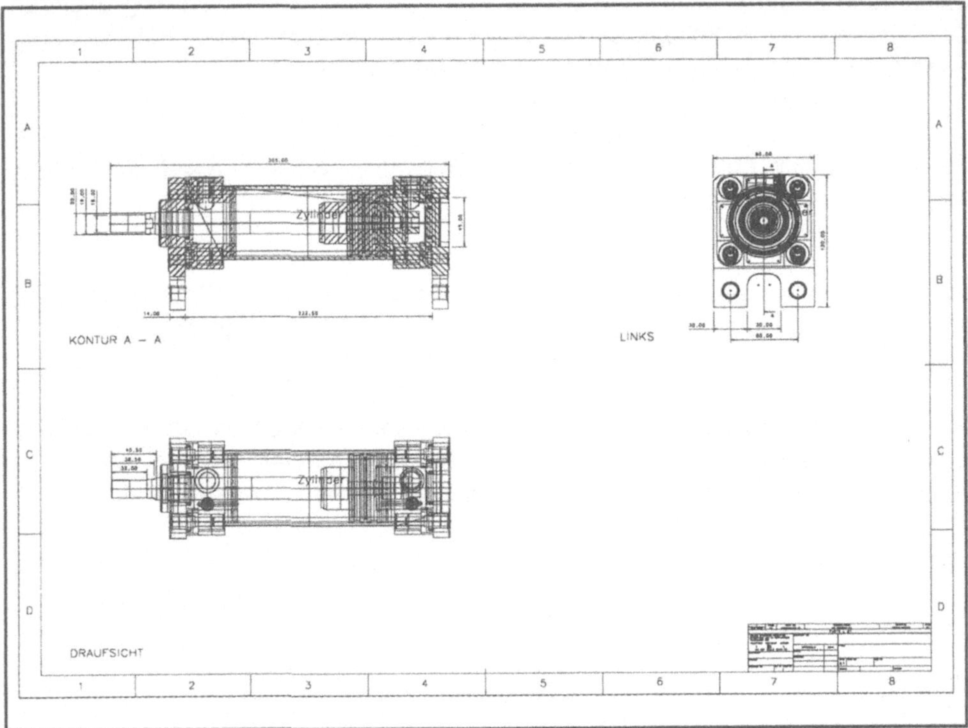

Wenn Sie mit der Benutzungsoberfläche und der Systemphilosophie von I-DEAS inzwischen soweit vertraut wurden, um die obigen Technischen Zeichnungen ableiten zu können, dann beglückwünsche ich Sie zu diesem Erfolg und möchte letztmals daran erinnern:

Sichern Sie Ihre Datei mit den Befehlen

| **Datei** |

| **FS-Sichern** |

und beenden Sie Ihre Arbeitssitzung mit

| **FE-Beenden** |

Anhang A

Datenübernahme über Internet

In der Übung 7.5 werden Messpunkte, die mit einer 3-Achsen-Koordinatenmess-
maschine aufgenommen wurden, zur Erstellung des Fahrradsattels benutzt. Über
das Internet können Sie sich das Projekt T_CAD kopieren, das diese Daten bereit
stellt. Falls Ihnen kein Internet-Zugang zur Verfügung steht, können Sie eine reduzierte Anzahl der Punkte (siehe Anhang B!) auch über die Tastatur (3D-Punkte)
in I-DEAS eingeben.

In der Übung 5.2 können Sie die einfachen Einzelteile des Filmgreifergetriebes
anhand der Maßhilfen schnell erstellen. Diese Teile finden Sie auch im Projekt
T_CAD.

Internetadresse für Datenübernahme:

     host: www.maschinenbau.fh-wiesbaden.de
     path: zu finden auf dem Web-Server im Download-Bereich
                   CAD/I-DEAS

Bitten Sie Ihren I-DEAS Systembetreuer, das Projekt "T_CAD" zu importieren und
mit den Zugriffsrechten - World: Read, Copy - zu versehen.

Anhang B

Punktkoordinaten für Übung 7.5

		x	y	z
1.	Punktposition:	-273	- 49,1	- 11,0
2.	Punktposition:	-273	- 49,2	- 19,5
3.	Punktposition:	-273	- 49,9	- 27,8
4.	Punktposition:	-273	- 51,4	- 36,1
5.	Punktposition:	-273	- 53,9	- 44,1
6.	Punktposition:	-243	- 39,1	- 10,9
7.	Punktposition:	-243	- 41,1	- 31,7
8.	Punktposition:	-243	- 47,0	- 51,9
9.	Punktposition:	-243	- 59,5	- 68,5
10.	Punktposition:	-243	- 76,1	- 80,9
11.	Punktposition:	-203	- 70,1	- 10,9
12.	Punktposition:	-203	- 78,9	- 29,3
13.	Punktposition:	-203	- 93,8	- 44,6
14.	Punktposition:	-203	-104,3	- 63,2
15.	Punktposition:	-203	-109,1	- 83,9
16.	Punktposition:	-163	- 80,5	- 10,9
17.	Punktposition:	-163	- 90,4	- 24,0
18.	Punktposition:	-163	-106,5	- 31,6
19.	Punktposition:	-163	-121,5	- 41,4
20.	Punktposition:	-163	-134,1	- 53,9
21.	Punktposition:	-123	- 86,1	- 10,9
22.	Punktposition:	-123	- 93,8	- 21,8
23.	Punktposition:	-123	-106,3	- 27,4
24.	Punktposition:	-123	-118,3	- 34,4
25.	Punktposition:	-123	-128,1	- 42,8
26.	Punktposition:	- 83	- 89,1	- 10,9
27.	Punktposition:	- 83	- 95,1	- 20,1
28.	Punktposition:	- 83	-103,2	- 24,6
29.	Punktposition:	- 83	-111,7	- 30,9
30.	Punktposition:	- 83	-119,9	- 36,5
31.	Punktposition:	- 43	- 90,1	- 10,9
32.	Punktposition:	- 43	- 93,7	- 17,8
33.	Punktposition:	- 43	- 99,4	- 23,3
34.	Punktposition:	- 43	-105,2	- 28,7
35.	Punktposition:	- 43	-111,1	- 33,9
36.	Punktposition:	0	- 89,9	- 9,8
37.	Punktposition:	0	- 91,3	- 15,5
38.	Punktposition:	0	- 94,2	- 20,5
39.	Punktposition:	0	- 97,5	- 25,3
40.	Punktposition:	0	-101,8	- 29,0

Anhang C

I-DEAS-Icons zur Geometrieerzeugung (1. Hälfte)
in der Anwendung Design und dem Bereich Master Modeler

Auf dieser Seite werden die Funktionen der 3., 4. und 5. Zeile des Geometrieerzeugungsblocks aufgelistet. Die 3 vorherigen Zeilen sind auf der Seite zuvor dargestellt.

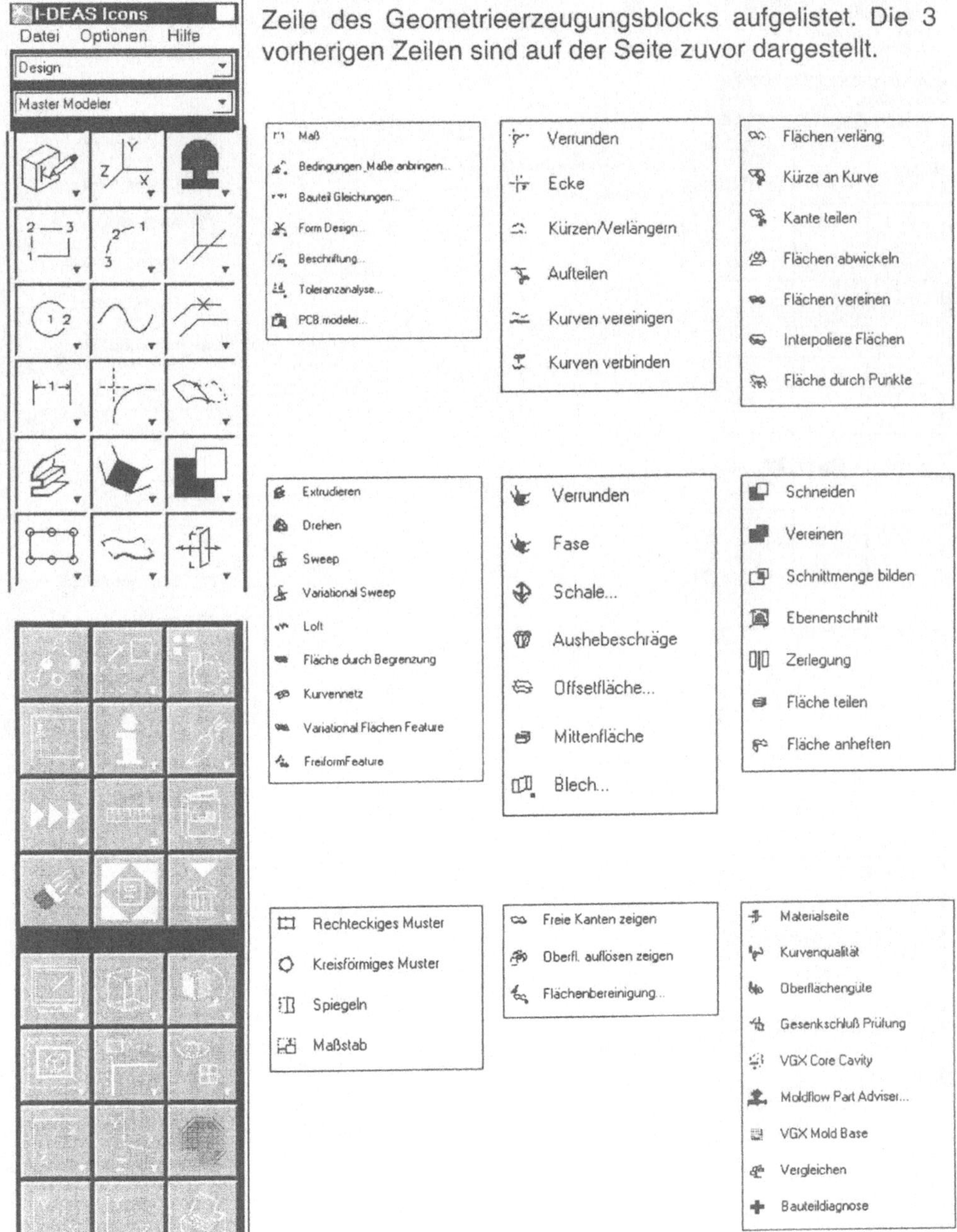

I-DEAS-Icons
zur Geometrieerzeugung (2. Hälfte)
in der Anwendung Design und dem Bereich Master Modeler

Auf dieser Seite werden die Funktionen der 3., 4. und 5. Zeile des Geometrieerzeugungsblocks aufgelistet. Die 3 vorherigen Zeilen sind auf der Seite zuvor dargestellt.

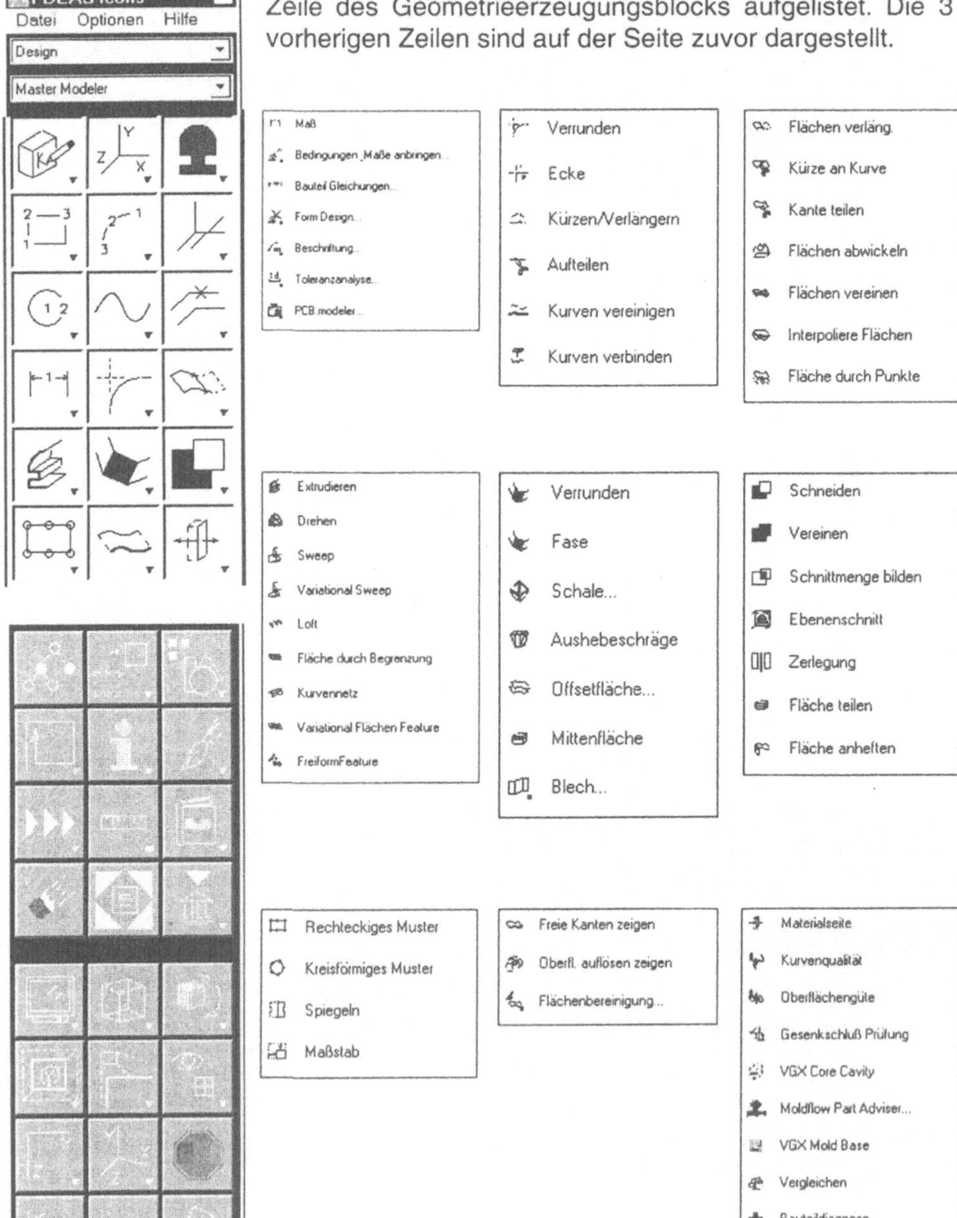

MaB
Bedingungen ,Maße anbringen...
Bauteil Gleichungen...
Form Design...
Beschriftung...
Toleranzanalyse...
PCB modeler...

Verrunden
Ecke
Kürzen/Verlängern
Aufteilen
Kurven vereinigen
Kurven verbinden

Flächen verläng.
Kürze an Kurve
Kante teilen
Flächen abwickeln
Flächen vereinen
Interpoliere Flächen
Fläche durch Punkte

Extrudieren
Drehen
Sweep
Variational Sweep
Loft
Fläche durch Begrenzung
Kurvennetz
Variational Flächen Feature
FreiformFeature

Verrunden
Fase
Schale...
Aushebeschräge
Offsetfläche...
Mittenfläche
Blech...

Schneiden
Vereinen
Schnittmenge bilden
Ebenenschnitt
Zerlegung
Fläche teilen
Fläche anheften

Rechteckiges Muster
Kreisförmiges Muster
Spiegeln
Maßstab

Freie Kanten zeigen
Oberfl. auflösen zeigen
Flächenbereinigung...

Materialseite
Kurvenqualität
Oberflächengüte
Gesenkschluß Prüfung
VGX Core Cavity
Moldflow Part Adviser...
VGX Mold Base
Vergleichen
Bauteildiagnose

I-DEAS-Icons
zur Geometriemodifizierung
in der Anwendung Design und dem Bereich Master Modeler

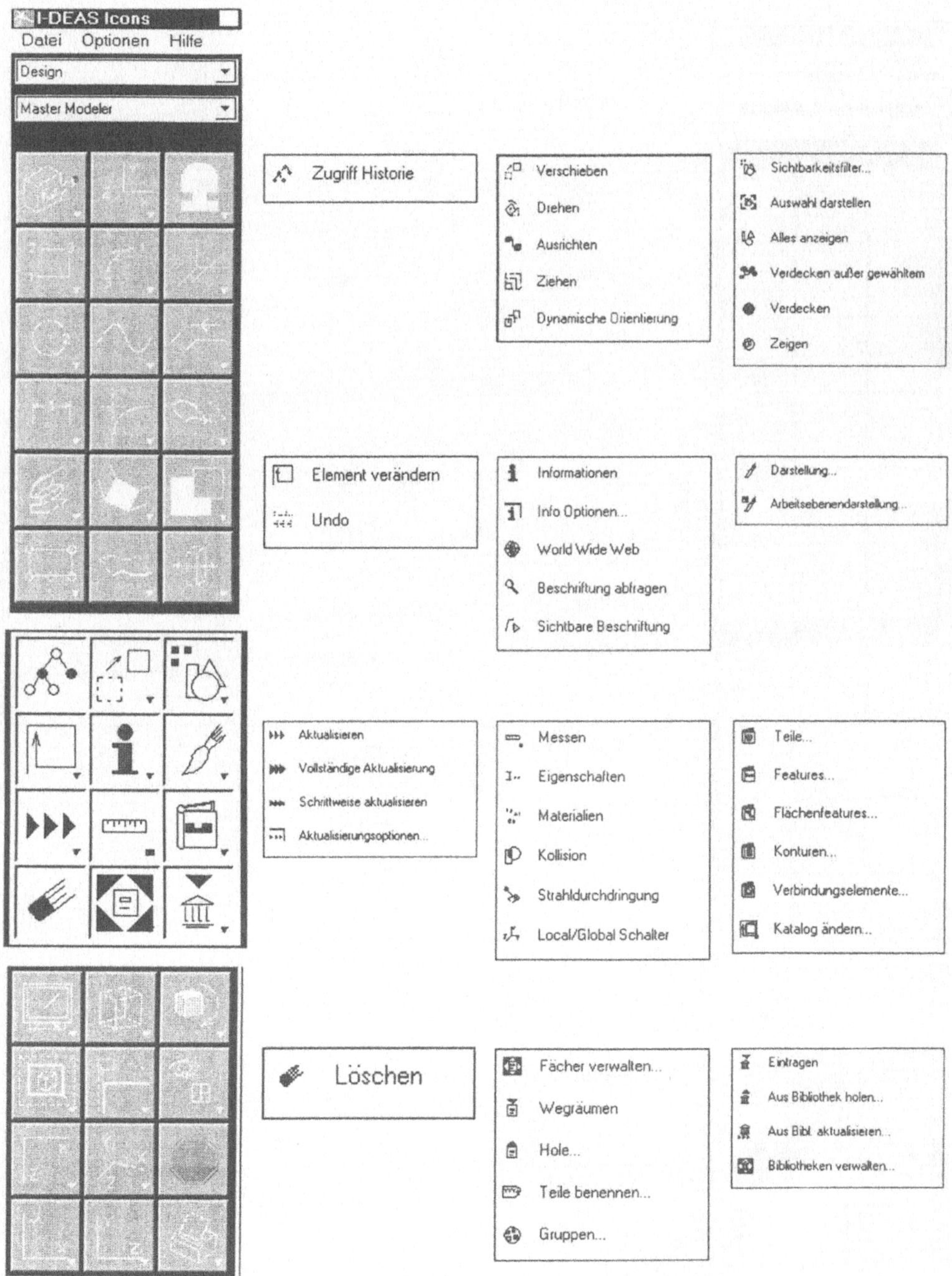

I-DEAS-Icons
zur Bildschirmdarstellung
Dieser Icon-Block ist unabhängig von der Anwendung und dem Bereich.

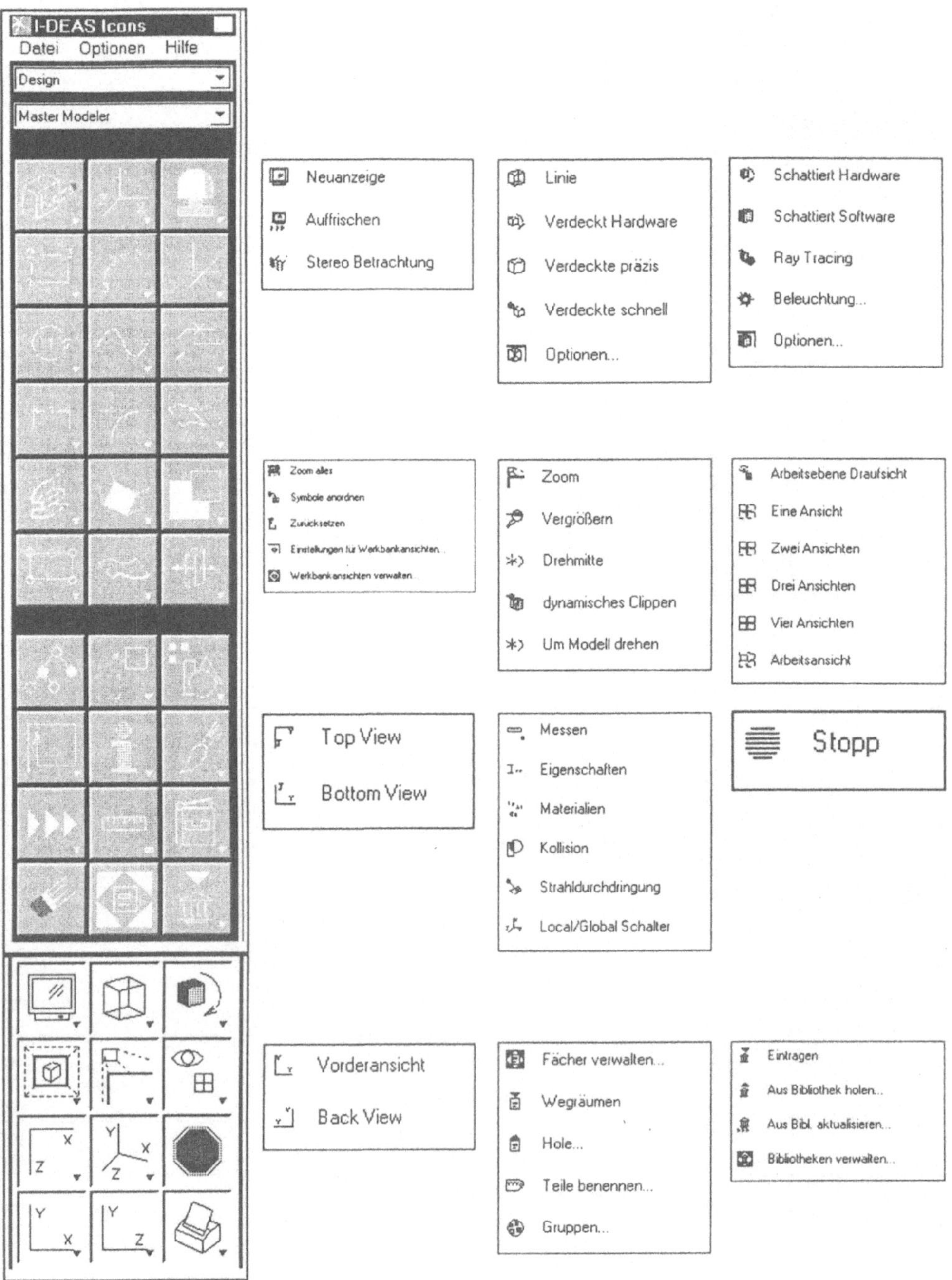

Neuanzeige
Auffrischen
Stereo Betrachtung

Linie
Verdeckt Hardware
Verdeckte präzis
Verdeckte schnell
Optionen...

Schattiert Hardware
Schattiert Software
Ray Tracing
Beleuchtung...
Optionen...

Zoom alles
Symbole anordnen
Zurücksetzen
Einstellungen für Werkbankansichten...
Werkbankansichten verwalten...

Zoom
Vergrößern
Drehmitte
dynamisches Clippen
Um Modell drehen

Arbeitsebene Draufsicht
Eine Ansicht
Zwei Ansichten
Drei Ansichten
Vier Ansichten
Arbeitsansicht

Top View
Bottom View

Messen
Eigenschaften
Materialien
Kollision
Strahldurchdringung
Local/Global Schalter

Stopp

Vorderansicht
Back View

Fächer verwalten...
Wegräumen
Hole...
Teile benennen...
Gruppen...

Eintragen
Aus Bibliothek holen...
Aus Bibl. aktualisieren...
Bibliotheken verwalten...

I-DEAS-Icons
zur Baugruppenerstellung
in der Anwendung Design und dem Bereich Master Assembly

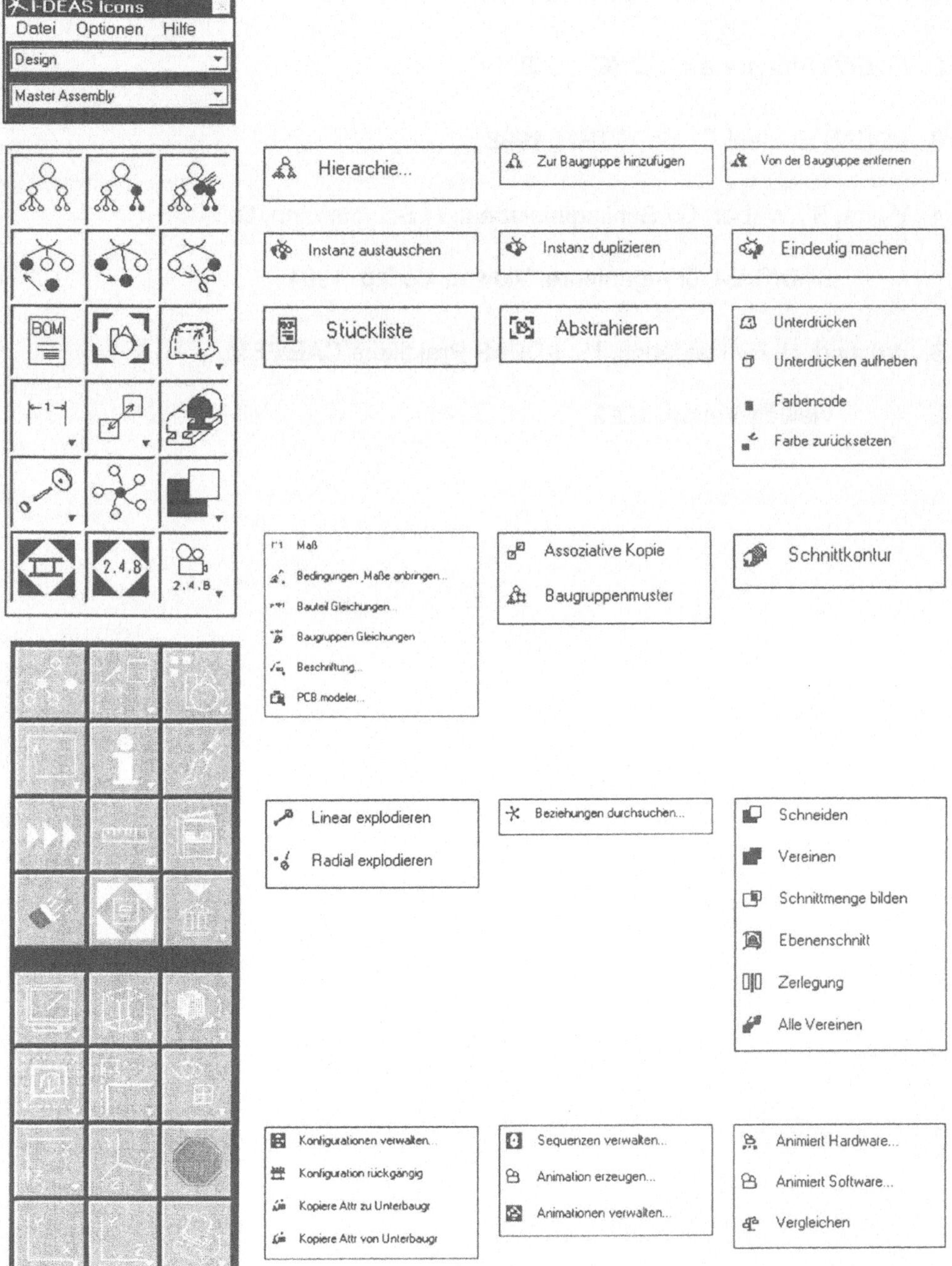

Literaturverzeichnis

1. Fröhlich, P.: FEM-Leitfaden, Springer-Verlag, 1995

2. I-DEAS Smart View, SDRC, 1998

3. I-DEAS Student Guide, SDRC, 1998

4. Vajna, S./ Weber, C./ Schlingensiepen, J./ Schlottmann, D.:

   CAD/CAM für Ingenieure, Vieweg-Verlag, 1994

5. Woyand, H. B./ Heiderich, H.: I-DEAS Praktikum CAE/FEM,

   Vieweg-Verlag, 1999

Sachwortverzeichnis